普通高等教育精品教材
普通高等教育“十一五”国家级规划教材
“十二五”职业教育国家规划立项教材
高等职业院校精品教材系列

建筑装饰工程施工项目管理

（第3版）

毛桂平　周　任　主　编
张一非　鄞少强　李文慧　副主编
黄小许　主　审

電子工業出版社
Publishing House of Electronics Industry
北京·BEIJING

内 容 简 介

本书在全国许多院校使用第 1 版和第 2 版的经验与建议基础上，结合新的本课程教学改革成果，以及新的建设工程法律、法规和《建设工程项目管理规范》等有关内容进行修订编写。全书内容共分为 5 章，系统地介绍建筑装饰工程施工项目管理基本知识、目标管理、合同管理、资源管理和竣工管理等内容。本书结合作者多年的企业设计管理经验与本课程教学经验，将实训任务与有关理论知识相结合，突出工作过程，融“教、学、做”为一体，同时列举大量的案例，可使学生较快地掌握本专业施工项目的知识与技能。附录简单介绍信息管理、风险管理、沟通管理的相关知识和建设工程监理的相关法律、法规，并提供一个项目管理实施规划的综合实例。

本书为高等职业本专科院校建筑装饰工程技术、建筑设计技术、装饰艺术设计、环境艺术设计等建筑类专业的教材，也可作为开放大学、成人教育、自学考试、中职学校、培训班等的教材，以及建筑工程技术人员的自学参考书。

本书配有免费的电子教学课件、习题参考答案，详见前言。

图书在版编目（CIP）数据

建筑装饰工程施工项目管理 / 毛桂平，周任主编. —3 版. —北京：电子工业出版社，2015.8（2024.7 重印）
全国高等职业院校规划教材. 精品与示范系列
ISBN 978-7-121-26516-7

Ⅰ. ①建… Ⅱ. ①毛… ②周… Ⅲ. ①建筑装饰－工程施工－高等职业教育－教材 Ⅳ. ①TU767

中国版本图书馆 CIP 数据核字（2015）第 147222 号

策划编辑：陈健德（E-mail:chenjd@phei.com.cn）
责任编辑：徐　萍
印　　刷：北京盛通数码印刷有限公司
装　　订：北京盛通数码印刷有限公司
出版发行：电子工业出版社
　　　　　北京市海淀区万寿路 173 信箱　邮编　100036
开　　本：787×1 092　1/16　印张：17.5　字数：448 千字
版　　次：2006 年 3 月第 1 版
　　　　　2015 年 8 月第 3 版
印　　次：2024 年 7 月第 14 次印刷
定　　价：49.00 元

凡所购买电子工业出版社图书有缺损问题，请向购买书店调换。若书店售缺，请与本社发行部联系，联系及邮购电话：（010）88254888，88258888。

质量投诉请发邮件至 zlts@phei.com.cn，盗版侵权举报请发邮件至 dbqq@phei.com.cn。

本书咨询联系方式：chenjd@phei.com.cn。

第3版前言

随着我国经济的快速发展和产业转型升级，建筑市场越来越需要大量的高素质技术技能型人才。高等职业教育作为培养高素质技术技能型人才的重要阵地，必须不断地深化教学改革、加强内涵建设、提高人才培养质量，以适应行业形势的发展。课程建设与改革是教学改革的根本；融“教、学、做”为一体，强化学生的职业能力培养是高职教育现阶段课程建设与改革的重点；而紧密结合工程实践的教材建设是课程建设与改革的关键。

近年来，建筑装饰市场迅猛发展，国家对建筑装饰行业从管理到技术也得到进一步规范，其相关理论和知识亦得到不断完善。本书结合行业技术发展与本课程新的教学改革成果进行修订编写，既紧跟建筑装饰行业的快速发展步伐，又考虑到高职学生能力培养要求，力争做到面向建筑工程实际，突出高职教育特色。

本书在保持第 2 版内容融“教、学、做”为一体的优点基础上，结合全国许多院校的使用反馈意见和专家建议，对法律法规、典型项目任务和案例等进行修改和增补，通过“虚拟工厂”、“虚拟工艺”案例和任务，以项目实践管理过程中的技能训练为主线，强化实训环节，使学生在做中学、学中做，并不断地丰富理论知识和实践技能。主要的修改有以下几个方面：

1. 增补近几年我国针对建设行业推出的新法律法规知识。

2. 增补近几年我国建筑装饰行业的各类典型项目任务与案例。

3. 在每个任务后，增加项目任务的指导文，更方便老师开展针对性教学，亦便于学生高效率自学。

4. 在第 1 章中增加新时期建筑业产业政策及工程项目管理新的价值体系内容，可使学生更加明晰行业发展的政策和方向。

5. 删去第 6 章中部分内容，并将综合实例编入附录 C 中，使本书整体构思更精练，结构更合理。

本书由毛桂平、周任担任主编，由张一非、鄞少强、李文慧担任副主编。全书由华南理工大学建筑工程有限公司总工程师、教授级高级工程师黄小许主审，在编写过程中得到黄总的大力支持和指导，并提供了部分案例和有关材料，还安排人员编排部分图表，在此表示衷心的感谢。

由于编者水平有限，书中难免存在错误和不当之处，敬请广大读者批评指正。

为方便教师教学，本书配有免费的电子教学课件和思考题参考答案，请有此需要的教师登录华信教育资源网（www.hxedu.com.cn）免费注册后进行下载，有问题时请在网站留言或与电子工业出版社联系（E-mail:hxedu@phei.com.cn）。

目 录

第1章 建筑装饰工程施工项目管理基础

教学导航

教	内容提要	主要介绍建筑装饰工程施工项目管理的目标和任务、建筑装饰工程施工项目管理规划及施工项目管理组织形式
	知识重点	施工项目管理规划的编制原则
	知识难点	施工项目管理规划的内容、及施工项目管理组织形式的选择
	推荐教学方式	在授课过程中，采取案例教学与课堂讨论相结合方法，引导学生掌握施工项目管理规划的编制原则
	建议学时	8～10
学	学习要求	要求了解建筑装饰工程施工项目管理的目标和任务、施工项目管理规划任务及作用，熟练掌握施工项目管理规划的编制原则、施工项目管理规划的内容、及施工项目管理组织形式的选择
	推荐学习方法	将教材有关内容与案例进行对比学习，提出问题并在课堂内解决；课外可以组织3～5人学习小组，互提互问，加深对相关知识的理解
	必须掌握的理论知识	了解建筑装饰工程施工项目管理的目标和内容、施工项目管理规划任务及作用，熟练掌握施工项目管理规划的编制原则、施工项目管理规划的内容、及施工项目管理组织形式的选择
	必须掌握的技能	建筑装饰工程施工项目管理规划编制原则
做	任务1	掌握施工项目管理规划的编制原则

任务1　掌握施工项目管理规划的编制原则

1. 任务目的

通过对某一建筑装饰工程施工项目管理规划工程实例的剖析，结合本章基本知识的学习，促使学生对建筑装饰工程施工项目管理的目标和任务、项目管理规划及组织形式有深刻的理解。

2. 任务要求

（1）深入剖析建筑装饰工程施工项目管理规划工程实例，认真学习本教材中的项目管理规划基本知识，并进行比较学习；

（2）对照学习《建筑工程项目管理规范》GB/T 50326—2006的有关内容，通过图书馆及网络查阅其他相关资料；

（3）在技术分析和实训的同时，积极进行口头表达等的综合训练，提高自己的综合素质。

3. 工作过程

（1）学习施工项目管理规划大纲要点；

（2）学习施工项目管理实施规划要点。

4. 任务要点

（1）施工项目管理规划大纲：

① 作为承揽施工业务的技术文件；

② 作为中标后的实施规划的编制依据。

（2）施工项目管理实施规划：

作为具体指导项目施工的纲领性文件。

5. 任务实施

（1）由老师提供一个工程案例或由学生自主选择一个案例；

（2）课内老师进行案例分析，课外学生仔细推敲，提出问题供讨论；

（3）结合本章节基本知识学习，与工程案例比较，进一步提出问题；

（4）课堂讨论；

（5）完成本任务的实训报告。

小知识　施工项目管理规划分为施工项目管理规划大纲和施工项目管理实施规划两类。

施工项目管理规划大纲的编制者为施工企业的经营管理层，主要用于承揽施工业务，作为投标依据，并为中标后编制实施规划提供依据；施工项目管理实施规划是在中标并签订承包合同后编制的，其编制者为项目管理层，其作用是指导从施工准备、开工、施工直至竣工验收全过程的纲领性文件。

小问题　项目管理规划与项目施工组织设计有何区别？

1.1 建筑产业政策及工程项目管理新要求

1.1.1 新时期建筑业发展环境和产业政策

"十二五"时期是我国深入贯彻落实科学发展观、构建社会主义和谐社会的重要时期，也是全面实现建设小康社会奋斗目标承上启下的关键时期，我国将沿着结构优化调整、内涵式发展的战略方向，更加科学地统筹经济与社会、城市与农村、国内与国外，实现持续稳定发展。

1. 国家发展战略

1）全面深入贯彻落实科学发展观

国家将更进一步注重搞好宏观调控、注重统筹兼顾、注重以人为本和注重改革创新，以推动经济社会全面、协调、可持续发展。

2）建设和谐社会，保增长保民生

国家将继续完善保障民生的政策和措施，增加人民收入，完善保障机制，改善衣食住行和教育医疗条件，促进和谐发展，保证社会公平。

3）建设资源节约型社会，与低碳经济时代相适应

国家将大力推进资源节约型、环境友好型社会的建设，改造传统产业，转变经济发展方式，积极发展低碳经济，提高资源利用率，走新型工业化道路，与全球低碳经济时代相适应。

4）深化投资建设体制及国有企业产权制度改革

投资体制改革将继续深化，国有企业产权制度改革将加快推进。通过引进战略投资者、改制上市等多种方式，促进投资主体多元化。

5）完善市场机制

随着我国社会主义市场经济的进一步发展，市场机制将逐步完善，要求进一步转变政府职能，发挥市场机制作用，促进有序的市场竞争机制逐步形成。

2. 国内外建筑需求环境

1）国内建筑市场规模结构展望

"十二五"时期，我国处于工业化、城镇化加速发展阶段，大规模的基本建设仍然是国民经济发展的主要特征之一。交通、水电、核电、城市基础设施建设进入高峰期；大量人口进入城市，对旧城改造、新城建设、住宅及相关配套设施建设也提出旺盛的需求；新农村建设将推动农村基础设施建设、住房建设、医疗卫生及教育文化设施建设；新一轮沿海开发开放战略将推进这些地区基础设施建设；为应对金融危机，一批重大基础设施、民生工程、环境保护工程等项目集中开工。因此，"十二五"时期是我国建筑业发展的重要历史机遇期。

2）国际建筑市场规模结构展望

展望未来，作为我国对外工程承包主要市场的东南亚、南亚、非洲等发展中国家正处在经济发展的高峰期，其础设施建设存在刚性需求。近年来，我国工程承包企业在中东和非洲

基础设施建设领域已经具有较好基础。随着我国综合国力的增强，建筑业的投资建设能力和水平不断提高，对外投资规模逐年加大，加之国家对“走出去”战略的政策支持力度加大，我国工程承包企业将获得更多的业务便利和政策支持。因此，我国工程承包企业在国际建筑市场规模中所占比重将应当稳中有升，工程承包中大型工程及技术和资本密集型工程所占比重将会不断增加。

3．新时期面临的挑战

1）产品需求结构变化

“十二五”时期，工程建设需求结构的特点是，建设规模大、品质要求高、技术难度大的产品需求增加。高速铁路、高等级公路、城市轻轨、成品型住宅以及技术要求特殊工程的建设需求，对于建筑业的技术、管理、风险控制、适应能力都提出了很高的要求。

2）高端市场国际竞争加剧

工程建设高端市场是指国内外技术、资金、管理要求高的发承包市场。这类市场是全球建筑承包商瞩目的承包领域，相对于中低端市场，具有风险大但收益高的特点。未来我国工程承包企业将与具有丰厚技术、管理、商务经验积淀的美、法、英、日、韩承包商同台竞争，随着我国企业进入国际工程承包市场的数量不断增多，高端市场的国际竞争会更加激烈。

3）对技术进步快速发展的反应能力要求迫切

目前，工业制造技术、信息化技术、新材料技术、智能技术、生态技术、新能源和节能技术日新月异，建筑市场要求建筑业对这些新技术尽快做出反应，在工程建造过程中采用这些新技术，实现传统产业的优化升级，这对建筑业的市场反应能力、研发能力、技术运用能力，以及综合管理能力都提出了更高的要求。

4）建筑市场对于建造水平和服务品质的要求不断提高

随着经济发展和社会进步，建筑市场对建筑产品的安全性、耐久性、适用性、功能性、节能环保性的要求，以及对承包商提供的建造服务等方面的要求不断提高，迫切需要采取有效的技术与管理方法、措施和手段，着力提高建筑质量，满足社会日益提高的各类需求。

5）节能减排外部约束加大

“十二五”时期，我国将全面进入低碳排放战略的实施期，实施日益严格的节能减排政策，对于所有产业的能耗和排污约束会持续加大，以实现可持续发展。工程建设是节能减排的重点领域，节能减排对建筑产品的性能指标及所使用的建筑材料的限制增多，建筑行业企业在贯彻落实节能减排战略中的责任会不断加大。

6）产业素质提高迫切需要政策引导

“十二五”时期，转变建筑业发展方式，提高建筑业的产业素质是十分迫切的任务。要完成这一任务，不能只靠建筑业企业或某一行业部门，需要财政、税收、国有资产管理、各工程建设管理职能部门通力配合，深入研究建筑业发展当中所面临的深层次问题，全面、慎重地提出促进行业发展的政策和措施，制定切实有效的法规政策。

1.1.2　工程项目管理新的价值体系要求

20 多年来建筑市场的建立和发展，对我国推进和深化建设工程项目管理，研讨和发展项目生产力，形成“低成本竞争，高品质管理”的新经营理念起到了明显的促进作用。

进入新时期，依据科学发展观和国家关于经济发展方式转变的战略决策，转变建筑业发展方式，形成工程项目管理新的价值体系，实现“低成本竞争，高品质管理，新方式发展，增综合效益”的目标。这就要求工程项目管理新的价值体系必须“以人为本、安全为先、质量为基、科技为源、管理为纲、绩效为佳、创新为魂、奉献为荣”。

由此可见，科学的建设工程项目管理理论及其有效应用，决定着建筑业企业乃至建筑业行业的发展前景。

1.2　施工项目管理的目标和内容

建筑装饰既是一门艺术，也是一门技术。它是整个建筑工程的重要组成部分。

装饰即“打扮”。建筑装饰的作用是提升建筑物的美观和艺术形象，同时也起着保护建筑物免遭污染、环境侵蚀及增加建筑物的耐久性的作用。建筑装饰作为建筑装饰设计和施工的最终体现，融合了极为丰富的文化和历史底蕴，好的建筑装饰能使人们获得美的享受。

建筑装饰设计是建筑装饰工程的前提，而建筑装饰施工是完成建筑装饰工程的关键。建筑装饰工程的工程量大、工序多、工期长、造价高、耗用劳动量大。主要有以下特点：

（1）建筑装饰工程大多为手工作业，劳动强度大，产出效率低；

（2）建筑装饰工程劳动量约占建筑施工劳动量的 15%～30%，高档装修则更大；

（3）建筑装饰工程施工工艺复杂，对施工人员技术要求较高；

（4）一般建筑装饰工程约占项目总工期的 40%左右；

（5）建筑装饰工程的造价与所用的建筑装饰材料有明显的关系；一般建筑装饰工程造价占工程总造价的 25%左右，若使用高档建筑装饰材料，其造价可达工程总造价的 50%以上；

（6）装饰施工质量对建筑使用功能和整体建筑效果影响很大。

由于建筑装饰工程耗费高，工艺复杂，技术含量高，因而对建筑装饰工程，特别是其施工项目管理提出了很高的要求。工程项目管理是 20 世纪 60 年代发展起来的一种有效的管理方法，经过几十年的发展，已经形成了系统的管理体系，在许多领域得到了成功的应用，项目管理已成为各工程项目进行实施阶段管理的一种趋势。

1.2.1　施工项目管理的定义与职能

建筑装饰工程施工项目管理是指组织运用系统的观点、理论和方法，以建筑装饰工程施工项目为对象，以最优实现施工项目之目标为目的，以施工项目经理负责制为基础，以施工的承包合同为条件，对施工项目进行的计划、组织、监督、控制和协调等专业化的活动。此定义表明，施工项目管理的主体是建筑业企业，客体是施工项目。建筑装饰工程施工项目管理既强调了管理的职能，也强调了管理中要运用具体的观点、理论和科学技术。

从上述定义中可以看出，建筑装饰工程施工项目管理的主要职能包括以下几个方面：

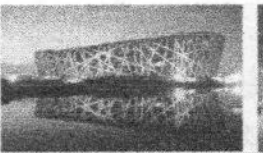

（1）计划职能。建筑装饰施工项目管理的首要职能是计划。计划职能就是为了实现项目总体目标而采用的适宜措施和手段的全过程管理活动。计划职能可分为四个阶段：第一阶段是确定项目的总目标、分目标以及各目标实现的先后次序，目标实现的时间和目标体系的合理结构。第二阶段是预测实现这些目标可能产生的影响，并预测其结果；同时必须明确：在计划期内，期望能获得多少资源来支持计划中的活动。第三阶段是如何执行预算，明确预算各组成部分之间有什么内在联系和应怎样使用预算等问题。第四阶段是提出贯彻指导实现预期目标的制度、准则和规范，它是执行计划的主要手段。制度、准则和规范为整个组织进行有序活动提供了依据和方法，明确说明如何确定并实现目标。因而，在制订相关制度、准则和规范时，必须保持其相应的科学性、灵活性、全面性、协调性和准确性，才能使组织的活动更具实效。

综合上述四个阶段的工作结果，就可以制定出一个全面的计划，它将引导建筑装饰施工项目的组织，通过有序、合理的活动（工作）达到预定的目标。

（2）组织职能。组织职能是项目管理的基本职能之一。包括三个方面：一是组织设计，包括组织系统的合理选定，划分各部门的权限和职责，制定各类规章制度。二是组织运行，指按照组织分工完成各自工作，规定工作顺序和业务管理活动的运行过程，组织运行要抓好人员配置、业务接口、信息反馈三个关键问题。三是组织调整，即根据工作的需要、环境的变化，分析原有的项目组织系统的缺陷、适应性和效率性，对原组织系统进行调整和重新组合，包括组织形式的变化、人员变动、规章制度的修订或废止及信息流通系统的调整等。

（3）监督职能。业主和监理方对承包单位，总承包单位对分包单位，管理层对作业层都存在一个监督的问题。监督的依据是建筑装饰施工合同、图纸、国家及行业标准、计划、制度、规范、规程以及各阶段各层次的目标等。监督就是通过定期或不定期巡视、检查，并通过反映施工进度、质量、费用的报表、报告等各种信息来发现问题，并及时向被监督者提出问题，令其及时纠正问题的活动。有效的监督是实现目标的重要手段。

（4）控制职能。即项目管理者为保证预期工作按计划完成而采取的一切行动，它不仅要分析和限制计划中可能出现或已出现的偏差，而且要及时采取措施纠正偏差。

（5）协调职能。因各阶段、各部门、各层次之间的工作需要相互配合和协调，所以协调和沟通是项目管理的重要职能。协调主要包括人际关系、组织关系、供求关系和约束关系的协调。人际关系协调包括项目组织内部和与其关联单位的外部人际关系协调；组织关系协调是指项目组织内部各部门之间关系的协调；供求关系协调主要是保证项目实施过程中所发生的人力、材料、机械、设备、技术、资金、信息等资源供应的合理和优质优价。约束关系协调包括法律、法规的约束关系的协调和合同约束关系的协调，通过有效手段避免产生矛盾，及时有效地解决矛盾。

1.2.2 施工项目管理的目标

建筑装饰工程施工项目的施工方作为项目建设的一个参与方，其项目管理的目标包括施工的进度目标、施工的质量目标、施工的成本目标、职业健康安全与环境目标。

1. 施工的进度目标

项目进度管理应以实现合同约定的竣工日期为进度总目标。这个目标，首先是由企业管理层来承担，企业管理层根据经营方针在“项目管理目标责任书”中确定项目经理部的进度

控制目标。项目经理部再依据本企业确定的目标在“施工项目管理实施规划”中编制施工进度计划，确定计划进度控制目标，并进行进度目标分解。

2．施工的质量目标

施工质量目标是指项目在质量方面所要达到的要求。一般来说，该目标是指质量验收标准的合格要求。在国家标准《建筑工程施工质量验收统一标准》GB 50300—2013 中规定了分项工程、分部工程和单位工程的施工质量验收标准，是一个强制性标准。当业主没有特殊要求（即设计图纸没有提出高于国家标准 GB 50300—2013 的要求），该验收标准就是施工质量目标。当发包人根据自身的经营方针确定的质量目标高于国家标准，并通过合同进行规定，施工单位就应以相应的要求作为自己的施工的质量目标。

3．施工的成本目标

建筑装饰施工成本是承包单位在施工中所发生的全部生产费用的总和，即在施工中各种物化劳动和活劳动创造的价值的货币表现形式。它包括支付给生产工人的工资、奖金，消耗的材料、构配件、周转材料的摊销费用或租赁费，施工机具台班费或租赁费，项目经理部为组织和管理施工所发生的全部费用支出。

在施工成本管理中，既要注重施工生产中因消耗形成的成本，又要注重成本的补偿，这才是对施工项目成本的完整理解。施工项目成本是否准确客观，直接影响施工企业财务成果和投资者效益。若成本多算，则利润少计，可分配的利润就会减少；反之，若成本少算，则利润多计，可分配的利润就会虚增实亏。施工成本管理的目标就是以科学合理的项目施工成本去圆满完成施工任务。要实现施工成本的目标，就必须尽量合理地节约支出。

4．职业健康安全目标

职业健康安全目标应是明确，每个施工现场均应制定的相应健康安全保证体系及各项制度，并分解和细化到与施工项目相关的每个部门。通过实现职业健康安全目标可以提高员工的安全意识，使员工在生产经营活动中自觉地防范安全健康风险，并减少因工伤事故和职业病所造成的经济损失和因此所产生的负面影响。同时也对经济效益、生产发展和社会安定起到长期性的促进作用，而且也可以使建筑装饰工程的施工单位树立良好的社会形象，从而在市场竞争中占据有利的地位。

5．环境目标

企业的职工是企业的主人，是施工生产的主力军。防止粉尘、噪声和水源污染，搞好施工现场环境卫生，改善作业环境，就能保证职工身体健康，使得他们积极投入施工生产中去。企业的根本宗旨是为人民服务，保护和改善施工环境事关国计民生，责无旁贷。

1.2.3　施工项目管理的内容

在施工项目管理过程中，为了取得各阶段目标和总目标的实现，必须围绕组织、规划、控制、生产要素的配置、合同、信息等方面进行有效管理，其主要内容如下：

（1）建立施工项目管理组织。项目经理部的建立是实现项目管理的关键，特别是要选好项目经理及其他管理和技术的骨干力量；根据装饰施工项目管理的需要，制订出施工项目管理的有关规章制度。

（2）做好施工项目管理规划。建筑装饰施工项目管理规划是对施工项目管理的目标、内容、组织、资源、方法、程序和控制措施进行策划的结果之一。它是指导项目管理工作的纲领性文件。

（3）进行施工项目的目标控制。实现建筑装饰项目的阶段性目标和总目标。是进行目标控制的主要任务，也是项目管理的主要内容。在实现目标的过程中必须坚持以控制理论为指导，对施工项目全过程实行科学的、系统的控制。这些控制主要包括进度控制、质量控制、成本控制、职业健康安全和环境控制。此外还需对施工中各种因素的干扰、风险因素的影响等进行分析与动态控制。

（4）施工项目资源的优化配置与动态管理。施工项目资源的优化配置是项目目标得以实现的保证，主要包括劳动力管理、材料管理、机具设备管理、技术管理和资金管理五大要素。其管理的内容是分析各项生产要素的特点，然后按一定的原则、方法，对施工项目生产要素进行优化配置，进而在装饰施工过程中对各项生产要素实行动态管理。

（5）施工项目合同管理。在市场经济条件下，建筑装饰施工活动也属于一项综合性的经济活动，其涉及面广、内容复杂。这种活动从投标报价时开始产生并贯穿于施工项目管理的全过程，因而必须依法签订合同，履行经营。企业应提高合同意识，用法律来保护自己的合法权益，并通过履行合同树立企业的良好信誉，同时为了取得良好的经济效益，还必须注意标好索赔，讲明方法和技巧，提供充分的证据，以获取应得的利益。

（6）施工项目现场管理。施工项目环境是建筑装饰产品形成的工作场所，它是项目组织与指挥施工生产的操作场地。施工项目环境管理的主要任务是制定项目的环境管理目标，按照分区划块原则，标好施工现场的环境管理和防治等的规划以及进行定期协调关系，并继续改进。

（7）采购管理。即企业应设置采购部门，制定采购管理制度、工作程序和采购计划。按照设计文件所规定的采购数量、技术要求和质量标准，以及满足工期、安全、环境和成本管理等要求进行采购。

（8）施工项目的信息管理。现代化的管理要依靠信息，在施工项目管理中为了及时准确地掌握信息并有效地运用信息，必须建立一套科学的信息系统，包括信息的采集、分析、处理和传递等管理活动，为了取得理想的信息管理效果，应依靠电子计算机等先进手段辅助进行。

（9）沟通管理。在项目管理的过程中，由于各种条件和环境的变化，必然形成不同程度的干扰，使计划的实施产生困难，这时沟通工作就显得特别重要。沟通要依托一定的组织、形式和手段，并针对干扰的种类和关系的不同而分别对待。沟通的内容应涉及与项目实施有关的信息，包括项目各相关方共享的核心休息、项目内部和项目相关组织产生的有关信息。

案例 1.1　某办公楼装饰工程准备工作

背景材料　某办公楼工程已进入建筑装饰阶段，该建筑工程总建筑面积 34 928 m^2，主体为框架剪力墙结构（局部钢筋混凝土结构），基础结构形式为钢筋混凝土筏板基础，主体建筑地下 3 层，地上 21 层，建筑檐高 63.8 m，位于繁华闹区。

问题　（1）施工过程中，应采取哪些措施防止施工噪声对周围居民的影响？

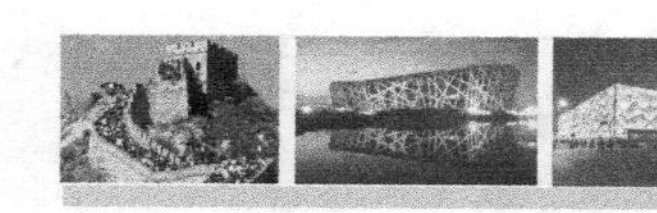

（2）施工中与建设单位的协调内容应包括哪些？

案例分析　（1）及时和建设单位主管工程的部门联系协商，取得业主主管部门的理解支持；及时和建设行政主管部门、当地派出所、环保部门、街道办事处、城管等单位协商，取得这些部门的理解和支持；增强全体施工人员防噪声扰民的自觉意识，采取专门的隔音、降噪措施，尽量降低施工噪声；凡强噪声施工，按当地有关规定执行，避开正常的休息时间，如中午午休时间、深夜休息时间；如果施工噪声超过标准值，环保部门按要求测定噪声值，确定噪声对周围教师、学生的影响程度、范围，并出具测定报告书；建设单位对确定为施工噪声扰民范围内的有关人员，根据受噪声污染的程度，按有关要求跟业主协商给予适当的经济补偿。

（2）主动与业主沟通，积极与业主配合；工程开工时，请业主在开工报表上签章，及时向业主介绍施工进度情况；按时参加业主召开的工程会议；重视业主提出的工程变更意见，变更费用必须得到业主签章认可；及时邀请业主参加隐蔽工程验收；呈报工程进度月报表，请业主在报表上签章，作为工程计量的依据。

1.3　施工项目管理规划

施工项目管理规划是由建筑施工企业或施工项目管理组织编制的，它是指导项目管理工作的文件，对项目管理的目标、内容、组织、资源、方法、程序和控制措施进行安排。其作用是：制订施工项目管理目标；规划实现这些目标的组织、程序和方法，落实责任；作为相应项目的管理规范，在项目管理过程中贯彻执行；作为考核项目经理部的依据之一。因此，企业应建立施工项目管理规划制度。

管理规划分为两个文件：一个是施工项目管理规划大纲，其编制者为建筑施工企业的经营管理层。这种规划主要服务于投标与签约，以中标和经济效益为目标，带有规划性。它是作为投标依据，满足招标文件要求及签订合同要求的管理规划文件。另一个是施工项目管理实施规划，即在签订合同以后编制的施工项目管理规划，其编制者为项目管理层。这种规划用以指导从施工准备、开工、施工、直至竣工验收的全过程，以提高施工效率和效果为目标，带有作业性。它是在指导施工项目实施阶段管理的规划文件。

1.3.1　管理规划大纲及管理实施规划的特点

1. 施工项目管理规划大纲的特点

1）为投标签约提供依据

建筑业企业为了取得施工项目而进行投标之前，应认真规划投标方案，其主要依据就是施工项目管理规划大纲。该大纲根据招标文件和项目的实际情况提出项目目标和实施计划，并有保证计划实现的技术组织措施。根据施工项目管理规划大纲编制投标文件，既可使投标文件具有竞争力，又可满足招标文件对施工组织设计的要求，还可为签订合同、进行谈判提前做出筹划和提供资料。

2）其内容具有纲领性

施工项目管理规划大纲，实际上是建筑业企业在投标前对项目管理的全过程所进行的总

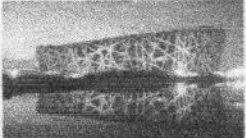

体规划。此时尚未中标，故不宜对实施过程做出较具体的安排，只能是纲领性的。它既是对发包人承诺的管理纲领，又是中标后的施工计划目标，影响项目管理的全寿命。

3）追求经济效益

施工项目管理规划大纲的编制，首先，要有利于中标，其次，要有利于签订合同，第三，要有利于全过程的项目管理。故它是一份经营性文件，或相当于一份经营计划，追求的是经济效益。这份文件的主线是投标报价、合同造价和工程成本，是企业通过承揽该项目所期望的经济成果。

2．施工项目管理实施规划的特点

1）施工项目实施过程的管理依据

施工项目管理实施规划是在签订合同之后，由企业选定的项目经理部负责组织编制的，它的作用是指导施工准备阶段、施工阶段和竣工验收阶段的项目管理。它既为这个过程提出管理目标，又为实现目标做出管理规划，因此它是项目实施过程的管理依据，对项目管理取得成功具有决定性意义。

2）其内容具有实施性

施工项目管理实施规划是由项目经理部编制的，目的是为了指导实施过程，要求它具有实施性。实施性是指它可以作为实施阶段项目管理操作的依据和工作目标，有具体的管理方法和步骤。

3）追求施工效率和良好效果

施工项目管理实施规划可以起到提高施工效率的作用。这是因为“凡事预则立，不预则废”，事先有规划，事中有“章法”，目标明确，安排得当，措施有力，必然会产生高效率，取得理想效果。

3．施工项目管理规划和施工组织设计的关系

施工组织设计是从前苏联学习的、指导施工准备和施工的全局性技术经济文件。它沿用至今并已成为施工管理的一项制度、习惯，并与各项专业管理配套实施、相互依存和制约。但是它的性质决定它不能完全代替施工项目管理规划指导施工项目管理，尤其是它不能解决目标规划、风险规划和技术组织措施规划问题。

在投标前，应由企业管理层编制项目管理规划大纲。在开工前，应由项目经理组织编制施工项目管理实施规划。也可以用施工组织设计代替施工项目管理规划，但此时施工组织设计应满足项目管理规划的要求。

因此，编制施工项目管理规划是对项目经理部的主体要求。如果用施工组织设计代替，则施工组织设计的内容应包含施工项目管理规划要求的主要内容，且只有对施工组织设计的内容进行扩充才能做到这一点。后文我们将看到，施工项目管理规划中包含了施工组织设计的三大主要内容（施工方案、施工进度计划和施工平面图），但一般情况下，施工组织设计却缺少施工项目管理规划所具备的其他主要内容，故必须进行补充，切不可用指导施工的文件代替指导施工项目管理的文件，以免削弱项目管理的力度或以传统的施工管理代替施工项目管理。

1.3.2　施工项目管理规划大纲的内容与编制要求

1．施工项目管理规划大纲的内容

施工项目管理规划大纲，应包括如下内容：

（1）项目概况。主要是根据招标文件提供的情况对项目的构成、基础特征、结构特征、建筑装饰特征、使用功能、建设规模、投资规模、建设意义等，进行综合描述，从而反映项目的基本面貌。

（2）项目范围管理规划。项目范围管理作为项目管理的基础工作，贯穿于项目的全过程。项目范围管理的过程包括范围的确定、项目结构分析、项目范围控制等。项目范围管理的对象应包括为完成项目所必需的专业工作、管理工作和行政工作。

（3）项目管理目标规划。包括：施工合同要求的目标，如合同规定的使用功能要求，合同工期、造价、质量标准，合同或法律规定的环境保护标准和安全标准；企业对施工项目的要求，如成本目标，企业形象，对合同目标的调整要求等。

（4）项目管理组织规划。包括：对专业性施工任务的组织方案（如怎样进行分包，材料和设备的供应方式等）；拟选派的项目经理、拟建的项目经理部的人选方案及部门设置等。

（5）项目过程管理规划。包括：项目计划的时间、资源分配（包括人员、设备、材料）、项目质量管理、项目管理技术（流程、规范、工具等）的采用以及外包商的管理等。

（6）项目成本管理规划。包括：总成本目标和总造价目标，主要成本项目及成本目标分解；人工及主要材料用量，保证成本目标实现的技术措施。简单地说，就是通过开源和节流两条腿走路，使项目的净现金流（现金流入减去现金流出）最大化。开源是增大项目的现金流入，节流是控制项目的现金流出。在项目建设期，开源表现为扩大项目融资渠道，保证项目能够筹集足够的建设资金；节流是使融资成本或代价最低，最节省地实现项目的必要功能。在项目经营期，开源表现为增加主营业务收入、其他业务收入以及投资收益等；节流就是控制项目经营成本。

（7）项目进度管理规划。包括：总工期目标及其分解，主要的里程碑事件及主要施工活动的进度计划安排，施工进度计划表，保证进度目标实现的措施。

（8）项目质量管理规划。质量管理总是围绕着质量保证过程和质量控制过程两方面。这两个过程相互作用，在实际应用中还可能会发生交叉。项目质量管理规划包括：招标文件（或发包人）要求的总体质量目标，分解质量目标，保证质量目标实现的主要技术组织措施。

（9）项目职业健康安全与环境管理规划。主要根据招标文件的要求，现场的具体情况，考虑企业的可能性和竞争的需要，对发包人做出承诺前的规划。

（10）项目采购与资源管理规划。采购计划应根据项目合同、设计文件、项目管理实施规划和有关采购管理制度进行组织编制。资源管理包括劳动力管理、材料管理、机械设备管理、技术管理和资金管理。项目资源管理的全过程应包括项目资源的计划、配置、控制和处置。

（11）项目信息管理规划。其制定应以项目管理实施规划中的有关内容为依据。在项目执行过程中，应定期检查其实施效果，根据需要进行计划调整。

（12）项目风险管理规划。根据工程的实际情况对施工项目的主要风险因素做出预测，相应的对策措施，风险管理的主要原则。

2．施工项目管理规划大纲的编制要求

（1）由企业投标办公室（或经营部）组成工作小组进行编制，吸收拟委派的项目经理及技术负责人参加；

（2）编制时，以为本企业的项目管理服务为宗旨，作为内部文件处理。为了满足发包人的要求，可根据招标文件的要求内容进行摘录，其余的内容作为企业机密；

（3）本大纲中规划的各种目标，都应该满足合同目标的要求，但合同目标不能作为企业的计划管理目标，计划管理目标应比合同目标积极可靠，以调动项目管理的积极性；

（4）各项技术组织措施的规划应立足于企业的经营管理水平和实际能力，可靠、可行、有效；

（5）由于开工前还要编制施工项目管理实施规划，故本大纲应较好地掌握详略程度，实施性的内容宜粗不宜细，应能对施工项目管理实施规划起指导纲领的作用，待编制施工项目管理实施规划时再细化。

1.3.3 施工项目管理实施规划的内容与编制程序

施工项目管理实施规划（以下简称“实施规划”）的内容、编制程序介绍如下。

1．“实施规划”的内容

“实施规划”主要包括以下13条规定：

（1）项目概况。包括：工程地点，建设地点及环境特征，施工条件，项目管理特点及总体要求，施工项目的工作目录清单。

（2）工作部署与准备工作计划。其中工作部署包括：项目的质量、安全、进度、成本目标；拟投入的最高人数和平均人数；分包计划，劳动力使用计划，材料供应计划，机械设备供应计划；施工程序；项目管理总体安排，如组织、制度、控制、协调、总结分析与考核。而准备工作计划包括：施工准备工作组织和时间安排，技术准备及编制质量计划，施工现场准备，作业队伍和管理人员的准备，物资准备，资金准备。

（3）实施方案。包括：施工流向和施工顺序，施工段划分，施工方法和施工机械选择，安全施工设计，环境保护内容及方法。

（4）进度计划。当建设项目施工时，编制施工总进度计划；当单位工程施工时，编制单位工程施工进度计划；内容包括：施工准备工作计划说明，施工总进度计划说明，单位工程施工进度计划说明，年、季、月、旬计划说明，施工进度计划图（表），施工进度计划管理规划。

（5）质量管理计划。包括：质量目标和要求；过程、文件和资源的需求；产品所要求的验证、确认、监视、检验和试验活动，以及竣工验收标准。

（6）安全生产计划。包括：工程概况，控制目标，控制程序，组织结构，职责权限，规章制度，资源配置，安全措施，检查评价，奖惩制度。

（7）成本管理计划。包括：成本计划，成本控制，成本核算，成本分析和责任考核。

（8）资源需求计划。包括：劳动力需求计划，主要材料和周转材料需求计划，机械设备需求计划，预制品订货和需求计划，大型工具、器具需求计划。

（9）风险管理计划。包括：风险因素识别一览表，风险可能出现的概率及损失值估计，风险管理重点，风险防范对策，风险管理责任。

（10）信息管理计划。包括：信息流通系统，信息中心的建立规划，项目管理软件的选择与使用规划，信息管理实施规划。

（11）项目现场平面布置图。包括：施工平面图说明，施工平面图，施工平面图管理规划。

（12）各项目标的控制措施。包括：保证进度目标的措施，保证安全目标的措施，保证成本目标的措施，保证季节施工的措施，保护环境的措施，文明施工措施。

（13）技术经济指标。包括：规划指标，规划指标水平高低的分析和评价，实施难点的对策；规划指标包括总工期、质量标准、成本指标、资源消耗指标、其他指标（如机械化水平等）。

2. "实施规划"的编制程序与管理

（1）"实施规划"的编制程序在《建设工程项目管理规范》中做出了规定，依次为：对施工合同和施工条件进行分析，对项目管理目标责任书进行分析，编写目录及框架，分工编写，汇总协调，统一审查，修改定稿；报批。

（2）"实施规划"经会审后由项目经理签字，报企业主管领导人审批。

（3）当监理机构对"实施规划"有异议时，可经协商后由项目经理主持修改。

（4）"实施规划"应按专业和子项目进行交底，落实执行责任。

（5）执行"实施规划"中应进行检查和调整。

（6）项目管理结束后，必须对"实施规划"编制、执行的经验和问题进行总结分析，并归档保存。

1.4 建筑装饰工程施工项目管理组织形式

一个组织以何种结构方式去处理层次、跨度、部门设置和上下级关系，涉及组织结构的类型，即组织形式。施工项目组织的形式与企业的组织形式是不可分割的。施工组织形式的确立主要是根据项目的管理主体、项目的承包形式、组织自身情况来进行。施工项目管理组织的基本组织形式有以下几种。

1. 矩阵式项目管理组织

矩阵式项目管理组织是指其结构形式呈矩阵状组织，项目管理人员由企业有关职能部门派出并接受原职能部门的业务指导，受项目经理的直接领导。其组织形式如图 1.1 所示。

从图 1.1 可以看出，在进行 A、B、C 三个工程项目施工时，可以把原来属于纵向领导系统中甲、乙、丙、丁等不同职能部门的专业人员抽调集中在一起，组成 A、B、C 三个工程项目的横向领导系统，多个项目与职能部门的结合呈矩阵状。矩阵结构中的每个工作人员都要受两个方面的领导，即日常接受本部门的纵向领导，而在执行 A、B、C 三个工程项目施工任务时，则分别接受 A、B、C 三个工程项目部项目经理的领导。一旦该工程项目结束，项目部自动解体，管理人员再回到原来的职能部门中去。

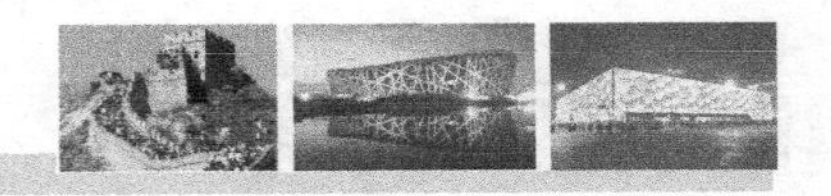

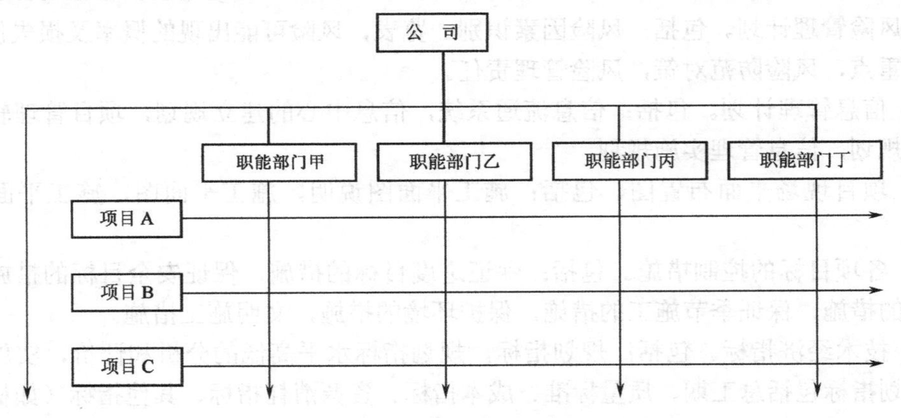

图 1.1　矩阵式项目管理组织形式

矩阵式项目管理组织形式的优点主要有：解决了传统管理形式中企业组织和项目组织相互矛盾的状况，把职能原则与对象原则有机地融为一体，求得企业长期例行性管理和项目一次性管理的一致性；能以尽可能少的人力，实现多个项目管理的高效率；打破了一个职工只接受一个部门领导的原则，大大加强了部门间的协调，便于集中各种专业知识、技能和人才，迅速去完成某个工程项目，提高了管理组织的灵活性；有利于在企业内部推行经济承包责任制和实施目标管理，同时，也能有效地促进企业上层机构的精简。

但矩阵式项目管理组织形式也存在以下的缺点：矩阵式项目管理组织中的管理人员，由于要受到纵向（所在职能部门）和横向（项目经理）两个方面的双重领导，不可避免地会削弱项目部领导的领导力度，如果纵横两个方向的领导意见和目标不一致乃至有矛盾时，当事人便无所适从；管理人员如果身兼多职地管理多个项目时，往往难以确定管理项目的优先顺序，难免顾此失彼。矩阵式项目管理组织对企业管理水平、项目管理水平、领导者的素质、组织机构的办事效率、信息沟通渠道的畅通等均有较高要求，因此，在协调组织内部关系时必须要有强有力的组织措施和协调办法，以克服矩阵式项目管理组织的缺陷和不足。

矩阵式项目管理的组织形式，适用于同时承担多个需要进行项目管理工程的企业和大型、复杂的施工项目。

2．事业部式项目管理组织

事业部式项目管理组织，是指在企业内作为派往项目的管理班子，对企业外具有独立法人资格的项目管理组织，其组织形式如图 1.2 所示。

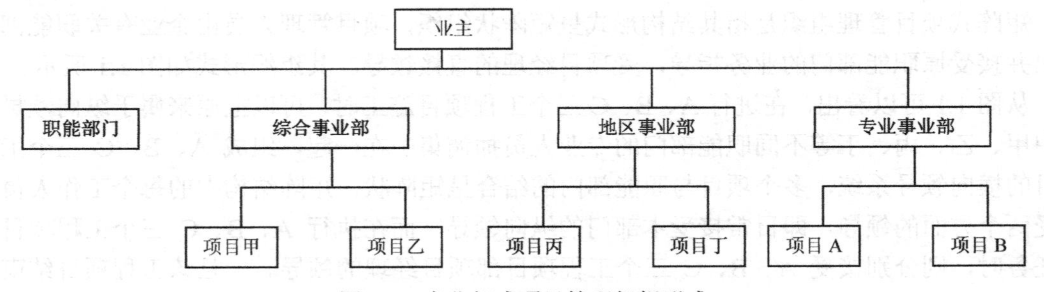

图 1.2　事业部式项目管理组织形式

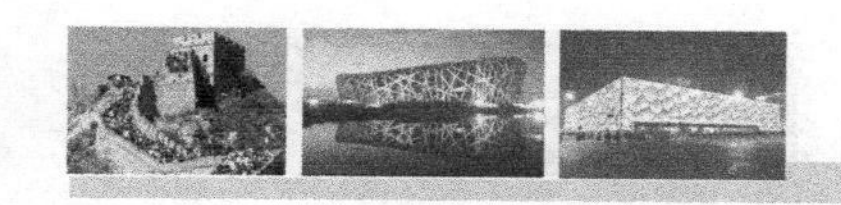

事业部对企业来说是内部的职能部门，对企业外具有相对独立的经营权，也可以是一个独立的法人单位。事业部可以按地区设置，也可以按工程类型或经营内容设置。事业部的主管单位可以是企业（如图 1.2 所示），也可以是企业下属的某个单位（如工程部）。如图 1.2 中的地区事业部，可以是公司的驻外办事处，也可以是公司在外地设立的具有独立法人资格的分公司；专业事业部是公司根据其经营范围成立的事业部，如桩基础公司、装饰公司、钢结构公司等。事业部下边设置项目经理部，项目经理由事业部任命或聘任，受事业部直接领导。

事业部式项目管理组织，能迅速适应环境变化，提高企业的应变能力和决策效率，有利于延伸企业的经营管理职能，拓展企业的业务范围和经营领域。按事业部式建立项目组织，其缺点是企业对项目经理部的约束力减弱，协调指导的机会减少，往往会造成企业结构的松散。

事业部式项目组织适用于大型经营性企业的工程承包，特别适用于远离公司本部的工程承包。

3. 直线职能式项目管理组织

直线职能式项目管理组织是指结构形式呈直线状且设有职能部门或职能人员的组织，每个成员（或部门）只受一位直接领导指挥。其组织形成如图 1.3 所示。

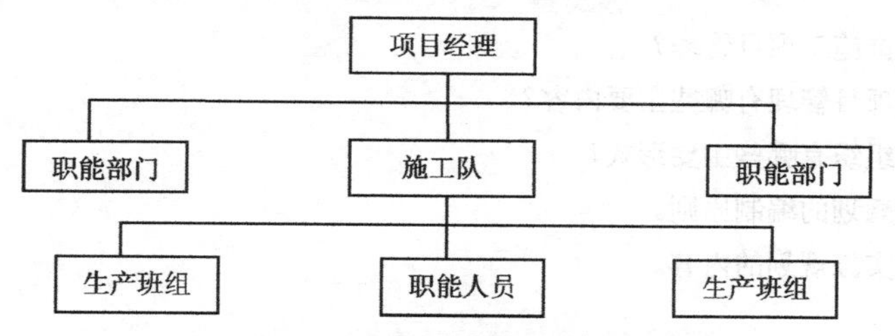

图 1.3 直线职能式项目管理组织形式

直线职能式的项目管理组织形式是将整个组织结构分为两部分：一是项目生产单位，它们实行行政直线指挥体系，自上而下有一条明确的等级链，每个下属人员明确地知道自己的上级是谁，而每个领导也都明确地知道自己的管辖范围和管辖对象。在这条等级链上，每级的领导都拥有对下级实行指挥和发布命令的权力，并对处于该层次单位的工作全面负责。二是项目部职能部门，项目部职能部门是同级行政直线指挥体系的参谋和顾问，对行政直线指挥体系中的下级单位，实施业务指导、监督、控制和服务职能，而不能直接进行指挥和发布命令。

直线职能制的组织结构基本上保证了项目部各级单位都有统一的指挥和管理。避免了多头领导和无人负责的混乱现象，同时，职能部门的设立，又保证了管理专业化的优点。亦即，在保证行政统一指挥的同时，又接受专职业务管理部门的指导、监督、控制和服务，避免了项目施工单位（施工队）只注重进度和经济效益而忽视质量和安全的问题。

这种组织模式虽有上述一些优点，但也存在着如何正确处理行政指挥和业务指导之间关系的问题。如果这个关系处理不好，就不能做到统一指挥，下属人员仍然会出现多头领导的问题。这个问题的最终处理方法，是在企业内部实行标准化、规范化、程序化和制度化的科学管理，使企业内部的一切管理活动都有法可依、有章可循，各级各类管理人员都明确自己的职责，照章办事，不得相互推诿和扯皮。

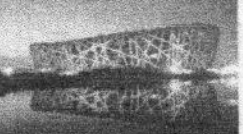

案例 1.2　某建筑工程监理规划

背景材料　某公司（业主）拟投资建设一建筑工程，在该工程项目的设计文件完成后，拟通过招标选择施工单位。某工程公司作为潜在的投标人，分析了该工程项目规模和特点，准备按照组织结构设计、确定管理层次、确定施工工作内容、确定管理目标和制定施工工作流程等步骤，来建立本项目的施工组织机构。

问题　（1）常用组织结构形式有哪几种？若想建立起具有机构简单、权力集中、命令统一、职责分明、隶属关系明确的施工组织机构，应选择哪一种组织结构形式？

（2）该工程公司编制了管理规划大纲，作为投标文件的一部分。大纲主要内容包括：①工程综合说明；②设计图纸和技术资料；③施工方案；④工程量清单；⑤主要材料与设备供应方式；⑥施工项目管理机构；⑦合同条件；⑧保证工程质量、进度、安全的主要措施；⑨特殊工程的施工要求。请问该管理实施规划是否全面？

案例分析　（1）常见的组织结构形式有事业部式、直线职能式和矩阵式。应选择直线职能式的项目管理组织结构形式。

（2）缺少“文明施工措施”。

思考题 1

1. 什么是建筑装饰施工项目管理？
2. 建筑装饰施工项目管理有哪些主要内容？
3. 施工项目管理组织有哪些主要形式？
4. 施工项目管理规划的编制原则。
5. 施工项目管理实施规划的内容。

第2章 建筑装饰工程施工项目目标管理

教学导航

教	内容提要	主要阐述建筑装饰工程施工项目的目标管理，即安全管理、质量管理、进度管理及成本管理，介绍相应的管理和控制方法，简单介绍工程技术实务
	知识重点	建筑装饰工程施工项目的目标管理（包括安全管理、质量管理、进度管理及成本管理）
	知识难点	目标管理的管理方法和控制方法
	推荐教学方式	采用案例教学结合课堂讲授、现场参观、录像结合课堂讨论的教学方式
	建议学时	18～20
学	学习要求	要求熟悉建筑装饰工程施工项目的目标管理，掌握各目标管理的具体内容和他们之间的关系
	推荐学习方法	将教材有关知识与案例进行对比学习，提出问题并在课堂内解决；完成任务2～任务6的实训，自学习过程中不断修改和完善
	必须掌握的理论知识	熟练掌握施工项目管理的总目标和分目标的设立，掌握施工项目目标管理的具体方法
	必须掌握的技能	施工项目管理目标管理体系的建立和具体实施
做	任务2	设立项目的安全管理总目标和分目标
	任务3	设立项目的质量管理总目标和分目标
	任务4	抹灰工程及饰面砖工程质量检查及验收
	任务5	工程网络图的绘制和时间参数计算
	任务6	设立项目的成本管理总目标和分目标

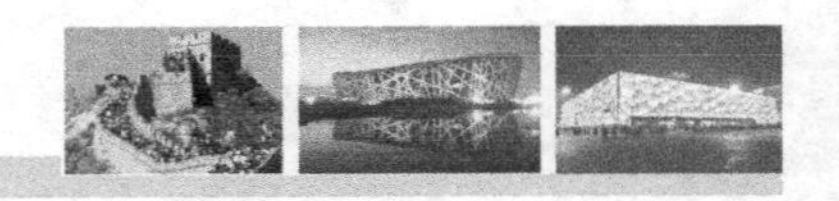

任务2　设立项目的安全管理总目标和分目标

1．任务目的

通过设立一个建筑装饰工程施工项目的安全管理总目标和分目标，使学生对施工项目安全管理和现场管理有更深刻的理解，并掌握相应管理技能。

2．任务要求

以某一项目为实例，通过课本及相关规范的学习，制定安全管理总目标及分目标，学生在学完本节内容后，能初步具备合理设立安全管理目标、编制施工安全保证计划的能力。

3．工作过程

（1）合理的安全总目标设定；

（2）制订项目施工安全保证计划。

4．任务要点

（1）合理的安全总目标设定：必须充分考虑其安全目标的合法性和可行性。

（2）项目施工安全保证计划：

① 为实现安全总目标，必须制订安全保证计划，其主要工作为：安全目标的层层分解；通过人员的组织、资源的安排、安全制度的建立，确保能形成完善的安全保证体系。

② 安全保证计划的制订必须充分考虑其现实可行性。

小知识　安全管理分目标可按时间段分；可按施工班组分；可按岗位分；各分目标体系取决于项目的总安全管理目标，以及施工组织形式。

5．任务实施

（1）由老师提供一个工程案例或由学生自主选择案例；

（2）学生初步制定该项目安全总目标和分目标及项目施工的安全保证计划；

（3）通过学习了解任务相关知识；

（4）学习过程中不断完善该任务；

（5）能对已完成任务的内容做出全面解释；

（6）完成本任务的实训报告。

2.1　施工项目的安全管理与现场管理

建筑装饰施工项目的安全管理就是在施工过程中组织安全生产的全部管理活动。

2.1.1　安全管理基础

1．安全生产

安全生产是指处于避免人身伤害、设备损坏及其他不可接受的损害风险（危险）状态下进行的生产活动。

2．安全管理

安全管理是指为确保安全生产，对生产过程中涉及安全方面的事宜，通过致力于满足生产安全所进行的计划、组织、指挥、协调、监控和改进等一系列的管理活动，从而保证施工中的人身安全、设备安全、结构安全、财产安全和适宜的施工环境。

3．危险源

危险源是可能导致人身伤害或疾病、财产损失、工作环境破坏或这些情况组合的危险因素和有害因素。

危险因素强调突发性和瞬间作用的因素，有害因素强调在一定时期内的慢性损害和累积作用。

危险源是安全管理的主要对象。安全管理也可称为危险管理或安全风险管理。

4．危险源的分类

在实际生活和生产过程中的危险源是以多种多样的形式存在，危险源导致事故的原因可归结为危险源的能量意外释放或有害物质泄漏。根据危险源在事故发生、发展中的作用，把危险源分为两大类。即第一类危险源和第二类危险源。

1）第一类危险源

可能发生意外释放的能量的载体或危险物质称做第一类危险源。能量或危险物质的意外释放是事故发生的物理本质。通常将产生能量的能量源或拥有能量的能量载体作为第一类危险源来对待处理。例如：易燃易爆物品，有毒、有害物品等。

2）第二类危险源

可能造成约束、限制能量措施失效或破坏的各种不安全因素称做第二类危险源。例如：易燃易爆物品的容器，有毒、有害物品的容器，机械制动装置等。

第二类危险源包括人的不安全行为、物的不安全状态和不良环境条件三个方面。

5．危险源与事故

事故的发生是两类危险源共同作用的结果：第一类危险源失控是事故发生的前提；第二类危险源失控则是第一类危险源导致事故的必要条件。

在事故的发生和发展过程中，第一类危险源是事故的主体，决定事故的严重程度，第二类危险源则决定事故发生的可能性大小。

2.1.2　施工项目安全管理的工作过程

安全管理	1．安全总目标设定	（1）国家和地方政府颁布的有关工程建设安全的法律、法规和条例； （2）建筑装饰工程公司的营运总安全目标； （3）建筑装饰施工项目合同或投标文件

续表

安全管理	2．项目施工安全保证计划	（1）安全目标的层层分解；（2）安全保证体系的建立；（3）安全生产的具体规定；（4）安全技术交底制度的制订；（5）安全检查制度的制订；（6）纠正措施与预防措施的制订；（7）伤亡事故的处理
	3．项目施工安全保证计划的具体实施	（1）项目部各岗位人员的就位和安全培训；（2）安全生产各项规定的具体实施；（3）安全技术交底制度的执行；（4）安全检查制度的的执行；（5）纠正措施与预防措施的制订；（6）按伤亡事故处理的规定执行
	4．持续改进	纠正措施与预防措施的实施

2.1.3 施工项目安全施工总目标设定

1．安全施工总目标设定的依据

1）国家有关的法律、法规

我国的安全生产法、安全生产条例及建筑法等法律、法规对安全生产（施工）制定了强制性规定，要求施工企业在建筑装饰工程施工项目的施工过程中必须进行有效的安全管理并组织好现场管理以保证安全文明施工。

2）施工安全管理的方针

施工安全管理的方针为："安全第一，预防为主"。

"安全第一"是把人身的安全放在首位，"以人为本"。

"预防为主"要求安全管理必须具备预见性，尽可能减少、甚至消除事故隐患，把事故消灭在萌芽状态中。这是安全管理中最重要的思想。

3）施工安全管理的目标

安全管理的目标：为确保安全生产（施工）而制定的必须达到、并且可以达到的安全量化指标。

具体可包括如下三个方面：

（1）减少或消除人的不安全行为的目标；

（2）减少或消除设备、材料的不安全状态的目标；

（3）改善生产环境和保护自然环境的目标。

2．安全施工总目标的设定要求与内容

（1）建筑装饰工程公司根据国家和地方的安全生产法律、法规规定，结合本公司的经营方针，对公司的营运及公司开展的所有施工项目均设定了相应总安全目标。

（2）每一个施工项目，在承包方和发包方签署的《建筑装饰施工项目合同》和承包方的有效投标文件中，必有承包方承诺的施工项目安全目标。

（3）施工项目的规划大纲和实施规划均确立了相应项目的总安全目标。如：

① 在××××装修工程施工中，我们将对施工现场实行全新的科学化管理。施工现场的安全、保卫、消防、卫生、环保等各项管理目标，均按照××××市文明安全工地的要求组织落实，确保达到××××市文明安全工地标准，杜绝一切质量、安全事故。确保××××装

修工程的消防安全和施工进度，做好施工现场的清洁卫生和环境保护工作，保证不影响周边单位和居民的正常工作秩序。

② 确保无重大工伤事故，无消防事故，杜绝死亡事故，轻伤率控制在千分之五以内。

2.1.4　项目施工安全保证计划

1. 施工项目安全目标的层层分解

为确保工程安全施工总目标的实现，施工项目部必须依据国家有关安全生产的法律法规、企业要求和建设单位要求，根据本项目特点对具体资源安排和施工作业活动合理地进行策划，并形成一个与项目规划大纲和项目实施规划共同构成统一计划体系的、具体的安全保证计划，该计划一般包含在施工方案中或包含在施工组织设计中。

在项目规划大纲和项目实施规划的框架下进行的具体的、作业层次的安全策划时，首先必须将项目的安全施工总目标层层分解到项目各班组乃至各员工的不同层次分目标（如：在项目安全施工目标下制订项目部各班组的次级安全施工分目标和各员工的再次级安全施工分目标），同时按时段对各不同施工阶段制定相应安全施工分目标。总目标和各级的分目标一起，共同形成本项目的一套完整的安全管理目标体系。

（1）针对各班组的安全分目标必须明确、通过努力可达到，如：

① 脚手架、安全网搭设班组：确保拟使用的脚手架、安全网牢固，安全可靠。

② 电工班组：确保电线、电缆及配电箱的安设符合国家和地方的相关安全敷设规定。

③ 外墙装饰班组：不得发生人员坠落事故和高空落物伤人事故。

（2）针对不同季节和不同施工阶段引起的施工安全隐患不同，在设定了各班组的安全生产前提下，还需重点分析各季节及对应施工阶段所面临的不同程度的安全风险，针对性地制定相应安全生产分目标。

2. 安全施工保证计划的编制要求

为确保安全施工事故保证计划合理、可行，安全施工保证计划制定前必须针对安全生产目标体系仔细分析研究涉及本项目的不安全因素，使其计划能够做到：确定安全的标准；不安全因素及其不安全的程度的识别；确定安全指标和目标；确定确保安全的原则、措施、程序、手段和方法；确定确保安全的人力、物力和财力的需求。

其中，项目中的不安全因素就是可能导致安全事故的危险源。

3. 建立安全施工保证体系

设立项目安全施工管理组织机构，并确定各岗位的岗位职责。

一般的做法是建立施工项目部的施工组织机构，在该机构中包含了完备的安全施工管理组织子机构。

案例 2.1　某项目安全施工保障体系

某建筑装饰工程施工项目，建立的安全施工保证组织体系为：

1. 安全文明施工组织保证机构（见图 2.1）

2. 各岗位的安全职责

（1）项目经理：项目施工现场全面管理工作的领导者和组织者，项目质量、安全生产的第一责任人，统筹管理整个项目的实施等。

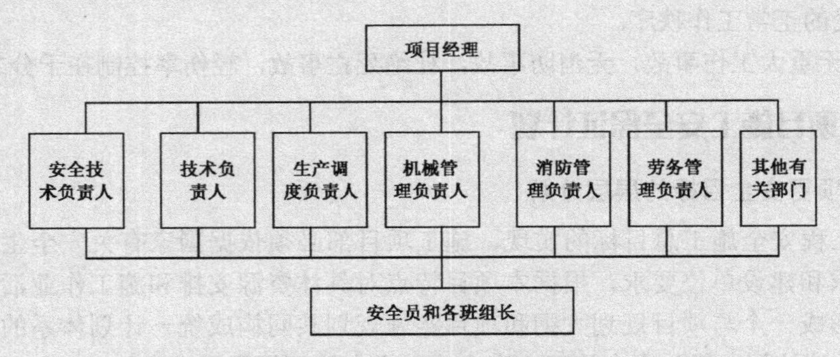

图 2.1　安全文明施工组织保证机构

（2）安全技术负责人：监督施工过程的安全生产；纠正违章；配合有关部门分析施工安全因素；项目全员安全活动和安全教育；监督劳保质量的安全和使用。

（3）技术负责人：制定项目安全技术措施和分项安全方案；监督安全措施落实；解决施工过程中的不安全技术问题。

（4）生产调度负责人：在安全前提下，合理安排生产计划；组织施工安全技术措施的实施。

（5）机械管理负责人：保证项目的各类机械安全运行；监督机械操作人员持证上岗，规范作业。

（6）消防管理负责人：保证防火设备设施齐全有效；监督机械隐患；组织现场消防队和日常消防工作。

（7）劳务管理负责人：保证进场施工人员安全技术素质；控制加班加点；保证劳逸结合；提供必需劳保用具并保证质量。

（8）其他有关部门：财务部门保证安全措施项目的费用；后勤行政部门保证工人生活条件，确保工人健康。

4．安全保证计划必须包含或引用我国相关法律、法规针对工程项目施工的通用性规定

我国相关法律、法规的规定，建筑装饰工程项目的施工必须满足如下的基本要求：

（1）必须取得安全行政主管部门颁发的《安全施工许可证》后才可开工。

（2）施工单位必须持有《施工企业安全资格审查认可证》。

（3）各类管理人员和技术人员必须具备相应的执业资格才能上岗。如建造师（项目经理）、造价工程师等。

（4）所有新员工必须经过三级安全教育，即进企业、进工程项目施工现场和进班组的安全教育。

（5）特殊工种作业人员必须持有特种作业操作证，并严格按规定定期进行复查。如电工、焊工、机操工、架子工、起重工等。

（6）对查出的安全隐患要做到“五定”，即定整改责任人、定整改措施、定整改完成时间、定整改完成人、定整改验收人。

（7）必须把好安全生产“六关”，即措施关、交底关、教育关、防护关、检查关、改进关。

（8）施工现场安全设施齐全，并符合国家及地方有关规定。如消防设施、医疗急救设施等。

（9）施工机械（特别是现场安设的起重设备等）必须经安全检查合格后方可使用。

5．安全保证计划必须包含或引用我国关于建设工程项目施工现场消防管理强制性标准

（1）施工现场必须有明显的防火宣传标志。每月对职工进行至少一次治安、防火教育，培训义务消防队。建立保卫、防火工作档案，并定期组织保卫、防火工作检查。

（2）施工现场必须设置消防车道，其宽度不得小于 3.5 m。消防车道不能是环行的，应在适当地点修建车辆回转场地。

（3）施工现场要配备足够的消防器材，并做到布局合理；消防器材须经常维护、保养，冬季采取防冻保温措施，以保证消防器材灵敏有效。

（4）施工现场进水干管直径不小于 100 mm，消火栓处要设有昼夜明显标志，相应设施配备齐全。消火栓处周围 3 m 内，不准存放任何物品。

（5）高度超过 24 m 的在施工程，应设置消防竖管，管径不得小于 65 mm，并随楼层的升高每隔一层设一处消防栓口，同时配备水龙带。消防供水应保证水枪的水量充实，能射达最高、最远点。消防泵房应采用不燃材料建造，设在安全位置。消防泵的专用配电线路，必须引自施工现场总配电箱（柜）的上端，并设专人值班，以保证连续不间断地供电。

（6）电工、焊工从事电气设备安装和电、气焊接或切割作业，要有操作证和用火证。动火前，要消除附近易燃物，并配备灭火人员和灭火用具。用火证当日有效。动火地点变换，要重新办理用火证手续。

（7）施工现场使用电气设备和易燃、易爆物品，必须采取严格的防火措施，指定防火负责人，配备灭火器材，确保施工安全。

（8）因施工需要搭设临时建筑，应符合防盗、防火要求，不得使用易燃材料。城区内的施工现场一般不准支搭临时用木板房。必须支搭时，需经消防监督机关批准。幢与幢之间的距离，在城区不少于 5 m，在郊区不少于 7 m。

（9）施工材料的存放、保管应符合防火安全要求，库房需用不燃材料支搭。易燃、易爆物品应专库储存，分类单独存放，保持通风，用电符合防火规定。禁止在建筑物及库房内调配油漆、稀料。

（10）禁止在建筑物内设仓库，禁止存放易燃、可燃材料。因施工需要进入建筑物内的可燃材料，要根据工程计划，限量进入并应采取可靠的防火措施。建筑物内禁止住人。

（11）施工现场严禁吸烟。必要时，应专门安排设有防火设施的吸烟室。

（12）施工现场和生活区内，未经保卫部门批准不得使用电热器具。

（13）氧气瓶、乙炔瓶（罐）工作间距不应少于 5 m，两瓶同时明火作业距离不小于 10 m。禁止在建筑物内使用液化石油气“钢瓶”和乙炔发生器作业。

（14）在施工程要坚持防火安全交底制度。特别是在进行电气焊、油漆粉刷等危险作业时，必须有具体防火要求。

（15）冬季施工保温材料的存放与使用，必须采取防火措施。凡有关部门确定的重点工程和高层建筑，不得采用可燃保温材料。

6．安全保证计划必须包含或引用我国关于建设工程项目施工现场电气设备使用管理强制性标准

（1）各类电气设备、线路禁止超负荷使用，接头须接实、接牢，以免线路过热或打火短路。发现问题立即修理。

（2）存放易燃液体、可燃气瓶和电石的库房，照明线路穿管保护，采用防爆灯具，开关设在库外。

（3）穿墙电线和靠近易燃物的电线穿管保护，灯具与易燃物一般应保持 30cm 间距，对大功率灯泡要加大间距。工棚内不准使用碘钨灯。

（4）高压线下不准搭设临时建筑，不准堆放可燃材料。

7．安全保证计划必须包含或引用我国关于工程项目施工现场明火使用管理强制性标准

（1）现场生产、生活用火均应经主管消防的领导批准，使用明火要远离易燃物品，并备有消防器材。使用无齿锯，须开具用火许可证。

（2）冬期施工采用明火或电热法的，均须制定专门防火措施，设专人看管，做到人走火灭。

（3）冬期炉火取暖要专人管理，注意燃料存放、渣土清理及空气流通，防止煤气中毒。

（4）工地设吸烟室，施工现场严禁吸烟。

（5）电、气焊工作人员均应受专门培训，持证上岗。作业前办理用火手续，并配备看火人员及灭火器具。吊顶内安装管道，应在吊顶易燃材料装上以前完成焊接作业，若因工程特殊需要，必须在顶棚内进行电、气焊作业，应先与消防部门商定，妥善防火措施后方可施工。

（6）及时清理施工现场，做到工完场清。

（7）油漆施工要注意通风，严禁烟火，防止静电起火和工具碰撞打火。

案例 2.2　某项目安全事故分析

背景材料　某市烟草公司旧围墙 14.2 m×3 m（长×高），由某建安公司承担铲除旧粉刷层并重新粉刷的任务。开工当日下午，施工单位 4 名工人在该市烟草公司西侧围墙铲除旧粉刷层时，墙体突然倒塌，致使 2 名操作工被墙体猛力扑倒，造成一人死亡、一人重伤（重伤者经抢救无效于第八天死亡）的重大伤亡事故。

问题　（1）为什么会发生围墙倒塌的事故？

（2）从这个事件中应吸取何教训？

案例分析　（1）该墙建筑时间较长，现状明显不符合砌体结构设计规范的要求。在高 3 m、长 14.2 m 范围内，没有设壁柱，墙的两端也无壁柱，墙体稳定性差；该墙是用泥灰做黏结材料砌筑的，使用年限已久（1974 年砌筑），又曾被加高和做房屋山墙使用，稳固性差；该墙北端东侧 1.45 m 处自来水龙头无下水管道排水，在长期用水过程中，大量的下水流向墙基处，在水的浸润作用下，墙基砖体与泥灰逐步失去黏结力；该墙被铲除水泥砂浆粉刷层时，受到了振动影响，铲除下部原有水泥砂浆粉刷层后，使墙体的稳定性和牢固性变得更差。在上述诸因素的共同作用下，导致墙体倒塌。

（2）这次事故是建筑施工单位不按建筑管理规定，盲目施工，建设单位在对该墙内在

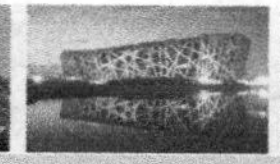

质量不明，对其危险性不了解的情况下，盲目提出要将此墙由建筑施工单位重新粉刷的要求而造成的责任事故。

这起事故反映了建筑施工及建设单位有关人员缺少安全意识，安全管理薄弱，给国家和职工生命造成了严重损失，应该从中吸取深刻教训，有关单位应严格按照基建的基本程序进行工程项目的新建、改建和扩建工作，特别要注意改建和扩建工程中的复杂情况，不可盲目从事，应由设计单位全面了解原有设计和施工条件的情况下出具正式的设计图纸或通知后方可进行施工。

8．安全技术交底制度的制订

为确保施工各阶段的各施工人员明确知道目前工作的安全施工技术，使得安全施工保证措施能够得到有效的执行，必须建立安全技术交底制度。安全技术交底制度大致包括如下内容：

（1）必须严格遵循××标准要求，对每道工序施工均须进行安全技术交底；

（2）必须在各工序开始前××时间进行安全技术交底；

（3）安全技术交底的组织者、交底人和交底对象；

（4）交底应口头和书面同时进行；

（5）交底内容包括：安全、文明施工的要求；

（6）必须保证安全技术交底后的施工人员明确理解了安全技术交底的内容；

（7）交底内容必须记录并保留。

9．安全检查制度的制订

为验证施工各阶段的安全施工保证措施能够得到有效的执行，必须建立安全检查制度。安全检查制度必须包括如下内容：

1）安全检查的方式

（1）定期检查；

（2）日常巡回检查、季节性和节假日安全检查；

（3）个人自检、班组互检和专职安全质检员检查。

2）安全检查的主要内容

（1）机械设备；

（2）安全设施；

（3）安全教育培训；

（4）操作行为；

（5）劳保用品使用；

（6）事故的处理。

3）安全检查的方法

（1）采取随机抽样；

（2）现场观察；

（3）实地检测。

4）安全检查的管理

对检查结果进行分析，找出安全隐患，确定危险程度，编写安全检查报告并上报。

10．针对安全隐患的有效预防和处理措施

施工过程中会存在众多安全隐患。编制项目施工安全保证计划时必须对此有充分预计，清晰判别各安全隐患及其性质、可能后果和产生后果的可能性，在安全技术措施中明确规定有效的预防和处理措施、方法和手段。

1）高空坠落和物体打击的防范方法

严格使用安全“三宝”，加强“四口”、“五临边”有效防护。“三宝”是指安全帽、安全带、安全网；“四口”是指楼梯口、电梯井口、预留洞口、通道口；“五临边”是指施工中未安装栏杆的阳台（走台）周边，无外架防护的屋面（或平台）周边，框架工程楼层周边，跑道（斜道）两侧边，卸料平台外侧边等均属于临边危险地域。

2）高空坠落和物体打击的防范措施

加强从事高处作业的身体检查和高处作业安全教育，不断提高自我保护意识。科学合理地安排施工作业，尽量减少高处作业并为高处作业创造良好的作业条件。加强临边防护措施的落实和检查工作，使其处于良好的防护状态。充分利用安全网、安全带的防护设施，保证工人在有保障的情况下进行操作。加强临边防护，预防坠落伤人的措施。

（1）编制施工组织设计时将一类临边列入安全技术措施和重点跟踪检查部位。一类临边主要来自于施工过程中，如施工层架子临边及施工结构与架子临边、施工层梁、柱、板、口临边。

（2）对木工进行安全技术交底，要求梁底横杆伸出两边各 50 cm，以供铺脚手板及栏杆使用；要求梁边脚手板不少于两块，人不准在梁上行走，柱架四周必须有一块脚手板和二根栏杆；架子工人必须系安全带作业。

（3）施工层架子外侧采用大孔安全网防止材料坠落，用密目安全网防止砂、石、垃圾坠落；施工层架子脚手板满铺，每四步架子有一道双层安全网，施工层内侧与结构大于 30 cm 边用安全网封严。

（4）坡屋面采用檐口挑架，用密目安全网兜严。

（5）施工层架子高于施工层 3 m。

（6）1.5 m 以内孔洞在施工中预埋钢筋网片，1.5 m 以上孔洞四周边设两道 1.2 m 栏杆，洞口用安全网封严。

（7）第二类临边主要是机械垂直运输及水平运输，如外用电梯、井字架、材料周转平台、运输小车道等。第二类临边的井字架采用了单独分项的安全技术措施；卸料平台有灵活的半自动门，平台边用密目安全网封底。

（8）外用电梯门及卸料平台有自动安全门及卸料平台栏杆，并用密目安全网封底。

（9）材料运输道、临街通道均要求有单独分项安全技术措施及搭设图。

（10）第三类临边，对电梯井采用了半自动安全门；没有外架的框架结构周边或非人行通道等“五临边”，均采用红、白相间栏杆二道。

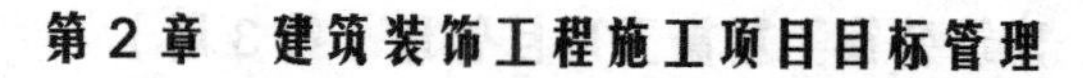

3）触电伤害的防范方法

在电能使用中，处理好其传输、管理、使用等过程。

4）触电伤害的防范措施

（1）强化电气安全管理。制定安全计划；贯彻电气标准和法规；制定本企业电器使用规章制度和安全操作规程；建立和监督执行电器岗位责任制；新开工工程项目的安全审查；对新投入和大修后的电气设施验收；安全用电宣传，安全用电教育，安全用电技术改造等。

（2）努力提高职工素质，提高职工素质是预防触电伤害的根本措施之一，除专业电工外，在电气设备上操作的其他人员也应提高技术素质。

5）机械伤害的防范方法

健全机具的安全管理体制，对施工机具进行全过程管理，严格抓好"管、用、养、修"四个环节。

6）机具伤害的防范措施

（1）机具的管理与平时的监督结合起来，严格遵守各级验收制度，认真按标准做好机具使用前的验收、持牌工作。对机操人员努力做好培训、教育工作，严把机操人员持证上岗关。

（2）工作前必须检查机具，确认完好后方准使用。使用时必须严格执行安全技术操作规程，做到定机定人，严禁无证上岗、违章操作。

（3）施工计划中必须保证有必要的机具维修保养时间，要有专人负责管理，定期检查，例行保养，并做好记录。

（4）各种施工机具发现已经损坏的必须立即修复。工具的绝缘、电缆的护套、插头插座等如有开裂要立即修理。严禁在作业中对机具进行维修、保养和调整，确保机具的正常、安全使用。

可见，项目施工安全保证计划是落实"预防为主"方针的具体体现，是进行工程项目安全管理的指导性文件。

11. 伤亡事故处理的相关规定

1）安全事故处理必须坚持的原则

安全事故处理必须坚持"事故原因不清楚不放过，事故责任者和员工没有受到教育不放过，事故责任者没有处理不放过，没有制定防范措施不放过"的原则。

2）安全事故的处理程序

（1）报告安全事故；

（2）事故处理；

（3）事故调查；

（4）调查报告。

2.1.5　项目施工安全保证计划的具体实施

1. 项目施工安全工作的组织准备

（1）按安全生产保证计划建立、完善以项目经理为首的安全生产领导组织。有组织、

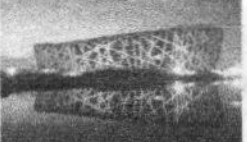

有领导地开展安全管理活动，承担组织、领导安全生产的责任；

（2）按安全生产保证计划建立建筑装饰工程项目的安全工作小组；

（3）确保安全工作小组各岗位的人员已经落实；

（4）特殊作业人员，按规定参加安全操作考核，取得安全部门核发《安全操作合格证》，坚持“持证上岗”。施工现场出现特种作业无证操作现象时，施工项目经理必须承担管理责任；

（5）全体管理、操作人员均需与施工项目经理签订安全协议，向施工项目做出安全保证。

2．安全生产各项规定的具体实施

在施工过程中，必须将项目施工安全保证计划，在安全生产培训和安全技术交底工作中要将上述的安全技术措施反复交代下去，并严格执行项目施工安全保证计划。

3．安全检查制度的执行

为了验证施工中安全保证计划的执行情况，必须在项目施工过程中对各施工活动及其效果、以及现场状态进行检查。

1）安全检查的内容

安全检查的内容针对两方面：

（1）各级管理人员对安全施工规章制度（如：安全施工责任制，岗位责任制，安全教育制度，安全检查制度等）的建立与落实；

（2）施工现场安全措施（如：安全技术措施、施工现场安全组织、安全技术交底、安全设防情况等）的落实和有关安全规定的执行情况。

2）安全检查的形式

主要有上级检查、定期检查、专业性检查、经常性检查、季节性检查以及自行检查等。

3）安全检查工作的措施

（1）项目经理组织项目部定期或不定期对安全管理计划的执行情况进行检查考核和评价。项目部对施工中存在的不安全行为和隐患进行原因分析并制定相应整改防范措施。

（2）项目部根据施工过程的特点和安全目标的要求，确定安全检查内容。

（3）安全检查应配备必要的设备或器具，确定检查负责人和检查人员，并明确检查内容及要求。

（4）安全检查的方法有：采取随机抽样、现场观察、实地检测相结合；检测结果应予记录。对现场管理人员的违章指挥和操作人员的违章作业行为应进行纠正。

（5）安全检查人员应对检查结果进行分析，找出安全隐患部位，确定危险程度。

（6）项目部应编写安全检查报告。

案例2.3　某单位礼堂改造项目安全事故分析

背景材料　某单位礼堂是20世纪50年代的老建筑，其隔音、照明、暖气等均需改造和修理。该礼堂舞台是木地板，并由木构件支撑搭设。焊接作业人员下班后，晚间舞台发生火灾，致使礼堂烧毁，但无人员伤亡。

问题　（1）火灾是如何发生的？

（2）在焊接作业区域应如何做好防火工作？

案例分析　（1）由于该礼堂舞台是木地板，并由木构件支撑搭设，木地板在焊渣的持续高温下被引燃，进而引发火灾。

（2）在焊接作业区域存在这种可燃地板不可转移时，为保证无火灾隐患，应做好如下工作：

① 明确焊接操作人员、监督人员及管理人员的防火职责；

② 建立切实可行的安全防火管理制度；

③ 设置火灾警戒人员，焊接作业后应有人值班观察；

④ 易燃地板要清扫干净，并以洒水、铺盖湿沙、盖薄金属板等加以保护；

⑤ 地板上所有开口或裂缝均应盖好；

⑥ 配备好消防器材。

案例 2.4　某建筑物清洗项目安全事故分析

背景材料　某工人在进行建筑物的外墙面的擦洗作业时，在 9 层消防楼梯平台擦洗距楼面 2.5 m 的墙面时，由于高度不够便一脚踏在护栏，一脚踏在马凳上，在向外探身时，由于没有系安全带，身体失稳从高空坠落，送医院后抢救无效而死亡。

案例分析　（1）该工人没有系安全带，违反高空安全操作规程；

（2）该工人所受安全教育、培训不够；

（3）安全检查不到位；

（4）项目部、班组进行的安全交底及安全措施不到位；

（5）项目经理没有认真执行该项作业的施工方案，也没有采取必要的安全措施。

案例 2.5　某施工项目安全事故分析

背景材料　某项目在施工过程中，某工人在行走时不小心踏上了通风口盖板，结果 1 mm 厚铁皮盖板变形塌落，工人也随盖板坠落，落差达 10 m，经抢救无效于当日死亡。

案例分析

这是一起由于“四口”防护不到位引起的伤亡事故。

这是一起“高空坠落”引起的伤亡事故。由此可见，严格使用安全“三宝”、做好“四口”和“五临边”的防护是非常重要的。

案例 2.6　某大厦工地施工项目安全事故分析

背景材料　某公司在某大厦工地施工，杂工王某发现潜水泵开动后漏电开关动作，便要求电工把潜水泵电源线不经漏电开关接上电源，起初电工不肯，但在王的多次要求下照办。潜水泵再次启动后，王某拿一条钢筋欲挑起潜水泵检查是否沉入泥里，当王某挑起潜水泵时，即触电倒地，经抢救无效死亡。

案例分析　（1）事故原因分析如下。

① 直接原因：操作工王某由于不懂电气安全知识，在电工劝阻的情况下仍要求将潜水泵电源线直接接到电源，同时，在明知漏电的情况下用钢筋挑动潜水泵，违章作业，是造成事故的直接原因。

② 重要原因：电工在王某的多次要求下违章接线，明知故犯，留下严重的事故隐患，

是事故发生的重要原因。

（2）事故主要教训有：

① 必须让职工知道自己的工作过程以及工作的范围内有哪些危险、有害因素，危险程度以及安全防护措施。王某知道漏电开关动作了，影响他的工作，但显然不知道漏电会危及他的人身安全，不知道在漏电的情况下用钢筋挑动潜水泵会导致其丧命。

② 必须明确规定并落实特种作业人员的安全生产责任制。特种作业危险因素多、危险程度大，不仅危及操作者本人的生命安全，还可能危害其他人的生命财产安全。本案电工有一定的安全知识，开始时不肯违章接线，但经不起同事的多次要求，明知故犯，违章作业，留下严重的事故隐患，没有负起应有的安全责任。

③ 应该建立事故隐患的报告和处理制度。漏电开关动作，表明事故隐患存在，操作工报告电工处理是应该的，但他不应该只是要求电工将电源线不经漏电开关接到电源上。电工知道漏电，应该检查原因，消除隐患，决不能贪图方便。

案例2.7　某焊接施工项目安全事故分析

背景材料　某项目民工甲与两名电焊工在进行钢筋焊接，作业时没有按要求穿绝缘鞋和戴绝缘手套，甲不慎触及焊钳的裸露部分致使触电倒地。焊工乙立即拉开民工手中的焊钳，使甲脱离带电体，但由于甲中午喝过酒，加剧了心脏承受负担，送医院后经抢救无效死亡。

案例分析　（1）民工甲自我防护意识差，工作没有按要求穿绝缘鞋和戴绝缘手套，违反了操作规程，且上班前喝酒，直接造成了该事故的发生。

（2）电焊班长对工具安全检查不认真，致使安全隐患未能及时消除。

（3）项目部负责安全的主管存在安全检查不及时，整改不彻底，制度落实不利。

4. 强化电气安全管理、预防触电伤害措施注意事项

由案例2.6、案例2.7可以看出：强化电气安全管理、预防触电伤害措施的严格执行在项目的施工过程中非常重要，为此，在项目的施工过程中必须抓好以下四项工作。

1）抓教育

安全意识的高和低是一个大前题，什么是遵章守纪，什么是违章违纪，什么是正确操作，怎样是错误操作，都要通过教育来增强安全意识，学会安全知识；新工人入场三级教育、事故典型教育、特殊工程教育、季节性的教育等应抓紧抓好。一个新开工程，必须根据规范要求，事先做好临时用电的施工设计，经主管安全人员审验后，按照要求的内容、步骤、敷设线路，设置配电箱，杜绝或减少线路架设的随意性；采用三级配电二级保护措施，采用漏电保护开关，设置分段保护，移动电箱电缆采用五芯线，并严格按照TN-S系统的要求进行保护接零。

2）抓验收交底

当一个施工现场临时用电实施布置完毕后，在使用前应进行验收，以保证临时用电设施的质量安全、可靠、正确、有效。验收后必须对操作者进行安全交底，使操作者明白各部位的用途以及使用中的注意事项，并要有书面的文字交底。

3）抓防护

在设施方面，采用国家电工委员会认可生产的漏电保护装置，设置三级配电二级保护，它能有效地保护人的生命，减少触电伤害。在个人防护方面，必须强调劳动保护用品的作用，应按规定穿戴绝缘手套、穿绝缘鞋，带电作业应有人监护。

4）抓检查

电器设施在使用过程中，要经常进行检查，发现有事故隐患要及时纠正，避免发生事故。

2.1.6 持续改进

在工程项目施工中，各类不安全因素随时存在、不断产生，通过安全检查可以发现施工现场的不安全因素所处的状态，及时发现安全事故并控制事态的发展，分析、找寻有效的纠正并予以实施；对潜在的安全事故进行动态预测、预报，分析、找寻有效的预防措施并予以实施；以期杜绝伤亡事故或将事故后果严重程度、伤亡事故频率和经济损失降到社会容许的范围内，同时改善施工条件和作业环境，达到安全状态。

纠正措施与预防措施，工程上常以安全事故处理、安全隐患处理措施形式出现。

1．项目部进行安全事故处理应符合下列要求

（1）安全事故处理必须坚持“事故原因不清楚不放过，事故责任者和员工没有受到教育不放过，事故责任者没有处理不放过，没有制定防范措施不放过”的原则。

（2）安全事故应按以下程序进行处理。

① 报告安全事故：安全事故发生后，受伤者或最先发现事故的人员应立即用最快的传递手段，将发生事故的时间、地点、伤亡人数、事故原因等情况，上报至企业安全主管部门。企业安全主管部门视事故造成的伤亡人数或直接经济损失情况，按规定向政府主管部门报告。

② 事故处理：抢救伤员、排除险情、防止事故蔓延扩大，做好标识，保护好现场。

③ 事故调查：项目经理应指定技术、安全、质量等部门的人员，会同企业工会代表组成调查组，开展调查。

④ 调查报告：调查组应把事故发生的经过、原因、性质、损失责任、处理意见、纠正和预防措施撰写成调查报告，并经调查组全体人员签字确认后报企业安全主管部门。

2．安全隐患处理应符合下列要求

（1）项目部应区别“通病”、“顽症”、首次出现、不可抗力等类型，修订和完善安全整改措施。

（2）项目部应对检查出的隐患立即发出安全隐患整改通知单。受检单位应对安全隐患原因进行分析，制定纠正和预防措施。纠正和预防措施应经检查单位负责人批准后实施。

（3）安全检查人员对检查出的违章指挥和违章作业行为向责任人当场指出，限期纠正。

（4）安全员对纠正和预防措施的实施过程和实施效果应进行跟踪检查，保存验证记录。

2.1.7 施工项目现场管理的内容、组织及实施

1．施工项目现场管理的目的

“文明施工、安全有序、整洁卫生、不扰民、不损害公众利益”是进行施工项目现场管

理的目的。

施工项目的现场管理是项目管理的一个重要部分。良好的现场管理使场容美观整洁、道路畅通，材料放置有序，施工有条不紊，安全、卫生、环境、消防、保安均能得到有效的保障，并且使得与项目有关的相关方都能满意。

施工结束，及时组织清场，将临时设施拆除，剩余物资退场，向新工程转移。

2. 建筑装饰工程施工现场文明施工管理的内容

现场文明施工管理的内容主要为：场容管理、料具管理、环境保护管理、环卫卫生管理四个方面。

1）场容管理

（1）现场门口“二图五牌”齐全，即总平面示意图、项目经理部组织机构及主要管理人员名单图、工程概况牌、安全纪律牌、防火须知牌、安全无重大事故计时牌、安全生产与文明施工牌；各种标牌（包括其他标语牌）均应悬挂在明显位置；

（2）现场临设工程按平面图建造，井然有序，库房、机棚、工棚、宿舍、办公室、浴室等室内外整洁卫生，有一个良好的生产、工作、生活环境；

（3）现场道路畅通无阻，供排水系统畅通无积水，施工场地平整干净；

（4）现场临时水电应设专人管理；

（5）料具和构配件码放整齐，符合要求；

（6）不得在楼梯、休息板、阳台上堆放材料和杂物；

（7）建筑物内外零散碎料和垃圾渣土可以适当设置临时堆放点，但须及时、定期外运；

（8）施工现场划区管理，责任区分片包干，个人岗位责任制健全；

（9）施工材料和工具及时回收、维护保养、利用、归库，做到工完、料净、场清；

（10）成品保护措施健全、有效；

（11）流水段划分、施工流程、设备配置等均符合施工组织设计；

（12）季节性施工方案和措施齐全，针对性强，并切实可行；

（13）施工现场管理人员和工人应戴分色和有区别的安全帽，危险施工区域应派人佩章值班，并悬挂警示牌和警示灯；

（14）施工现场严格使用安全“三宝”，“四口”、“五临边”应有防护措施，建筑临街面施工有安全网，人行通道有安全棚；脚手架、门架、井架、吊篮应有验收合格挂牌；

（15）现场的施工设备整洁，电气开关柜（箱）按规定制作安装，完整带锁，安全保护装置齐全可靠，并按规定设置；操作人员持证上岗，有岗位职责标牌和安全操作规程标牌；垂直运输机械有验收合格挂牌；

（16）施工现场设有明显的防火标志，配备有足够的消防器材，防火疏散道路畅通，现场施工动用明火有审批手续；

（17）松散材料、垃圾运输应有覆盖和防护措施，不得将垃圾撒漏在道路上；严格遵守社会公德、职业道德、职业纪律，妥善处理施工现场周围的公共关系，争取有关单位和群众的谅解与支持，控制施工噪声，尽量做到施工不扰民；

（18）设置黑板报，根据工程进展情况，奖优罚劣；

（19）对职工进行应知考核。

2）料具管理

（1）堆料须有批准手续，并码放整齐，不妨碍交通和影响市容；
（2）建筑物内外存放的各种料具要分规格码放整齐，符合要求；
（3）材料保管要有防雨、防潮、防损坏措施；
（4）贵重物品应及时入库；
（5）水泥库内外散落灰必须及时清运；
（6）工人操作能做到活完、料净、脚下清；
（7）施工垃圾集中存放，及时分拣、包收、清运；
（8）现场余料、包装容器回收及时，堆放整齐；
（9）现场无长流水，无长明灯；
（10）施工组织设计有技术节约措施，并能实施；
（11）材料管理严格，进出场手续齐全；
（12）实行限额领料，领、退料手续齐全。

3）环境保护管理

（1）施工垃圾处理措施；
（2）油料库应有防渗漏措施；
（3）噪声控制措施；
（4）粉尘污染控制措施；
（5）污水排放控制措施；
（6）易燃、易爆物品的保管；
（7）施工组织设计中要有针对性的环保措施；
（8）环保工作自我保障体系有检查记录。

4）环卫卫生管理

（1）施工现场整齐清洁，无积水；
（2）办公室内清洁整齐，窗明地净；
（3）生活区周围不随意泼水、倒污物；
（4）生活垃圾按指定地点集中，及时清理；
（5）冬季取暖炉设施齐全，有验收合格证；
（6）职工饮食要卫生。

3．建筑装饰工程施工现场文明施工管理的组织

（1）项目经理负责制。现场文明施工管理是一项涉及面广、工作难度大、综合性很强的工作，任何部门都无法单独负责。由项目经理负责，组织和协调各部门共同管理。

（2）齐抓共管制。现场文明施工管理，实行生产部门牵头，各专业系统分口负责，共同管理。

（3）奖罚责任制。现场文明施工管理要建立明确的奖罚责任制。

（4）日常管理制。现场文明施工应经常宣传，随时检查，使施工现场形成良好的文明施工风气。

4．建筑装饰工程施工现场文明施工管理的实施

（1）实行领导责任制。施工单位进入施工现场便要确定一位主要领导来负责文明施工的管理工作，并建立责任制，抓紧落实工作。

（2）共同管理。现场文明施工管理涉及生产、技术、材料、机械、安全、消防、行政、卫生等各个部门，可由生产部门牵头，进行各项组织工作，各业务部门在本系统的要求上注重文明施工，加强管理。

（3）日常管理。现场文明施工管理工作贯穿于施工的整个过程，加强日常的管理工作就必须从每一个部门、每一个班组、每一个人做起，抓好每一个工序、每一个环节。因此，必须建立健全合理的规章制度，对各项工作提出明确的标准和要求，并贯彻到施工过程中去，从而实现经常化。项目负责人应经常督促，随时检查。

（4）认真落实奖罚责任制。落实奖罚责任制要严格按制度办理。

案例 2.8　施工操作行为不当产生的安全隐患

背景材料　某工程地下室防水施工完毕后，操作工人将剩余不多的稀释剂二甲苯倒在了基坑坡顶上。

案例分析　工人的操作行为错误。二甲苯中混有苯，二甲苯具有毒性，主要对神经系统有麻醉作用，对皮肤和黏膜有刺激作用。同时，二甲苯易挥发，燃点较低，容易引起燃烧和爆炸。对环境造成污染。

案例 2.9　某项目施工时间安排不当引发的纠纷

背景材料　某项目施工现场设有混凝土搅拌站，为了赶工期，施工单位实行“三班倒”连续进行混凝土搅拌生产。附近居民意见极大，纷纷到有关管理单位反映此事，有关部门也做出了罚款等相应的处理决定。

案例分析　（1）噪声会对人产生降低听力、影响休息和工作、干扰语言交谈和通信联络等危害；另外，对神经系统、心血管系统等也有明显影响。

（2）混凝土搅拌站实行“三班倒”连续作业，影响周边居民正常作息，造成了噪声污染。夜间11点以后应停止作业，特殊情况须报请有关部门批准。

实训指导　安全目标的设定

1．安全总目标的设定思路

要针对工程施工中可能出现的各类事故，依据国家的法律法规要求以及公司自身的实力，设定安全总目标。

如×公司在××工程项目中设定的安全总目标如下。

安全文明施工目标：

杜绝死亡事故，重伤事故，重大机械事故，重大交通事故，重大火灾事故。

年轻伤率控制在12‰以内。

创建××工程安全文明施工样板工地。

2．安全分目标的设定思路

1）按班组设定安全分目标

（1）各专业班组安全分目标的设定应能满足确保相应专业班组组员安全的要求；

（2）对于其工作质量将对其他专业班组的安全产生严重影响的专业班组，则需要将对该班组的工作质量要求列入安全分目标之中（如搭设脚手架、敷设安全网、安装护栏等的专业班组）。

2）按施工阶段、季节和工作区域设定安全分目标

在不同的施工阶段、不同的季节和不同的工作面，即使对于同一个专业班组，他们面临的安全风险也是不同的，他们的相应工作质量对其他专业班组的安全影响也不相同。

3）按岗位设定安全分目标

针对现场管理部门、管理人员岗位和某些特殊工种工人岗位来设定。

3．安全保证计划编制的思路

（1）确定工程施工需要的人力资源；

（2）确定组织形式、岗位和各专业班组；

（3）安全分目标的设定；

（4）分析、确认实现安全分目标所需采取的措施、采用的方法和手段；

（5）将已确认的措施、方法和手段，转化为各岗位和各班组针对安全保障的、按照一定顺序进行的各阶段工作任务。

任务 3　设立项目的质量管理总目标和分目标

1．任务目的

通过设立一个施工项目的质量管理总目标和分目标，促进学生对施工项目质量管理有更深刻的理解，并掌握相应的管理技能。

2．任务要求

以某一施工项目为实例，通过对课本及相应规范的学习，制定质量管理总目标及分目标，学生在学完本节内容后，能初步具备合理设立质量管理目标、编制施工质量保证计划的能力。

3．任务的工作过程

（1）合理的质量管理总目标设定；

（2）项目施工质量管理保证计划的制订。

4．任务要点

（1）合理的质量管理总目标设定：必须充分考虑其质量管理目标的合法性和可行性。

（2）项目施工质量保证计划的制订

① 为实现质量管理总目标，必须制订质量保证计划，其主要工作为：质量管理目标的层层分解；通过人员的组织、资源的安排、质量管理制度的建立，确保能形成完善的质量保证体系。

② 质量保证计划的制订必须充分考虑其现实可行性。

小知识 质量管理分目标可按时间段分；可按子分部工程分；可按分项工程分；可按施工班组分；可按岗位分；各分目标体系取决于项目的总质量管理目标，以及施工组织形式。

5．任务实施

（1）由老师提供一个工程案例或由学生自主选择案例；
（2）学生初步制定该项目质量总目标和分目标及项目施工的质量保证计划；
（3）通过学习了解任务相关知识；
（4）学习过程中不断完善该任务；
（5）能对已完成任务的内容做出全面解释；
（6）完成本任务的实训报告。

实训指导　质量目标的设定

1．质量总目标的设定思路

要针对施工项目质量的合同要求，依据国家的法律法规要求以及公司自身的实力，设定质量总目标。

如××公司在××工程项目中设定的质量总目标如下。

质量目标：

工程一次验收合格率100%，优良率达到95%以上，工程竣工验收等级为优良。

2．质量分目标的设定思路

1）按班组设定质量分目标

各专业班组质量分目标的设定，必须以能满足国家和行业的相应分项工程质量验收标准和规范为前提。一般来说，各专业班组的质量分目标，就是国家和行业的相应分项工程质量验收标准和规范。

2）按管理岗位设定质量分目标

针对现场管理部门和人员岗位，来设定工作质量分目标。

3．质量保证计划编制的思路

（1）确定工程施工需要的人力资源；
（2）确定组织形式、岗位和各专业班组；
（3）质量分目标的设定；
（4）分析、确认和实现质量分目标所需采取的措施、采用的方法和手段；
（5）将已确认的措施、方法和手段，转化为各岗位和各专业班组针对保证工程质量的、按照一定顺序进行的各阶段工作任务。

任务4　抹灰工程及饰面砖工程质量检查及验收

1．任务目的

通过对抹灰工程及饰面砖工程（分项工程）的质量进行检查、验收，促进学生对施工

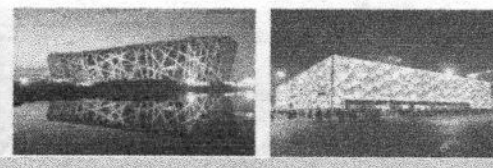

项目质量管理作业层次（分项工程）分目标的管理和控制有更深刻的理解，并掌握相应的管理技能。

2．任务要求

以某一施工项目为实例，依据《建筑装饰装修工程质量验收规范》（GB 50210），对项目抹灰工程及饰面砖工程的质量进行检查、验收。完成本任务实训后，能按规范要求，进行质量检查和验收工作。

3．任务的工作过程

根据规范的要求，对分项工程进行质量检查及验收，其工作过程是检测、记录、评价。

4．任务要点

（1）施工项目分项工程质量标准（即质量分目标）的设定必须满足国家标准和施工合同要求。

① 设定抹灰工程的质量标准如表 2.1 所示：

表 2.1 一般抹灰的允许偏差和检验方法

项次	项 目	允许偏差		检 验 方 法
		普通抹灰	高级抹灰	
1	立面垂直度	4	3	用 2 m 垂直检测尺检查
2	表面平整度	4	3	用 2 m 靠尺和塞尺检查
3	阴阳角方正	4	3	用直角检测尺检查
4	分格条（缝）直线度	4	3	用 5 m 线，不足 5 m 拉通线，用钢直尺检查
5	墙裙、勒脚上口直线度	4	3	拉 5 m 线，不足 5 m 拉通线，用钢直尺检查

注：1．普通抹灰，本表第 3 项阴角方正可不检查；

2．顶棚抹灰，本表第 2 项表面平整度可不检查，但应平顺。

② 设定饰面砖粘贴工程的质量标准如表 2.2 所示：

表 2.2 饰面砖粘贴的的允许偏差和检验方法

项次	项 目	允许偏差（mm）		检 验 方 法
		外墙面砖	风墙面砖	
1	立面垂直度	3	2	用 2 m 垂直检测尺检查
2	表面平整度	4	3	用 2 m 靠尺和塞尺检查
3	阴阳角方正	3	3	用直角检测尺检查
4	接缝干线度	3	2	拉 5 m 线，不足 5 m 拉通线，用钢直尺检查
5	接缝高低差	1	0.5	用钢直尺和塞尺检查
6	接缝宽度	1	1	用钢直尺检查

（2）依据施工项目分项工程质量标准（即质量分目标），对分项工程进行实测。

① 针对施工项目抹灰工程的质量进行实测，评价，并做好记录（填写表 2.3）；

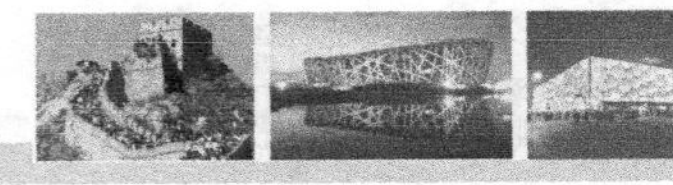

表 2.3　一般抹灰的偏差实测值

单位（子单位）工程名称						
分部（子分部）工程名称					验收部位	
施工单位					项目经理	
分包单位					分包项目经理	
施工执行标准名称及编号						
项次	项　目	普通抹灰		高级抹灰		检 验 方 法
		允许偏差（mm）	实测值（mm）	允许偏差（mm）	实测值（mm）	
1	立面垂直度	4		3		用 2 m 垂直检测尺检查
2	表面平整度	4		3		用 2 m 靠尺和塞尺检查
3	阴阳角方正	4		3		用直角检测尺检查
4	分格条（缝）直线度	4		3		用 5 m 线，不足 5 m 拉通线，用钢直尺检查
5	墙裙、勒脚上口直线度	4		3		拉 5 m 线，不足 5 m 拉通线，用钢直尺检查
施工单位检查评定结果		专业工长（施工员）		施工班组长		
		项目专业质量检查员：　　年　月　日				
监理（建设）单位验收结论		专业监理工程师：（建设单位项目专业技术负责人）：　　年　月　日				

注：1．普通抹灰，本表第 3 项阴角方正可不检查；

2．顶棚抹灰，本表第 2 项表面平整度可不检查，但应平顺。

② 针对施工项目饰面砖粘贴工程的质量进行实测，评价，并做好记录（填写表 2.4）；

表 2.4　饰面砖粘贴的偏差检测值

单位（子单位）工程名称						
分部（子分部）工程名称					验收部位	
施工单位					项目经理	
分包单位					分包项目经理	
施工执行标准名称及编号						
项次	项　目	外墙面砖		风墙面砖		检 查 方 法
		允许偏差（mm）	实测值（mm）	允许偏差（mm）	实测值（mm）	
1	立面垂直度	3		2		用 2 m 垂直检测尺检查
2	表面平整度	4		3		用 2 m 靠尺和塞尺检查
3	阴阳角方正	3		3		用直角检测尺检查
4	接缝干线度	3		2		拉 5 m 线，不足 5 m 拉通线，用钢直尺检查

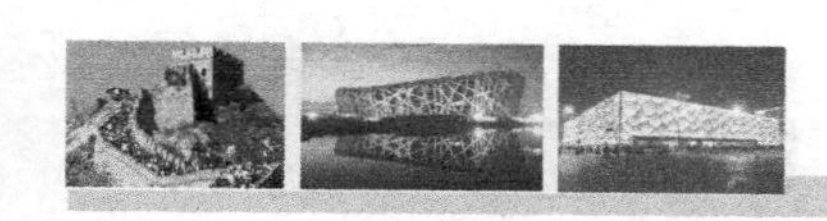

续表

项次	项　　目	外墙面砖		风墙面砖		检 查 方 法
		允许偏差（mm）	实测值（mm）	允许偏差（mm）	实测值（mm）	
5	接缝高低差	1		0.5		用钢直尺和塞尺检查
6	接缝宽度	1		1		用钢直尺检查
施工单位检查评定结果		专业工长（施工员）			施工班组长	
		项目专业质量检查员：　　　　年　月　日				
监理（建设）单位验收结论		专业监理工程师： （建设单位项目专业技术负责人）：　　　　年　月　日				

5. 任务实施

（1）由老师选择一个工程项目或由学生自主选择工程项目；

（2）学生进行抹灰工程或饰面砖工程的质量检查、验收；

（3）通过本章的学习和实训了解任务的相关知识；

（4）对已完成任务的内容做出全面解释；

（5）完成本任务的实训报告。

2.2　施工项目的质量管理

施工项目的质量管理就是在施工过程中为确保质量达到要求所采取的一系列技术措施。

2.2.1　工程施工项目质量管理的工作过程

质量管理	1. 质量总目标设定	（1）国家和地方政府颁布的有关工程建设质量的法律、法规和条例； （2）建筑装饰施工项目合同或投标文件； （3）建筑装饰工程公司的营运总质量目标
	2. 项目施工质量保证计划	（1）质量目标的层层分解；（2）质量保证体系的建立； （3）质量控制点的设置；（4）质量保证的方法和措施的制订； （5）质量技术交底制度的制订；（6）质量检查制度的制订； （7）纠正措施与预防措施的制订；（8）质量事故的处理
	3. 项目施工质量保证计划的具体实施	（1）项目部各岗位人员的就位和质量培训； （2）质量保证方法和措施的实施；（3）和质量技术交底制度的执行； （4）质量检查制度的执行；（5）按质量事故处理的规定执行
	4. 持续改进	（1）纠正措施与预防措施的实施；（2）安全检查制度的执行

2.2.2 施工项目质量管理的概念与内容

1．基本概念

提到装饰工程质量，我们首先会联想到交付使用的工程实体的质量。

工程质量，是指完工后的工程“产品”（工程实体）所具备的质量特性是否满足业主或建设单位要求，是否满足国家和行业的相应强制性标准的要求，以及满足上述要求和标准的程度。

针对建筑装饰工程，工程实体的质量特性具体表现在：

（1）适用性。即功能，是指工程实体满足使用目的的各种性能。包括：理化性能，如：尺寸、规格、强度、塑性、硬度、冲击韧性、抗渗、耐磨、保温、隔热、隔音等物理性能，耐酸、耐碱、耐腐蚀、防火、防风化、防尘等化学性能。

（2）耐久性。即寿命，指满足规定功能要求使用的年限，一般视所用材料的寿命等来决定。如塑料管道、屋面防水、卫生洁具、电梯等，视生产厂家设计的产品性质及工程的合理使用寿命周期而规定不同的耐用年限。

（3）安全性。是指工程实体在使用过程中保证人身和环境免受危害的程度。如抗震、耐火及防火能力，人民防空的抗辐射、抗核污染等能力，是否能达到特定的要求，都是安全性的重要标志。另外，如阳台栏杆、楼梯扶手、电气系统漏电保护等，也要保证使用者的安全。

（4）可靠性。是指工程实体在规定的时间和规定的条件下完成规定功能的能力。工程实体不仅要求在竣工验收时要达到规定的指标，而且在一定的使用时期内要保持应有的正常功能。如工程实体的防洪与抗震能力、防水隔热、恒温恒湿措施等，都属可靠性的质量范畴。

（5）经济性。是指工程从规划、勘察、设计、施工等到工程实体使用寿命周期内的维修、维护所花费的总成本是否合理。

（6）与环境的协调性。是指工程实体与其周围生态环境协调，与所在地区经济环境协调以及与周围已建工程相协调，以适应可持续发展的要求。

2．工程项目质量管理中的质量概念

（1）为确保工程“产品”能满足上述要求，同时有效预防不合格“产品”的出现，施工企业必须做好以下工作：

① 确保有明确的“产品”检验、验收标准；

② 确保有能力和资格的人进行相关工作；

③ 确保员工知晓并可轻易获得相关工作（工艺）流程操作规范和规程并能遵照执行；

④ 确保员工获得必需的资源（如材料、工器具等）；

⑤ 确保已做的工作有据可查（如记录）。

（2）为确保上述工作能有效进行，一个施工企业还必须做到：

① 配备质检部门/质检小组和有能力和资格的质量检验人员；

② 配备其他相关职能部门/职能小组（如：行政部门、人事部门、采购部门等）；

③ 各职能部门/职能小组的职责；

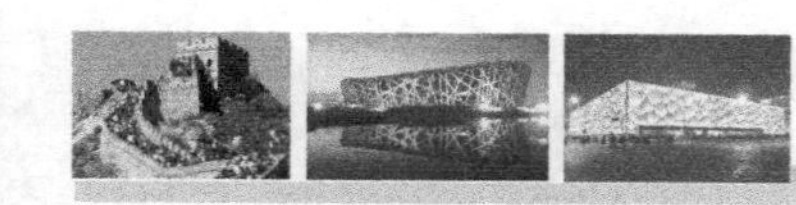

④ 各职能部门/职能部门小组的工作准则和工作规范；

（3）为确保上述工作均能有效完成，避免出现偏差，施工企业必须具备前瞻性，在进行上述工作前做好以下工作：

① 确定企业形象在公众心目中应具有的地位；

② 确定为保持企业在公众心目中的地位，企业质量的发展方向（质量方针）和相应阶段的质量目标；

③ 确定并实现必要的人力及物力资源；

④ 确定并执行企业有关质量的各级规章制度，工作规范。

由此，不难看出：施工单位只有确保施工过程中与工程质量的形成有关的各类工作的质量，才有可能确保工程“产品”的质量，有效预防不合格“产品”出现。

这样，质量的概念拓展为：既包含工程实体的质量，也包括了相关工作的质量。

上述所有的工作构成了一个动态的完整的质量保证系统，我们可以将其看成“针对工程实体质量形成过程中的质量管理体系”，该体系不仅构成了企业质量管理体系的一部分，同时也是该施工项目管理中质量管理体系的一部分。

3．工程项目质量管理中“质量”的具体内容

在工程项目质量管理中，“质量”包括三个方面的内容，即工程质量，工序质量和工作质量。

1）工程质量

工程质量，是指工程实体在满足适用性，可靠性，安全性，经济性和耐久性的基础上，满足施工合同要求、设计要求及符合国家和行业标准的程度。

2）工序质量

在施工中，有些工作和资源的提供对工程实体质量的形成起着直接的作用，这些工作通常技术性较强（如吊顶，玻璃幕墙安装等）。这些资源则主要指施工机具和相应的建筑材料，这些工作和资源提供的质量就是工序质量。

3）工作质量

在施工过程中，有些工作和资源提供是通过保证的工序质量来实现工程质量的。这些工作属于管理方面的工作（如：施工过程的计划工作、组织工作、合同管理工作、成本分析工作、工程质量检验工作、工序质量的监督工作、施工记录等）。这些资源的提供则是除了施工机具和建筑材料之外的资源（如：电脑，办公条件、临时居住条件等）的提供。

这些工作和资源提供的质量称为工作质量。

2.2.3　施工项目质量总目标设定

我国的建筑法、建设工程项目管理规范、建筑装饰工程设计规范、建筑装饰工程的质量标准以及建筑装饰工程施工验收规范等法律法规对建筑装饰工程施工质量制定了强制性规定，要求施工企业在施工过程中必须进行有效的质量管理并组织好现场管理以保证工程施工质量。

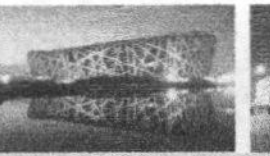

建筑装饰工程公司对公司的营运及公司开展的所有建筑装饰工程施工项目均设定了相应总质量目标。

每一个施工项目，在承包方和发包方签署的《建筑装饰工程施工合同》和承包方的有效投标文件中，必有承包方承诺的工程施工的质量目标。

建筑装饰工程施工项目的规划大纲和实施规划均确立了本项目的质量总目标。

例如：

（1）“严格按照规范精心施工，争创优质工程。按招标文件要求，施工质量按《×××工程质量检验评定标准》检验评定，工程质量达到优良等级。”

（2）“1、单位工程质量目标：优良；2、竣工一次交验合格率 100%；3、工程优良率 90%。”

2.2.4 项目施工质量保证计划

为确保工程质量总目标的实现，必须对具体资源安排和施工作业活动合理地进行策划，并形成一个与项目规划大纲和项目实施规划共同构成统一计划体系的、具体的施工质量保证计划，该计划一般包含在施工方案中或包含在施工项目管理规划中。

（1）具体的作业质量策划需要确定的内容如下：

① 确定该工程项目各分部分项工程施工的质量目标；

② 相关法律法规要求；建筑装饰工程的强制性标准要求；相关规范、规程要求；以及合同和设计要求；

③ 确定相应的组织管理工作、技术工作的程序，工作制度，人力、物力、财力等资源的供给，并使之文件化，以实现工程项目的质量目标，满足相关要求；

④ 确定各项工作过程效果的测量标准、测量方法，确定原材料，半成品构配件和成品的验收标准，验证、确认、检验和试验工作的方法和相应工作的开展；

⑤ 确定必要的工程项目施工过程中的产生的记录（如：工程变更记录、施工日志、技术交底、工序交接和隐蔽验收等记录）。

策划的过程中针对工程项目施工各工作过程和各类资源供给作出的具体规定，并将之形成文件，这个（些）文件就是工程项目施工质量保证计划。

（2）施工质量保证计划的内容一般应包括：

① 工程特点及施工条件分析（合同条件、法规条件和现场条件）；

② 依据履行施工合同所必须达到的工程质量总目标制订各分部分项工程分解目标；

③ 质量管理的组织机构、人力、物力和财力资源配置计划；

④ 施工质量管理要点的设置；

⑤ 为确保工程质量所采取的施工技术方案、施工程序，材料设备质量管理及控制措施，以及工程检验、试验、验收等项目的计划及相应方法等；

⑥ 针对施工质量的纠正措施与预防措施；

⑦ 质量事故的处理。

1. 施工质量总目标的分解

进行作业层次的质量策划时，首先必须将项目的质量总目标层层分解到分部分项工程

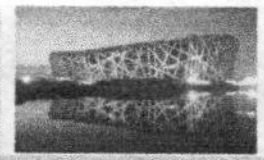

施工的分目标上，以及按施工工期实际情况，将质量总目标层层分解到项目施工过程的各年、季、月的施工质量目标。

各分质量目标较为具体，其中部分质量目标可量化，不可量化的质量目标应该是可测量的。

案例 2.10　某住宅装饰工程分项工程目标的制定

某群体住宅装饰工程施工项目的质量总目标：创建优质工程。

围绕该总目标，各分部分项工程的分目标为：

1. 检验批合格率：主控项目 100%，一般项目 90%以上；
2. 分项工程合格率：100%；
3. 分部工程合格率：100%；
4. 室内检测一次通过率 95%。

2．建立质量保证体系

设立项目施工组织机构，并确定各岗位的岗位职责。

案例 2.11　某装饰工程施工项目的质量保证体系

某建筑装饰工程施工项目，建立的质量保证组织体系主要包括以下 3 个方面。

1．施工组织机构（如图 2.2 所示）

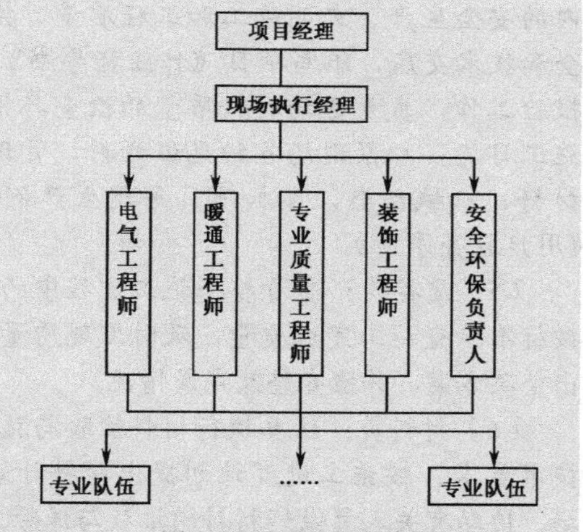

图 2.2　施工组织机构

2．项目主要岗位的人员安排

（1）项目经理将由担过同类型工程项目管理、具备丰富施工管理经验的国家一级建造师赵某担任；

（2）项目技术负责人将由具有较高技术业务素质和技术管理水平的钱某工程师担任；

（3）项目经理部的其他组成人员均经过大型工程项目的锻炼；

（4）组成后的项目经理部具备以下特点：

① 领导班子具有良好的团队意识，班子精练，组成人员在年龄和结构上有较大的优势，精力充沛，干劲力强，施工经验丰富。

② 文化层次高、业务能力强，主要领导班子成员均具有大专以上学历，并具有中高级职称，各业务主管人员，均有多年共同协作的工作经历。

③ 项目部班子主要成员及各主要部室的职责执行我单位的《质量手册》、《环境和职业健康安全管理手册》和相关《程序文件》。在施工过程中，充分发挥各职能部门、各岗位人员的职能作用，认真履行管理职责。

3．各岗位具体岗位职责

（1）项目经理：项目施工现场全面管理工作的领导者和组织者，项目质量、安全生产的第一责任人，统筹管理整个项目的实施。负责协调项目甲方、监理、设计、政府部门及相关施工方的工作关系，认真履行与业主签订的合同，保证项目合同规定的各项目标

顺利完成，及时回收项目资金；领导编制施工组织设计、进度计划和质量计划并贯彻执行；组织项目例会、参加公司例会，掌握项目工、料、机动态，按规定及时准确向公司报表；实行项目成本核算制，严格控制非生产性支出，自觉接受公司各职能部门的业务指导、监督及检查，重大事情、紧急情况及时报告；组织竣工验收资料收集、整理和编册工作。

（2）现场执行经理：对项目经理负责，现场施工质量、安全生产的直接责任人，安排协调各专业、工种的人员保障、施工进度和交叉作业，协调处理现场各方施工矛盾，保证施工计划的落实，组织材料、设备按时进场，协调做好进场材料、设备和已完工程的成品保护，组织专业产品的过程验收和系统验收，办理交接手续。

（3）技术负责人：工程项目主要现场技术负责人。领导各专业责任师、质检员、施工队等技术人员保证施工过程符合技术规范要求，保证施工按正常秩序进行；通过技术管理，使施工建立在先进的技术基础上，保证工程质量的提高；充分发挥设备潜力，充分发挥材料性能，完善劳动组织，提高劳动生产率，完成计划任务，降低工程成本，提高经营效果。

（4）专业质量工程师：熟悉图纸和施工现场情况，参加图纸会审，做好记录，及时办理洽商和设计变更；编制施工组织设计和专业施工进度控制计划（总计划、月计划、周计划），编制项目本专业物资材料供应总体计划，交物资部、商务部审核；负责所辖范围内的安全生产、文明施工和工程质量，按季节、月、分部、分项工程和特殊工序进行安全和技术交底，编写项目《作业指导书》，编制成品保护实施细则；负责工序间的检查、报验工作，负责进场材料质量的检查与报验，确认分承包方每月完成实物工程量，记好施工日志，积累现场各种见证资料，管理、收集施工技术资料；掌握分承包方劳动力、材料、机械动态，参加项目每周生产例会，发现问题及时汇报；工程竣工后负责编写《用户服务手册》。

（5）质检员：负责整个施工过程中的质量检查工作。熟悉工程运用施工规范、标准，按标准检查施工完成质量，及时发现质量不合格工序，报告主任工程师，会同专业工长提出整改方案，并检查整改完成情况。

（6）材料员：认真执行材料检验与施工试验制度。熟悉工程所用材料的数量、质量及技术要求。按施工进度计划提出材料计划，会同采购人员保证工程所用材料按时到达现场。协助有关人员做好材料的堆放与保管工作。

（7）资料员：负责整个工程资料的整理及收藏工作。按各种材料要求合验进场材料的必备资料，保证进场材料符合规范要求。填写并保存各种隐检、预检及评定资料。

3．质量控制点的设置

作为质量保证计划的一部分，施工质量控制点的设置是施工技术方案的重要组成部分。

1）施工质量控制点的设置原则

（1）对工程的安全和使用功能有直接影响的关键工序应设立控制点，如墙面抹灰、卫生间防水，吊顶龙骨和吊顶封板等；

（2）对下道工序质量形成有较大影响的工序应设立控制点，如吊顶等；

（3）对质量不稳定、经常出现不良品的工序应设立控制点，如易出现裂缝的抹灰工程等。

2）施工质量控制点设置的具体方法

根据工程项目施工管理的基本程序，结合项目特点在制定项目总体质量保证计划后，列出各基本施工过程对局部和总体质量水平有影响的项目，作为具体实施的质量控制点，如：施工质量管理中，材料、构配件的采购，涂饰工程、裱糊工程的基层处理，阳台地坪、门窗装修和防水层铺设等均可作为质量控制点。

质量控制点的设定，使工作重点更加明晰。事前预控的工作更有针对性。事前预控包括明确控制目标参数、制定实施规程（包括施工操作规程及检测评定标准）、确定检查项目和数量及其跟踪检查或批量检查方法、明确检查结果的判断标准及信息反馈要求。

施工质量控制点的管理应该是动态的，一般情况下在工程开工前、设计交底和图纸会审时，可确定一批整个项目的质量控制点，随着工程的展开、施工条件的变化，定期或不定期进行质量控制点的调整，并补充到原质量保证计划中成为质量保证计划的一部分，以始终保持对质量控制重点的跟踪并使之处于受控状态。

案例 2.12　某项目质量控制点的设置

背景材料　某装饰工程项目中，采用金属板吊顶和墙面防霉抗菌涂料。

问题　请设置金属板吊顶工程施工和墙面防霉抗菌涂料工程施工的质量控制点。

案例分析：

1．金属板吊顶控制点

（1）吊顶不平：在拉通线检查时，应保证龙骨标高误差在允许的范围内。

（2）龙骨架局部节点不合理：在留洞、灯具口和风口等部位的龙骨安装时，应注意节点构造设置的龙骨和构件符合设计要求。

（3）板块间隙不直：施工时要注意板块的规格，拉线找正，固定时保证找直找正。

2．墙面防霉抗菌涂料工程质量控制点

（1）透底：涂刷时注意不要漏刷，注意涂料的质量，保证涂料的稠度。

（2）接茬明显：涂刷时要注意涂刷顺序，要一排紧接一排地涂刷，时间间隔不要过长，要衔接紧密。

（3）刷纹明显：涂料太稠，应保证涂料的稠度适宜。

4．质量保证方法的制订

质量保证方法的制订，就是针对施工项目各个阶段各项质量管理活动和各项施工过程，为确保各质量管理活动和施工成果符合质量标准的规定，经过科学分析、确认，规定各项质量管理活动和各项施工过程必须采用的正确的质量控制方法、质量统计分析方法、施工工艺、操作方法和检查、检验及检测方法。质量控制方法的制订须针对以下三方面的质量管理活动来进行。

案例 2.13　某装饰工程施工及检验方法

背景材料　某装饰工程的地面大理石铺贴施工。

案例分析　该工程的施工组织设计中列出了地面大理石铺贴的施工方法和检验方法如下。

1．工艺流程。地面大理石铺贴：列出排版图→地面清理→放线、分格→选料（包括

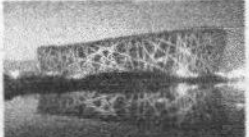

切割、清洗、试排编号），1:3 干硬性水泥砂浆并找平（30 mm 厚），用大理石自身压实→调制并在石材底部抹素水泥浆 5～10 mm 厚，铺贴大理石，用橡皮锤压平捣实→填缝→表面清洁→成品保护。

2. 地面清理：在铺贴前要先进行基层表面的清理。

3. 测量放线、分格：用高精度的激光垂线仪进行通长放线，弹线分格，并在墙上标出地平面水平线。

4. 选料：先将板块预先浸湿晾干后，检查大理石尺寸、平整度、是否缺角少边，并试拼挑色。

5. 铺水泥砂浆垫层（结合层）：调制 1:3 干水泥浆，地面刷素水泥浆，分层铺 1:3 干水泥浆并赶平、压实。

6. 抹素水泥膏结合层：调制素水泥膏，在石材底部抹素水泥膏（5～10 mm 厚，中间厚四周薄）。

7. 按照先里后外沿控制线铺设的原则，按照试拼编号铺砌第一块板，对好纵横缝，用橡皮锤敲击木垫板，振实砂浆至铺设高度后，将板块掀起移至一旁，检查砂浆上表面与板块之间是否相吻合，如发现有空虚之处，应用砂浆填补。

8. 砌前在水泥砂浆找平层上满浇一层水灰比为 0.5 的素水泥浆，将板块平放，四角同时下落，用橡皮锤轻击木垫板，根据水平线用水平尺找平，铺完第一块向两侧和后退方向顺序镶铺，随铺随用布擦净板块表面使无残灰。板块间应接缝平直，不留缝隙。

9. 面层铺砌完成 2 天后进行灌浆擦缝。选择与面材相同颜色的矿物颜料与水泥拌合均匀调成 1:1 稀水泥浆，用浆壶徐徐灌入板缝，可分数次进行直至灌满，1 小时后用布蘸原稀水泥浆擦缝，与板面擦平，同时将板面上水泥浆擦净。然后面层加覆盖保护。

10. 清理、保护：安装好后，即用棉沙团将面层水泥砂浆及其他污物擦净并用草袋厚纸壳覆盖、保护。72 小时内禁止人走动。

附表：大理石铺贴的允许偏差和检验方法

项　次	项　　目	允许偏差（mm）	检 验 方 法
1	表面平整度	1	用 2m 靠尺和塞尺检查
2	接缝直线度	2	拉 5m 线，不足 5m 拉通线，用钢直尺检查
3	接缝高低差	0.5	用钢直尺和塞尺检查
4	接缝宽度	1	用钢直尺检查

5．施工准备阶段的质量管理

施工准备是指项目正式施工活动开始前，为保证施工生产正常进行而必须事先做好的工作。

施工准备阶段的质量管理就是对影响质量的各种因素和准备工作进行的质量管理。具体管理活动包括：

1）文件、技术资料准备的质量管理

文件、技术资料准备的质量管理包括下面 3 个方面：

（1）工程项目所在地的自然条件及技术经济条件调查资料；

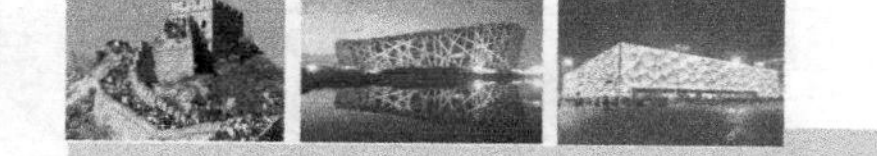

（2）施工组织设计；

（3）工程测量控制资料。

2）设计交底和图纸审核的质量管理

设计图纸是进行质量管理的重要依据。做好设计交底和图纸审核工作可以使施工单位充分了解工程项目的设计意图、工艺和工程质量要求，同时也可以减少图纸的差错。

3）资源的合理配置

通过策划，合理确定并及时安排工程施工项目所需的人力和物力。

4）质量教育与培训

通过教育培训和其他措施提高员工适应本施工项目具体工作的能力。

5）采购质量管理

采购质量管理主要包括对采购物资及其供应商的管理，制订采购要求和验证采购产品。包括以下 3 个方面。

（1）物资供应商的管理：对可供选用的供应商进行逐个评价，并确定合格供应商名单。

（2）采购物资要求：采购要求是采购物资质量管理的重要内容。采购物资应符合相关法规、承包合同和设计文件要求。

（3）采购物资验证：通过对供方现场检验、进货检验和（或）查验供方提供的合格证明等方式来确认采购物资的质量。

6. 施工阶段的质量管理

1）技术交底

各分项工程施工前，由项目技术负责人向施工项目的所有班组进行交底。

交底内容包括图纸交底、施工组织设计交底、分项工程技术交底和安全交底等。通过交底明确施工方法，工序搭接，以及进度、质量、安全要求等。

2）测量控制

3）材料、半成品、构配件控制

材料、半成品、构配件控制包括以下六个方面：

（1）对供应商质量保证能力进行评定；

（2）建立材料管理制度，减少材料损失、变质；

（3）对原材料、半成品、构配件进行标识；

（4）加强材料检查验收；

（5）发包人提供的原材料、半成品、构配件和设备；

（6）材料质量抽样和检验方法。

4）机械设备控制

机械设备控制包括以下内容：

（1）机械设备使用的决策；

（2）确保配套；

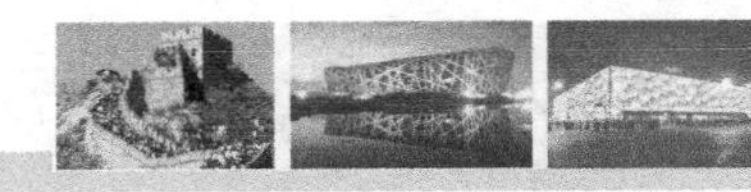

（3）机械设备的合理使用；

（4）机械设备的保养与维修。

5）环境控制

环境控制包括以下内容：

（1）对影响工程项目质量的环境因素的控制。影响工程项目质量的环境因素主要包括：工程技术环境；工程管理环境；劳动环境。

（2）计量控制：施工中的计量工作，包括对施工材料、半成品、成品，以及施工过程的监测计量和相应的测试、检验、分析计量等。

（3）工序控制：工序亦称“作业”。工序是施工过程的基本环节，也是组织施工过程的基本单位。

一道工序，是指一个（或一组）工人在一个工作地对一个（或几个）劳动对象（工程、产品、构配件）所进行的一切连续活动的总和。

工序质量管理首先要确保，工序质量的波动必须限制在允许的范围内，使得合格产品能够稳定地生产。如果工序质量的波动超出允许范围，就要立即对影响工序质量波动的因素进行分析，找出解决办法，采取必要的措施，对工序进行有效的控制，使其波动回到允许范围内。

6）质量控制点的管理

质量控制点的管理包括以下2个方面：

（1）必须进行技术交底工作，使操作人员在明确工艺要求、质量要求、操作要求后方能上岗。做好相关记录。

（2）建立三级检查制度，即操作人员自检，组员之间互检或工长对组员进行检查，质量员进行专检。

7）工程变更控制

工程变更控制的内容如下。

工程变更的范围：设计变更；工程量的变动；施工进度的变更；施工合同的变更等。

工程变更可能导致工程项目施工工期、成本或质量的改变。因此，必须对工程变更进行严格的管理和控制。

8）成品保护

成品保护，要从两个方面着手，首先应加强教育，提高全体员工的成品保护意识；其次要合理安排施工顺序，同时采取有效的保护措施。

7. 竣工验收阶段的质量管理

1）最终质量检验和试验

单位工程质量验收也称质量竣工验收，是对已完工程投入使用前的最后一次验收。验收合格的先决条件是单位工程的各分部工程应该合格；有关的资料文件完整。

另外，还须进行以下三方面的检查。

（1）涉及安全和使用功能的分部工程进行检验资料的复查。

（2）对主要使用功能进行抽查。

（3）参加验收的各方人员共同进行观感质量检查。

2）技术资料的整理

技术资料，特别是永久性技术资料，是工程项目施工情况的重要资料，也是施工项目进行竣工验收的主要依据。

工程竣工资料其主要包括：

（1）工程项目开工报告；

（2）工程项目竣工报告；

（3）图纸会审和设计交底记录；

（4）设计变更通知单；

（5）技术变更核定单；

（6）工程质量事故的调查和处理资料；

（7）材料、设备、构配件的质量合格证明；

（8）材料、设备、构配件等的试验、检验报告；

（9）隐蔽工程验收记录及施工日志；

（10）竣工图；

（11）质量验收评定资料；

（12）工程竣工验收资料。

施工单位应该及时、全面地收集和整理上述资料；监理工程师应对上述技术资料进行审查。

3）施工质量缺陷的处理

施工质量缺陷的处理方法有：

（1）返修；

（2）返工；

（3）限制使用；

（4）不做处理。

4）工程竣工文件的编制和移交准备

5）产品防护

工程移交前，要对已完工程采取有效防护措施，确保工程不被损坏。

6）撤场

工程交工后，项目经理部应编制撤场计划，使撤场工作有序、高效进行，确保施工机具、暂设工程、建筑残土、剩余材料在规定时间内全部拆除运走，达到场清地平；有绿化要求的，达到树活草青。

案例 2.14　成品保护的方法有哪些？

成品保护主要采用以下 4 种方法。

（1）护：护就是提前保护，防止成品被污染受损伤。如对外檐水刷石大角或柱子，采用立板固定保护。

（2）包：包就是对成品进行包裹，避免成品被污染及受损伤。如在喷浆前对电气开关、插座、灯具等设备进行包裹；铝合金门窗采用塑料布包扎。

（3）盖：盖就是表面覆盖，防止堵塞、损伤。如高级水磨石地面工程面完成后，可采用苫布覆盖；落水口、排水管安装好后加覆盖，以防堵塞。

（4）封：封就是局部封闭。如室内墙纸、木地板油漆完成后，立即锁门封闭；屋面防水完成后，封闭上屋面的楼梯门或出入口。

8. 质量保证措施的制订

质量保证措施的制订，就是针对原材料、构配件和设备的采购管理，针对施工过程中各分部分项工程的工序施工和工序间交接的管理，针对分部分项工程阶段性成品保护的管理，从组织方面、技术方面、经济方面、合同方面和信息方面制订有效、可行的措施。

案例 2.15　某医院工程项目质量保证措施的制订

背景材料　某医院安装与装饰工程项目的施工。

问题　请制订施工过程中的质量保证措施。

实例做法参考：

1. 针对工程性质组建有丰富施工经验的项目经理部负责该工程的施工，保证工程按照业主要求保质按时地进行施工。（组织措施）

2. 该项目经理部成员须具备丰富的施工现场管理经验和专业知识，且均有“上岗证书”，现场各工种操作人员具备熟练的操作技能。（组织措施）

3. 本工程所选用的材料、半成品，严格按照国家行业标准进行选择。我方采购的材料应按照甲方要求进行选料采购。经业主选定的材料或材料半成品，必须经业主认可后，方可进行采购。（技术措施、合同措施）

4. 材料、材料半成品进入施工现场后，严格按照合同上的规定及有关规范的要求由材料员、施工员共同进行检查验收，不合格的材料半成品绝不使用在工程上。（技术措施、合同措施）

5. 运至施工现场的各种材料、材料半成品要根据其特点进行分类码放，并安排专人看管。（信息措施）

6. 分项工程开工前应根据现场情况对工人班组进行书面的技术交底。（技术措施）

7. 施工过程中每道工序完毕后，操作人员必须进行自检并做好自检记录，不合格处由原操作人员进行整改，直至合格为止，责任工程师、班组长要在自检记录上签字认可。（技术措施、经济措施）

8. 施工过程中不同的工种、工序、班组之间进行交接检，由施工员组织双方人员参加并做好交接检记录，不合格的项目由原操作人员进行整改直至合格为止。（技术措施、经济措施）

9. 每一分项工程完成后，责任工程师对分项工程进行检查验收，不合格的要下发书面的整改通知单，直至整改合格。（技术措施、经济措施）

10. 分项工程完成后，按照合同及有关的规范要求，施工员对分项工程进行质量评定。（技术措施、合同措施）

11. 在项目组织了对各分项工程的检查验收后，由施工员师填写书面的工程报验资料，报业主做最终的分项工程检查验收，凡涉及隐蔽工程，在施工完毕后，经检查合格，必须书面报业主进行验收，合格后放可进入下一工序施工。（技术措施、合同措施、组织措施）

12. 工程完工后，项目对工程进行检查验收，做好书面验收记录，以保证四方验收一次通过。（技术措施、合同措施、组织措施）

13. 工程交付使用后，按照合同及标准规范要求及时对损坏的部位进行修复，保证施工质量。（技术措施）

14. 组织项目部技术人员认真学习贯彻国家规范、标准、操作规程和各项制度。明确岗位责任制，熟悉图纸、洽商、施工组织设计和施工工艺，做好技术交底，及时进行隐检、预检和各种规定的检验实验。（组织措施、技术措施）

15. 实行全面质量管理，建立质量保证体系，设专职质量检查员，实行质检员一票否决制。工程施工实行样板制、产品挂牌制，每进入一项新工序，先做好质量样板，经各级质量控制人员检查认可后，组织操作者观摩、交底，然后再展开施工。（组织措施、技术措施）

16. 对于各种材料、半成品，按要求实行质量控制，对于双控材料，要检查出厂合格证和实验报告，主要装饰材料要检验环保达标资料。资料不全拒绝接受。（技术措施）

17. 现场水准点、轴线控制点、50 线等重要质量控制点应会同甲方技术人员及监理单位现场认定，做出明确标记并做好保护。（组织措施、合同措施、技术措施）

18. 组成专职放线小组，负责工程全过程测量放线，由专人保管使用测量仪器，定期校验，未经计量部门鉴定的仪器禁止使用。（技术措施）

19. 保证洁净手术室的洁净度。

（1）始终要确保管道的严密性、清洁性，应严谨认真；（技术措施）

（2）制定保证通风管道洁净的操作程序；（技术措施）

（3）洁净系统管道、附件安装前及调试之前进行认真清洗；（技术措施）

（4）中效、高效、亚高效过滤器安装前进严格的行检验、安装和调试；（技术措施）

（5）洁净室内风口安装完毕后，与金属壁板、顶板间要进行密封处理。（技术措施）

20. 材料设备送审和采购：

（1）严格送审制度，设备和重要材料都要进行对业主、监理、设计和总包的送审；得到书面的批准后方可进行采购。（合同措施、技术措施）

（2）及时和提前充分准备设备、材料资料，以保证设备、材料早日确定，以免延误工期。（组织措施）

9．质量技术交底制度的制订

为确保施工各阶段的各施工人员明确知道目前工作的质量标准和施工工艺方法，使得质量保证方法和措施能够得到有效的执行，必须建立质量技术交底制度。

技术交底制度大致包括如下内容：

（1）必须严格遵循××规范及××标准要求，对每道工序均须进行交底；

（2）必须在各工序开始前××时间进行交底；

（3）技术交底的组织者、交底人和交底对象；

（4）交底应口头和书面同时进行；

（5）交底内容包括：操作工艺、质量要求、安全、文明施工及成品保护要求；

（6）必须保证技术交底后的施工人员明确理解了技术交底的内容；

（7）交底内容必须记录并保留。

10. 质量验收标准的引用和制订

《建筑工程施工质量验收统一标准》（GB 50300）、《建筑装饰装修工程质量验收规范》（GB 50210）等标准，是建筑装饰工程项目施工的成品、半成品必须满足的国家强制性标准。同时也是施工单位制订质量检查验收制度的重要依据。此外，施工单位还必须将施工质量管理与《建设工程质量管理条例》提出的事前控制、过程控制结合起来，以确保对工作质量和工程成品、半成品质量的有效控制。

作为国家强制性标准，《建筑装饰装修工程质量验收规范》（GB 50210）规定了建筑装饰工程各分部分项工程的合格指标。它不仅是施工单位必须达到的施工质量指标，是建设单位（监理单位）对建筑装饰工程进行设计和验收时，工程质量所必须遵守的规定，同时还是质量监督机构对施工质量进行判定的依据。

在符合国家强制性标准的前提下，如果合同有特殊要求，或者施工单位针对本项目承诺施工质量的更高验收标准，质量保证计划需明确规定相应验收标准；如合同无特殊要求，施工单位针对本项目承诺施工质量符合国家验收规范和标准，则在质量保证计划需引用相应规范或标准。

案例2.16　某会所精装工程质量标准

某会所精装修工程施工项目的卫生洁具安装工程，其质量标准介绍如下。

1. 主控项目

（1）排水栓和地漏的安装应平整、牢固，低于排水表面，周边无渗漏。地漏水封高度不得小于50 mm。

（2）卫生器具交工前应做满水和通水试验。

2. 一般项目

（1）卫生器具安装的允许偏差应符合《建筑给水排水采暖工程施工质量验收规范》表7.2.3的规定。

（2）有饰面的浴盆，应留有通向浴盆排水口的检修门。

（3）小便槽冲洗管，应采用镀锌钢管或硬质塑料管。冲洗孔应斜向下方安装，冲洗水流同墙面成45°角。镀锌钢管钻孔后应进行两次镀锌。

（4）卫生器具的支、托架必须防腐良好，安装平整、牢固，与器具接触紧密、平稳。

案例2.17　某项目墙体及吊顶工程质量标准

某装修工程施工项目的金属板吊顶及墙体工程，其质量标准为：

表面平整，颜色均匀一致，色泽光亮洁净。组装牢固方正，角度方向一致，接口严密，无错台错位，纵横向顺直、美观。饰面允许偏差项目如下：

项次	项　目	允许偏差（mm）	检 查 方 法
1	表面平整	1.5	用两米靠尺和楔型塞尺检查
2	接缝平直	<1.5	用尺量检查
3	分格线平直	1	拉 5 m 线，不足 5 m 拉通线检查
4	接缝高低	0.3	用直尺和楔型塞尺检查
5	收口线高低差	2	用水平仪或尺量检查

案例 2.18　某项目墙面防霉抗菌涂料质量标准

某装修工程施工项目的墙面防霉抗菌涂料工程，其质量标准为：

项次	检 验 项 目	质量标准（mm）	检 验 方 法
1	掉粉、起皮	不允许	观察、手摸检查
2	返碱、脱色	不允许	观察检查
3	漏刷、透底	不允许	观察检查
4	流坠、疙瘩	无	观察、手摸检查
5	颜色、刷纹	颜色一致，无沙眼刷纹	观察检查
6	装饰线，平直	<1	拉 5 m 线，不足 5 m 线拉通线

11. 质量检查验收制度的制订

质量检查验收制度必须明确规定工程各分部分项工程质量检查验收的程序和步骤、施工质量检验的内容、以及检查验收的方法和手段。

1）施工质量验收的程序和方法

工程项目施工质量验收是对已完工的工程实体的外观质量及内在质量按规定程序检查后，确认其是否符合设计要求及相关行政管理部门制订的各项强制性验收标准的要求、确认其是否可交付使用的一个重要环节。正确地进行工程施工质量的检查评定和验收，是确保工程质量的重要手段之一。

工程质量验收分为过程验收和竣工验收，其程序及组织包括：

（1）施工过程中，隐蔽工程在隐蔽前通知建设单位或监理工程师进行验收，并形成验收文件；分部分项工程完成后，应在施工单位自行验收合格后，通知建设单位和监理工程师验收，重要的分部分项应请设计单位参加验收；

（2）单位工程完工后，施工单位应自行组织检查、评定，认为工程质量符合验收标准后，向建设单位提交验收申请；

（3）建设单位收到验收申请后，应组织质量监督机构、设计单位、监理单位、施工单位等共同进行单位工程验收，明确验收结果，并形成验收报告；

（4）按国家现行管理制度，建筑装饰工程参照房屋建筑工程及市政基础设施工程验收程序，即规定时间内，将验收文件报政府有关行政管理部门备案。

2）建设工程施工质量验收应符合下列要求：

（1）工程质量验收均应在施工单位对工程自行检查评定为“合格”后进行；

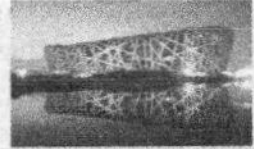

（2）参加工程施工质量验收的各方人员，应该具有规定的资格；

（3）工程项目的施工质量必须满足设计文件的要求；

（4）隐蔽工程在隐蔽前，由施工单位通知有关单位进行验收，并形成验收文件；

（5）单位工程施工质量必须符合相关验收规范的标准；

（6）涉及结构安全的材料及施工内容，应按照规定对材料及施工内容进行见证取样并保持检测资料；

（7）对涉及结构安全和使用功能的重要部分工程、专业工程应进行功能性抽样检测；

（8）工程外观质量应由验收人员通过现场检查后共同确认。

3）工程项目施工质量检查评定验收的基本内容及方法

（1）分部分项工程内容的抽样检查；

（2）施工质量保证资料的检查，包括施工全过程的质量管理资料和技术资料，其中又以原材料、施工检测、测量复核及功能性试验资料为重点检查内容；

（3）工程外观质量的检查。

4）工程质量不符合要求时，应按规定进行处理

（1）经返工的工程，应该重新检查验收；

（2）经有资质的检测单位检测鉴定，能达到设计要求的工程，应予以验收：

（3）经返修或加固处理的工程，虽局部尺寸等不符合设计要求，但仍然能满足使用要求，可按技术处理方案和协商文件进行验收；

（4）经返修和加固后仍不能满足使用要求的工程严禁验收。

12. 纠正措施与预防措施的制订

纠正措施，就是分析某不合格项产生的原因，找寻消除该原因的措施并实施该措施，以确保在后续工作中该不合格项不再发生。

预防措施，就是分析那些潜在的不合格项（即有可能会发生的不合格项），以及那些潜在的不合格项产生的原因，找寻消除该原因的措施并实施该措施，以确保在工作中该不合格项不会发生。

在项目的施工质量保证计划中，纠正措施是针对各分部分项工程施工中可能出现的质量问题来制订的，目的是使这类质量问题在后续施工中不再发生；预防措施是针对各分部分项工程施工中可能出现的质量问题来制订的，目的是在施工中预防这类质量问题的发生。通常纠正措施与预防措施在工程上以相应工程质量通病防治措施的形式出现。

13. 质量事故处理

质量保证计划必须对质量事故的性质，质量事故的程度，对质量事故产生的原因分析要求，对质量事故采取的处理措施和质量事故处理所遵循的程序等方面做出明确规定。

质量保证计划必须引用国家关于质量事故处理的规定。

我国针对质量事故的有关规定如下：

1）质量事故的分类

根据事故的性质及严重程度，建筑工程的质量事故划分为一般事故和重大事故两类。

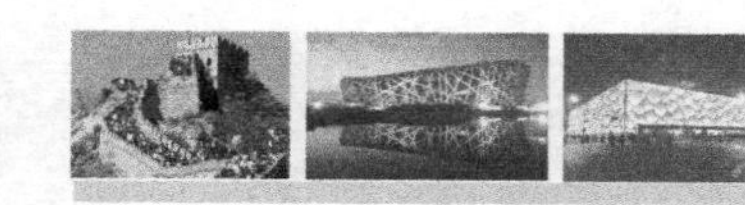

（1）一般事故：经济损失在 5000 元～10 万元额度内的质量事故。

（2）重大事故：凡是有下列情况之一者，列为重大事故。

① 建筑物、构筑物或其他主要结构倒塌者为重大事故。

② 超过规范规定或设计要求的基础严重不均匀沉降、建筑物倾斜、结构开裂或主体结构强度严重不足，影响结构物的寿命，造成不可补救的永久性质量缺陷或事故。

③ 影响建筑设备及其相应系统的使用功能，造成永久性质量缺陷者。

④ 经济损失在 10 万元以上者。

2）质量事故的处理程序

（1）事故发生后及时进行事故调查，了解事故情况，并确定是否需要采取防护措施；

（2）分析调查结果，找出事故的范围、性质和主要原因，写出事故调查报告；

（3）确定是否需要处理，若不需处理，需做不处理的论证；若需处理，施工单位确定处理方案；

（4）事故处理；

（5）进行处理鉴定，检查事故处理结果是否达到要求；

（6）对事故处理做出明确的事故处理结论；

（7）提交事故处理报告。

3）工程质量事故处理的基本要求

（1）处理应达到安全可靠、不留隐患、满足生产和使用要求、施工方便、经济合理的目的；

（2）重视消除产生事故的原因；

（3）注意综合治理；

（4）正确确定处理范围；

（5）正确选择处理时间和方法；

（6）加强事故处理的检查验收工作；

（7）认真复查事故处理后的实际情况；

（8）确保事故处理期的安全。

2.2.5　项目施工质量保证计划的具体实施

1. 项目部各岗位人员的就位和质量培训

建筑装饰工程的施工项目部，必须严格按照质量保证计划中的规定建立并运行施工质量管理体系。

（1）必须将满足岗位资格和能力要求的人员安排在体系的各岗位上，并进行质量意识的培训。

（2）能力不足的人员必须经过相应能力培训，经考核能胜任工作，方能安排在相应岗位上。

2. 质量保证方法和措施的实施

建筑装饰工程的施工项目部，必须严格按照质量保证计划中关于质量保证方法和措施

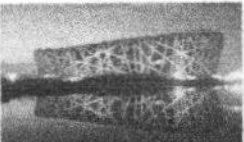

的规定开展各项质量管理活动、进行各分部分项工程的施工，使各项工作处于受控状态，确保工作质量和工程实体质量。

当施工过程中遇到在质量保证计划中没有做出具体规定、但对工程质量影响的事件时，施工项目部各级人员须按照主动控制、动态控制原则，按照质量保证计划中规定的控制程序和岗位职责，及时分析该事件可能的发展趋势，明确针对该事件的质量控制方法，制订针对性的纠正和预防措施并实施，以确保因该事件导致的工作质量偏差和工程实体质量偏差均得到必要的纠正而处于受控状态。

上述情况下产生的质量控制方法和针对性的纠正和预防措施，经实施验证对质量控制有效，则将其补充到原质量保证计划中成为质量保证计划的一部分，以始终保持对施工过程的质量控制，使施工过程中的各项质量管理活动和各分部分项工程的施工工作随时处于受控状态。

案例2.19　某宾馆工程工序质量控制

背景材料　装饰公司承接某市郊宾馆建筑装饰工程。该工程分若干相关的游乐、会议场所，施工面积较大，材料供应、施工人员居住存在一定困难。而装修项目繁多、形式各异、装修标准高、工期相对短，使其整体施工难度较大。公司领导除组建相当得力的项目部负责施工外，着重加强了该工程的施工工序控制。

问题　（1）如何确定该工程的质量控制点？

（2）试述工序质量管理的步骤。

案例分析　（1）质量控制点的原则是根据工程的重要程度，设置质量管理要点时首先要对施工对象进行全面分析、比较，以明确质量的控制点。而后，分析所设置的质量管理要点在施工中可能出现的质量问题，针对可能出现的质量问题提出预防措施。

（2）控制步骤：实测、分析、判断。

3．质量技术交底制度的执行

为确保各分部分项工程的施工工作随时处于受控状态，必须严格按照质量保证计划中的质量技术交底制度，进行技术交底工作，并做好相关记录。

案例2.20　某大厦项目的技术交底

背景材料　某大厦装饰工程项目的施工，其技术交底的内容如下。

技术交底记录

××年×月22日　　　　施管表5

工程名称	××大厦	分部工程	装饰装修工程
分项工程名称	大理石、花岗石干挂施工	施工单位	××装修工程有限公司
交底内容：			
1．依据标准： 《建筑工程施工质量验收统一标准》　GB 50300—2013 《建筑装饰装修工程施工质量验收规范》　GB 50210—2011 **2．施工准备** **2.1 材料要求** 2.1.1 石材：根据设计要求，确定石材的品种、颜色、花纹和尺寸规格，并严格控制、检查其抗折、抗拉及抗			

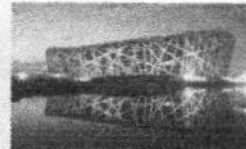

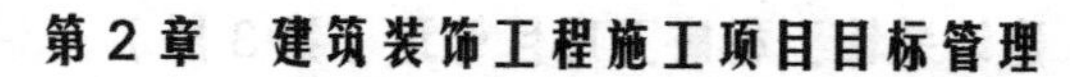

续表

压强度，吸水率、耐冻融循环等性能。

2.1.2 合成树脂胶黏剂：用于粘贴石材背面的柔性背衬材料，要求具有防水和耐老化性能。

2.1.3 玻璃纤维网格布：石材的背衬材料。

2.1.4 防水胶泥：用于密封连接件。

2.1.5 防污胶条：用于石材边缘防止污染。

2.1.6 嵌缝膏：用于嵌填石材接缝。

2.1.7 罩面涂料：用于大理石表面防风化、防污染。

2.1.8 膨胀螺栓、连接铁件、连接不锈钢针等配套的铁垫板、垫圈、螺帽及与骨架固定的各种设计和安装所需要的连接件的质量，必须符合要求。

2.2 主要机具

2.2.1 台钻、无齿切割锯、冲击钻、手枪钻、力矩扳手、开口扳手、嵌缝枪、专用手推车、长卷尺、盒尺、锤子、各种形状的钢凿子、靠尺、铝制水平尺、方尺、多用刀、剪子、勾缝溜子、铅丝、弹线用的粉线尺、墨斗、小白线、笤帚、铁锹、开刀、灰槽、灰桶、工具袋、手套、红铅笔等。

2.3 作业条件

2.3.1 检查石材的质量、规格、品种、数量、力学性能和物理性能是否符合设计要求，并进行表面处理工作。

2.3.2 搭设双排架子处理结构基层，并做好隐预检记录，合格后方可进行安装工序。

2.3.3 水电及设备、墙上预留预埋件已安装完。垂直运输机具均事先准备好。

2.3.4 对门窗已安装完毕，安装质量符合要求。

2.3.5 对施工人员进行技术交底时，应强调技术措施、质量要求和成品保护，尤其是架子拆除时，不得碰撞已完成的成品。大面积施工前应先做样板，经质检部门鉴定合格后，方可组织班组施工。

3．操作工艺

3.1 工艺流程

3.2 工地收货：收货要设专人负责管理，要认真检查材料的规格、型号是否正确，与料单是否相符，发现石材颜色明显不一致的，要单独码放，以便退还给厂家，如有裂纹、缺棱掉角的，要修理后再用，损坏严重的不得使用。还要注意石材堆放场地要夯实，垫 10 cm×10 cm 通长方木，让其高出地面 8 cm 以上，方木上最好钉上橡胶条，让石材按 75° 立放斜靠在专用的钢架上，每块石材之间要用塑料薄膜隔开靠紧码放，防止粘在一起和倾斜。

3.3 石材准备：首先用比色法对石材的颜色进行挑选分类；安装在同一面的石材颜色应一致，并根据设计尺寸和图纸要求，将专用模具固定在台钻上，进行石材打孔。为保证位置准确垂直，要钉一个定型石板托架，使石板放在托架上，要打孔的小面与钻头垂直，使孔成型后准确无误，孔深为 20 mm，孔径为 5 mm，钻头为 4.5 mm。随后在石材背面刷不饱和树脂胶，主要采用一布二胶的做法，布为无碱、无捻 24 目的玻璃丝布，石板在刷头遍胶前，先把编号写在石板上，并将石板上的浮灰及杂污清除干净，如居锈、铁沫子，用钢丝刷、粗砂纸将其除掉再刷头遍胶，胶要随用随配，防止固化后造成浪费。要注意边角地方一定要刷好，特别是打孔的部位是个薄弱区域，必须刷到，布要铺满，刷完头遍胶，在铺贴玻璃纤维网格布时要从一边一遍一遍用刷子赶平，铺平后再刷二遍胶，刷子沾胶不要过多，防止流到石材小面，给嵌缝带来困难，出现质量问题。

3.4 基层准备：清理预做饰面石材的结构表面，同时进行吊直、套方、找规矩，弹出垂直线和水平线。并根据设计图纸和实际需要弹出安装石材的位置线和分块线。

3.5 挂线：按设计图纸要求，石材安装前要事先用经纬仪打出大角两个面的竖向控制线，最好弹在离大角 20 cm 的位置上，以便随时检查垂直挂线的准确性，保证顺利安装。竖向挂线宜用$\phi1.0 \sim \phi1.2$ 的钢丝为好，下边沉铁随高度而定，一般 40 m 以下高度沉铁重量为 8～10 kg，上端挂在专用的挂线角钢架上，角钢架用膨胀螺栓固定在建筑物大角的顶端，一定要挂在牢固、准确、不易碰动的地方，并要注意保护和经常检查。并在控制线的上、下做出标记。

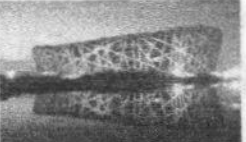

续表

3.6 支底层饰面板托架：把预行加工好的支托按上平线支在将要安装的底层石板上面。支托要支承牢固，相互之间要连接好，也可和架子接在一起，支架安好后，顺支托方向钉铺通长的50 mm厚木板，木板上口要在同一个水平面上，以保证石材上下面处在同一水平面上。

3.7 在RC围护结构上打孔、下膨胀螺栓：在结构表面弹好水平线，按设计图纸及石板料钻孔位置，准确的弹在围护结构墙上并作好标记，然后按点打孔，打孔可使用冲击钻，上ϕ12.5的冲击钻头，打孔时先用尖錾子在预先弹好的点上凿一个点，然后用钻打孔，孔深在60～80 mm，若遇结构里的钢筋时，可以将孔位在水平方向移动或往上抬高，要连接铁件时利用可调余量再调回。成孔要求与结构表面垂直，成孔后把孔内的灰粉用小勾勺掏出，安放膨胀螺栓，宜将本层所需的膨胀螺栓全部安装就位。

3.8 上连接铁件：用设计规定的不锈钢螺栓固定角钢和平钢板。调整平钢板的位置，使平钢板的小孔正好与石板的插入孔对正，固定平钢板，用力矩扳子拧紧。

3.9 度层石板安装：把侧面的连接铁件安好，便可把底层面板靠角上的一块就位。方法是用夹具暂时固定，先将石板侧孔抹胶，调整铁件，插固定钢针，调整面板固定。依次按顺序安装底层面板，待底层面板全部就位后，检查一下各板水平是否在一条线上，如有高低不平的要进行调整；低的可用木楔垫平；高的可轻轻适当退出点木楔，退到面板上口在一条水平线上为止；先调整好面板的水平与垂直度，再检查板缝，板缝宽应按设计要求，板缝均匀，将板缝嵌紧被衬条，嵌缝高度要高于25 cm。其后用1∶2.5的用白水泥配制的砂浆，灌于底层面板内20 cm高，砂浆表面上设排水管。

3.10 石板上孔抹胶及插连接钢针：把1∶1.5的白水泥环氧树脂倒入固化剂、促进剂，用小棒搅匀，用小棒将配好的胶抹入孔中，再把长40 mm的ϕ4连接钢针通过平板上的小孔插入直至面板孔，上钢针前检查其有无伤痕，长度是否满足要求，钢针安装要保证垂直。

3.11 调整固定：面板暂时固定后，调整水平度，如板面上口不平，可在板底的一端下口的连接平钢板上垫一相应的双股铜丝垫，若铜丝粗，可用小锤砸扁，若高，可把另一端下口用以上方法垫一下。调整垂直度，并调整面板上口的不锈钢连接件的距墙空隙，直至面板垂直。

3.12 顶部面板安装：顶部最后一层面板除了按一般石板安装要求外，安装调整后，在结构与石板的缝隙里吊一通长的20 mm上，可采用铅丝吊木条，木条吊好后，即在石板与墙面之间的空隙里塞放聚苯板，聚苯板条要略宽于空隙，以便填塞严实，防止灌浆时漏浆，造成蜂窝、孔洞等，灌浆至石板口下20 mm作为压顶盖板之用。

3.13 贴防污条、嵌缝：沿面板边缘贴防污条，应选用4 cm左右的纸带型不干胶带，边沿要贴齐、贴严，在大理石板间缝隙处嵌弹性背衬条，背衬条也可用8 mm厚的高连发泡片剪成10 mm宽的条，背衬条嵌好后离装修面5 mm，最后在背衬条外用嵌缝枪把中性硅胶打入缝内，打胶时用力要均，走枪要稳而慢。如胶面不太平顺，可用不锈钢小勺刮平，小勺要随用随擦干净，嵌底层石板缝时，要注意不要堵塞流水管。根据石板颜色可在胶中加适量矿物质颜料。

3.14 清理大理石、花岗石表面，刷罩面剂：把大理石、花岗石表面的防污条掀掉，用棉丝半石板擦净，若有胶或其他粘接牢固的杂物，可用开刀轻轻铲除，用棉丝沾丙酮擦至干净。在刷罩面剂的施工前，应掌握和了解天气趋势，阴雨天和4级以上风天不得施工，防止污染漆膜；冬、雨季可在避风条件好的室内操作，刷在板块面上。罩面剂按配合比在刷前半小时兑好，注意区别底漆和面漆，最好分阶段操作。配制罩面剂要搅匀，防止成膜时不均。涂刷要用3 in羊毛刷，沾漆不宜过多，防止流挂，尽量少回刷，以免有刷痕，要求无气泡、不漏刷，刷的平整要有光泽。

3.15 平挂饰面板安装：亦可参考金属饰面板安装工艺中的固定骨架的方法，来进行大理石、花岗石饰面板等干挂工艺的结构连接法的施工，尤其是室内干挂饰面板安装工艺。

4．质量标准

参见分项验收表格。

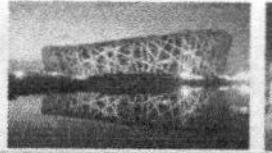

续表

<table>
<tr><td colspan="4">

5．成品保护
5.1 要及时清擦干净残留在门窗框、玻璃和金属饰面板上的污物，如密封胶、手印、尘土、水等杂物，宜粘贴保护膜，预防污染、锈蚀。
5.2 认真贯彻合理施工顺序，少数工种（水、电、通风、设备安装等）的活应做在前面，防止损坏、污染外挂石材饰面板。
5.3 拆改架子和上料时，严禁碰撞干挂石材饰面板。
5.4 外饰面完活后，易破损部分的棱角处要钉护角保护，其他工种操作时不得划伤面漆和碰坏石材。
5.5 在室外刷罩面剂未干燥前，严禁下渣土和翻架子脚手板等。
5.6 已完工的外挂石材应设专人看管，遇有危害成品的行为，应立即制止，并严肃处理。
6．应注意的质量问题
6.1 外饰面板面层颜色不一：主要是石材质量较差，施工时没有进行试拼和认真的挑选。
6.2 线角不直、缝格不匀、不直：主要是施工前没有认真按照图纸尺寸，核对结构施工的实际尺寸，以及分段分块弹线不细、拉线不直和吊线校正检查不勤等原因所造成。
6.3 打胶、嵌缝不细：这与渗漏和美观有非常密切的关系，尤其要注意外窗套口的周边、立面凹凸变化的节点、不同材料交接处、伸缩缝、披水坡度和窗台以及挑檐与墙面等交接处。首先操作人员必须认真坚持有人检查与无人检查一个样，其次管理人员要一步一个脚印，每步架完成后都要进行认真细致的检查验收。
6.4 墙面脏、斜视有胶痕：其主要原因是多方面的，一是操作工艺造成，即自下而上的安装方法和工艺直接给成品保护带来一定的难度，越是高层其难度就越大；二是操作人员必须养成随干随清擦的良好习惯；三是要加强成品保护的管理和教育工作；四是竣工前要自上而下的进行全面彻底的清擦。
7．质量记录
7.1 大理石、花岗石、紧固件、连接件等出厂合格证。
7.2 本分项工程质量验评表。
7.3 抗风压和淋水试验报告单等。

</td></tr>
<tr><td>交底单位</td><td></td><td>接收单位</td><td></td></tr>
<tr><td>交 底 人</td><td></td><td>接 收 人</td><td></td></tr>
</table>

4．质量检查制度的执行

施工人员、施工班组和质量检查人员在各分部分项工程施工过程中要严格按照质量验收标准和质量检查制度及时进行自检、互检和专职质检员检查，经三级检查合格后报监理工程师检查验收。

及时的三级检查，可以验证工程施工的实际质量情况与质量保证计划的差异程度，确认工程施工过程中的质量控制情况，并依据必要性适时采取相应措施，确保工程施工顺利进行。

在执行质量检查制度时，除严格按照检查方法、检查步骤和程序外，还必须充分重视质量保证计划列出的各分部分项工程的检查内容和要求。以下是建筑装饰工程各分部分项工程通用的工程质量检验的内容及要求。

5．建筑装饰工程质量检验的内容及要求

建筑装饰工程质量检验一般包括材料复验、工序交接检验、隐蔽工程验收。

1）抹灰工程质量检验

（1）抹灰工程应对水泥的凝结时间和安定性进行复验。

（2）抹灰工程应对下列隐蔽工程项目进行验收：

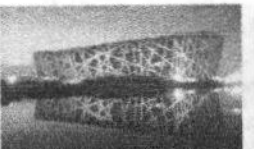

① 抹灰前基层表面处理；
② 抹灰总厚度大于或等于 35 mm 时的加强措施；
③ 不同材料基体交接处的加强措施。

2）门窗工程质量检验

（1）门窗工程应对下列材料及其性能指标进行复验：
① 人造木板的甲醛含量；
② 建筑外墙金属窗、塑料窗的抗风压性能、空气渗透性能和雨水渗漏性能。
（2）门窗工程应对下列隐蔽工程项目进行验收：
① 预埋件和锚固件。
② 隐蔽部位的防腐填嵌处理。

3）吊顶工程质量检验

（1）吊顶工程应对人造木板的甲醛含量进行复验。
（2）吊顶工程应对下列隐蔽工程项目进行验收：
① 吊顶内管道、设备的安装及水管试压；
② 木龙骨防火、防腐处理；
③ 预埋件或拉结筋；
④ 吊杆安装；
⑤ 龙骨安装；
⑥ 填充材料的设置。

4）轻质隔墙工程质量检验

（1）轻质隔墙工程应对人造木板的甲醛含量进行复验。
（2）轻质隔墙工程应对下列隐蔽工程项目进行验收：
① 骨架隔墙中设备管线的安装及水管试压；
② 木龙骨防火、防腐处理；
③ 预埋件、连接件、拉结筋、龙骨安装；
④ 填充材料的设置。

5）饰面板（砖）工程质量检验

（1）饰面板（砖）工程应对下列材料及其性能指标进行复验：
① 室内用花岗石的放射性指标；
② 粘贴用水泥的凝结时间、安定性和抗压强度；
③ 外墙陶瓷面砖的吸水率；
④ 寒冷地区外墙陶瓷面砖的抗冻性；
（2）饰面板（砖）工程应对下列隐蔽工程项目进行验收：
① 预埋件（或后置埋件）；
② 连接节点；
③ 防水层。

6）涂饰工程质量检验

（1）涂饰工程的基层处理应符合下列要求：

① 新建筑物的混凝土抹灰基层在涂饰涂料前应涂刷抗碱封闭底漆；

② 旧墙面在涂饰涂料前应清除疏松的旧装修层，并涂刷界面剂；

③ 混凝土或抹灰基层涂刷溶剂型涂料时，含水率不得大于 8%。涂刷乳液型涂料时，含水不得大于 10%。木材基层的含水率不得大于 12%；

④ 基层腻子应平整、坚实、牢固，无粉化、起皮和裂缝；内墙腻子的黏结强度应符合《建筑室内用腻子》（JG/T 298—2010）的规定；

⑤ 厨房、卫生间墙面必须使用耐水腻子。

（2）涂层检验：

① 水性涂料饰工程应涂饰均匀、粘结牢固，不得漏涂、透底、起皮和掉粉。

检验方法：观察；手摸检查。

② 溶剂型涂料涂饰工程应涂饰均匀、粘结牢固，不得漏涂、透底、起皮和反锈。

检验方法：观察；手摸检查。

③ 美术涂料涂饰工程应涂饰均匀、黏结牢固，不得漏涂、透底、起皮、掉粉和生锈。

检验方法：观察，手摸检查。

7）地面工程质量检验

（1）地面工程应对下列材料及性能进行复试：

① 地面装饰材料；

② 防水材料。

（2）交接检验：

① 基层（各构造层）检验；

② 建筑地面工程各层铺设前与相关专业的分部（子分部）工程、分项工程以及设备管道安装工程之间的交替检验。

（3）地面工程应对下列隐蔽工程项目进行验收：

① 建筑地面下的沟槽、暗管敷设工程；

② 基层（各构造层，如：垫层、找平层、隔离层、填充层、防水层）的铺设。

8）防水工程质量检验

（1）防水工程材料应对下列材料进行复验：

① 防水卷材和胶黏剂；

② 防水涂料；

③ 胎体增强材料；

④ 塑料板、高分子防水材料止水带、高分子防水材料遇水膨胀橡胶；

⑤ 接缝密封材料。

（2）工序交接检验：基层检验。

（3）卷材防水工程应对下列隐蔽工程项目进行验收：

① 基层处理；

② 防水层做法；

③ 地漏、套管、卫生洁具根部、阴阳角等部位的处理。

9）裱糊、软包及细部工程检验

（1）裱糊、软包及细部工程装饰材料按国家现行标准《民用建筑工程室内环境污染控制规范》（GB 50325—2010）和《建筑内部装修设计防火规范》（GB 50222—2007）复试。

（2）裱糊工程工序交接检验：基层检验合格。

（3）细部工程应对下列部位进行隐蔽工程验收：

① 预埋件（或后置埋件）；

② 护栏与预埋件连接节点。

6. 幕墙工程质量检验的内容及要求

1）材料现场检验

（1）铝合金型材

① 用于横梁、立柱等主要受力杆件的截面受力部位的铝合金型材壁厚实测值不得小于3 mm。壁厚的检验应采用分辨率为0.05 mm的游标卡尺或分辨率为0.1 mm的金属测厚仪在同一截面的不同部位测量，测点不应少于5个，并取最小值。

② 铝合金型材表面应清洁、色泽应均匀，不应有皱纹、裂纹、起皮、腐蚀斑点、气泡、电灼伤、流痕、发黏以及膜（涂）层脱落等缺陷存在。表面质量的检验应在自然散射光条件下，肉眼观察检查。

（2）金属板

① 铝单板的尺寸偏差应符合图纸规定及下表2.5中的要求。

表2.5　铝单板的尺寸允许偏差

项　目	尺寸范围	允许偏差
长度、宽度（mm）	≤2 000	±1.0
	>2 000	±1.5
折边高度（mm）	—	±0.5
对角线差（mm）	铝单板长度≤2 000	±2.0
	铝单板长度>2 000	±3.0
折边角度（°）	—	≤1
板面平直度（mm/m）	—	≤1.5

② 铝单板装饰面上的漆膜应平滑、均匀、色泽基本一致，不得有流痕、皱纹、气泡及其他影响使用的缺陷。

③ 铝塑板用于外墙板时，厚度不小于4 mm；用于内墙板时厚度不小于3 mm。

④ 铝塑板外观应整洁，涂层不得有漏涂或穿透涂层厚度的损伤；铝塑板正反面不得有塑料外露；铝塑板装饰面不得有明显压痕和凹凸等残迹。表面质量的检验应在自然散射光条件下，肉眼观察检查。

（3）石材

① 用于室外幕墙的石材宜选用花岗石，石材吸水率应小于0.8%，因为吸水率过大会影

响石材硬度及防腐蚀的能力。

② 天然花岗石板材尺寸允许偏差如表 2.6 所示。

表 2.6　天然花岗石板材尺寸允许偏差

分类		细面和镜面板材			粗面板材		
等级		优等品	一等品	合格品	优等品	一等品	合格品
长、宽度（mm）		0 −1.0	0 −1.5		0 −1.0	0 −2.0	0 −3.0
厚度（mm）	≤15	±0.5	±1.0	+1.0 −2.0			
	＞15	±1.0	±2.0	+2.0 −3.0	+1.0 −2.0	+2.0 −3.0	+2.0 −4.0

③ 天然花岗石板材平面度允许极限公差如表 2.7 所示，角度允许偏差如表 2.8 所示。

表 2.7　天然花岗石板材平面度允许极限公差

分类		细面和镜面板材			粗面板材		
等级		优等品	一等品	合格品	优等品	一等品	合格品
板材长度范围	≤400 mm	0.20	0.40	0.60	1.20	1.00	1.20
	＞400、＜1 000 mm	0.50	0.70	0.90	1.50	2.00	2.20
	≥1 000 mm	0.70	1.00	1.20	2.00	2.50	2.80

表 2.8　天然花岗石板材的角度允许偏差

分类		细面和镜面板材			粗面板材		
等级		优等品	一等品	合格品	优等品	一等品	合格品
板材长度范围	≤400 mm	0.40	0.60	0.80	0.60	0.80	1.00
	≥400 mm			1.00		1.00	1.20

④ 拼缝板材正面与侧面的夹角不得大于 90°。

⑤ 同一批花岗石板材的色调、花纹应基本调和、花纹应基本一致。

⑥ 板材正面的外观缺陷应符合表 2.9 的规定要求。

表 2.9

缺陷名称	规格内容	优等品	一等品	合格品
缺棱	长度不超过 10 mm（长度小于 5 mm 不计），周边每米长（个）	不允许	1	2
缺角	面积不超过 5 mm×2 mm（面积小于 2 mm×2 mm 不计），每块板（个）	不允许	1	2
裂纹	长度不超过两端顺延至板边总长度的 1/10（长度小于 20 mm 的不计），每块板（条）	不允许	1	2
色斑	面积不超过 20 mm×30 mm（面积小于 15 mm×15 mm 不计），每块板（个）	不允许	1	2
色线	长度不超过两端顺延至板边总长度的 1/10（长度小于 40 mm 的不计），每块板（条）	不允许	2	3
坑窝	粗面板材的正面出现坑窝	不允许	不明显	出现，但不影响使用

（4）钢材

① 钢材表面应进行防腐处理。当采用热镀锌处理时，其膜厚应大于 45 μm；当采用静电喷涂时，其膜厚应大于 40 μm。

② 膜厚的检验，应采用分辨率为 0.5 μm 的膜厚检测仪检测。每个杆件在不同部位的测点不应少于 5 个。同一测点应测量 5 次，取平均值，修约至整数。

③ 钢材的表面不得有裂纹、气泡、结疤、泛锈、夹杂和折叠。

④ 钢材表面质量的检验，应在自然散射光条件下，不使用放大镜，观察检测。

（5）玻璃

① 玻璃外观质量的检验指标应符合表 2.10、表 2.11、表 2.12 中的规定。

表 2.10　钢化、半钢化玻璃外观质量

缺陷名称	检验要求
爆边	不允许存在
划伤	每平方米允许：6 条，$a \leqslant 100$ mm，$b \leqslant 0.1$ mm
	每平方米允许 3 条：$a \leqslant 100$ mm，0.1 mm $< b <$ 0.5 mm
裂纹、缺角	不允许存在

注：a——玻璃划伤长度；b——玻璃划伤宽度。

表 2.11　热反射玻璃外观质量

缺陷名称	检验指标
针眼	距边部 75 mm 内，每平方米允许 8 处或中部每平方米允许 3 处，1.6 mm $< d \leqslant$ 2.5 mm
	不允许存在，$d >$ 2.5 mm
斑纹	不允许存在
斑点	每平方米允许 8 处，1.6 mm $< d \leqslant$ 5.0 mm
划伤	每平方米允许 2 条，$a \leqslant 100$ mm，0.3 mm $< b \leqslant$ 0.8 mm

注：d——玻璃缺陷直径。

表 2.12　夹层玻璃外观质量

缺陷名称	检验指标
胶合层气泡	直径 300 mm 圆内允许长度为 1～2 mm 的胶合层气泡 2 个
胶合层杂质	直径 500 mm 圆内允许长度小于 3 mm 的胶合层杂质 2 个
裂纹	不允许存在
爆边	长度或宽度不得超过玻璃的厚度
划伤、磨伤	不得影响使用
脱胶	不允许存在

② 玻璃外观质量的检验，应在良好的自然光或散射光照条件下，距玻璃正面约 600 mm 处，观察被检玻璃表面。缺陷尺寸应采用精度为 0.1 mm 的读数显微镜测量。

③ 幕墙玻璃经切割后，应对其全部边缘进行机械磨边、倒棱、倒角，处理精度应符合设计要求。

④ 幕墙玻璃边缘处理的检验，应采用观察检查和手试的方法。

⑤ 中空玻璃质量的检验指标，应符合下列规定：

玻璃厚度及空气隔层的厚度应符合设计及标准要求。中空玻璃对角线之差不应大于对角线平均长度的 0.2%。因为硅酮胶或聚硫胶的气密性差，水气容易进入中空层，但黏结强度较高；以聚异丁烯为主要成分的丁基热熔胶的密封性优于硅酮胶和聚硫胶，但黏结强度较低。因此，幕墙用中空玻璃应采用双道密封。用丁基热熔胶做第一道密封，可弥补硅酮胶和聚硫胶的不足，用硅酮胶或聚硫胶做二道密封，可保证中空玻璃的黏结强度。中空玻璃的内表面不得有妨碍透视的污迹及黏结剂飞溅现象。

⑥ 中空玻璃质量的检验，应采用下列方法：

在玻璃安装或组装前，以分度值 1 mm 的直尺或分辨率为 0.05 mm 的游标卡尺在被检玻璃的周边各取两点，测量玻璃及空气隔层的厚度和胶层厚度。以分度值为 1 mm 的钢卷尺测量中空玻璃两对角线长度差。观察玻璃的外观及打胶质量情况。

（6）密封胶

① 密封胶的检验指标，应符合下列规定：

密封胶表面应光滑，不得有裂缝现象，接口处厚度和颜色应一致。注胶应饱满、平整、密实、无缝隙。密封胶黏结形式、宽度应符合设计要求，厚度不应小于 3.5 mm。

② 密封胶的检验，应采用观察检查、切割检查的方法，并应采用分辨率为 0.05 mm 的游标卡尺测量密封胶的宽度和厚度。

③ 其他密封材料及衬垫材料的检验指标，应符合下列规定：

应采用有弹性、耐老化的密封材料；橡胶密封条不应有硬化龟裂现象。衬垫材料与硅酮结构胶、密封胶应相容。双面胶带的黏结性能应符合设计要求。

④ 其他密封材料及衬垫材料的检验，应采用观察检查的方法；密封材料的延伸性应以手工拉伸的方法进行。

⑤ 同一幕墙工程应采用同一品牌的单组分或双组分的硅酮结构密封胶。

（7）五金件及其他配件

① 五金件外观的检验指标，应符合下列规定：

玻璃幕墙中与铝合金型材接触的五金件应采用不锈钢材或铝制品，否则应加设绝缘垫片。玻璃幕墙铝合金立柱与镀锌钢角码的连接，接触面之间必须加防腐隔离垫片，防止双金属腐蚀。

除不锈钢外，其他钢材应进行表面热浸镀锌或其他防腐处理。

② 五金件外观的检验，应采用观察检查的方法。

③ 转接件、连接件的检验指标，应符合下列规定：

转接件、连接件外观应平整，不得有裂纹、毛刺、凹坑、变形等缺陷。当采用碳素钢时，表面应做热浸镀锌处理。转接件、连接件的开孔长度不应小于开孔宽度加 40 mm，孔边距离不应小于开孔宽度的 1.5 倍。转接件、连接件的壁厚不得有负偏差。

④ 转接件、连接件的检验应采用下列方法：

观察检查转接件、连接件的外观质量。用分度值为 1 mm 的钢直尺测量构造尺寸，用分辨率为 0.05 mm 的游标卡尺测量壁厚。

⑤ 紧固件的检验指标，应符合下列规定：

紧固件宜采用不锈钢六角螺栓，不锈钢六角螺栓应带有弹簧垫圈。当未采用弹簧垫圈时，应有防松脱措施。主要受力杆件不应采用自攻螺钉。铆钉可采用不锈钢铆钉或抽芯铝铆钉，作为结构受力的铆钉应进行受力验算，构件之间的受力连接不得采用抽芯铝铆钉。

⑥ 采用观察检查的方法，检验紧固件的使用。

⑦ 滑撑、限位器的检验指标，应符合下列规定：

滑撑、限位器应采用奥氏体不锈钢，表面光洁，不应有斑点、砂眼及明显划痕。金属层应色泽均匀，不应有气泡、露底、泛黄、龟裂等缺陷，强度、刚度应符合设计要求。

滑撑、限位器的紧固铆接处不得松动，转动和滑动的连接处应灵活，无卡阻现象。

⑧ 检验滑撑、限位器，应采用下列方法：

用磁铁检查滑撑、限位器的材质。

采用观察检查和手动试验的方法，检验滑撑、限位器的外观质量和活动性能。

⑨ 门窗其他配件的检验指标，应符合下列规定：

门（窗）锁及其他配件应开关灵活，组装牢固，多点连动锁的配件其连动性应一致。防腐处理应符合设计要求，镀层不得有气泡、露底、脱落等明显缺陷。

⑩ 门窗其他配件的外观质量和活动性能的检验，应采用观察检查和手动试验的方法。

2）隐蔽工程验收

（1）预埋件及零附件形状尺寸符合设计和有关规定；

（2）预埋件安装符合设计和有关规定；

（3）预埋件偏差的处理符合有关规定；

（4）立柱与主体符合设计和有关规定；

（5）立柱伸缩缝符合设计要求；

（6）幕墙四周间隙处理；

（7）幕墙转角处处理；

（8）各类节点的连接材料符合设计和有关规定；

（9）钢件及钢螺栓防腐处理符合设计和有关规定；

（10）连接件的焊接符合设计和有关规定；

（11）焊缝防腐处理必须符合设计要求；

（12）防腐垫片和镀锌垫片有无遗漏；

（13）防火处理；

（14）防雷接地节点的安装符合设计和有关规定。

3）节点与连接检验

（1）预埋件连接的安装质量要求和检测方法如表2.13所示。

表2.13　预埋件连接的安装质量要求和检测方法

序号	质量要求	检测方法
1	预埋件及附件形状尺寸符合设计要求和有关规定	观察检测
2	焊条牌号性能符合设计要求和有关规定	观察检查
3	五金件焊缝质量良好，焊缝性能、长度符合要求	观察检查，并核查焊缝试验报告
4	节点防腐处理符合要求	观察检查
5	预埋件标高差：±10 mm	利用激光仪或经纬仪检测

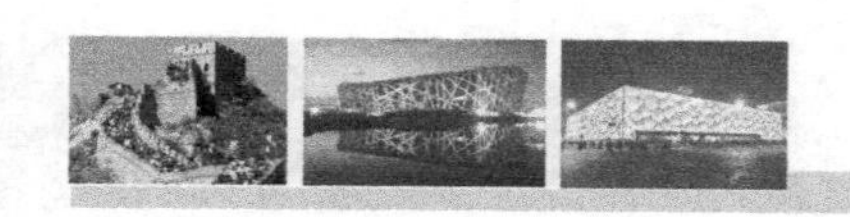

续表

序号	质 量 要 求	检 测 方 法
6	预埋件进出差：±20 mm	利用激光仪或经纬仪检测
7	预埋件左右差：±20 mm	利用激光仪或经纬仪检测
8	预埋件垂直方向倾斜：±5 mm	利用激光仪或经纬仪检测
9	预埋件水平方向倾斜：±5 mm	利用激光仪或经纬仪检测

（2）锚栓连接的质量要求和检验方法

① 使用锚栓进行锚固连接时，锚栓的类型、规格、数量、布置位置和锚固深度必须符合设计和有关标准的规定；

② 锚栓的埋设应牢固、可靠、不得露套管；

③ 锚栓连接的检验，用精度不大于全量程的 2%的锚栓拉拔仪、分辨率为 0.01 mm 位移计和记录仪检验锚栓的锚固性能。观察检查锚栓埋设的外观质量，用分辨率为 0.05 mm 的深度尺测量锚固深度。

（3）幕墙顶部连接的质量要求和检验方法

① 女儿墙压顶坡度正确，罩板安装牢固，不松动、不渗漏、无空隙。女儿墙内侧罩板深度不应小于 150 mm，罩板与女儿墙之间的缝隙应使用密封胶密封。密封胶注胶应严密平顺、黏结牢固、不渗漏、不污染相邻表面。

② 检验幕墙顶部的连接时，应在幕墙顶部和女儿墙压顶部位观察检查，必要时也可进行淋水试验。

（4）幕墙底部连接的质量要求和检验方法

① 镀锌钢材的连接件不得同铝合金立柱直接接触；

② 立柱、底部横梁及幕墙板块与主体结构之间应有伸缩空隙。空隙宽度不应小于 15 mm 并用弹性密封材料嵌填，不得用水泥砂浆或其他硬质材料嵌填。密封胶注胶应严顺严密、黏结牢固。

③ 幕墙底部连接的检验，应在幕墙底部采用分度值为 1 mm 的钢直尺测量和观察检查。

（5）立柱连接的质量要求和检验方法

① 芯管材质、规格应符合设计要求；

② 芯管插入上下立柱的长度均不得小于 200 mm；

③ 上下两立柱间的空隙不应小于 10 mm；

④ 立柱的上端应与主体结构固定连接，下端应为可上下活动的连接；

⑤ 立柱连接的检验，应在立柱连接处观察检查，并应采用分辨率为 0.05 mm 的游标卡尺和分度值为 1 mm 的钢直尺测量。

（6）全玻幕墙玻璃与吊夹具连接的质量要求和检验方法

① 吊夹具和衬垫材料的规格、色泽和外观应符合设计和标准要求。吊夹具应安装牢固，位 置准确。

② 夹具不得与玻璃直接接触。夹具衬垫材料与玻璃应平整结合、紧密牢固。

③ 全玻幕墙玻璃与吊夹具连接的检验，应在玻璃的吊夹具处观察检查，并应对夹具进行力学性能检验。

（7）拉杆（索）结构接点的质量要求和检验方法

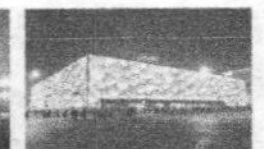

① 所有杆（索）受力状态应符合设计要求；

② 焊接节点焊缝应饱满、平整光滑；节点应牢固，不松动；紧固件应有防松脱措施；

③ 拉杆（索）结构的检验，应在幕墙索杆部位观察检查，也可采用应力测定仪对索杆的应力进行测试。

4）幕墙构件安装检验

（1）立柱安装质量要求和检测方法（见表2.14）。

表 2.14　立柱安装质量要求和检测方法

序号	质 量 要 求	检 测 方 法
1	钢材及钢螺栓防腐处理良好	观察测量并核对出厂合格证
2	立柱与主体结构连接可靠	观感检查，必要时测量扭力
3	立柱、芯套装配良好；伸缩缝尺寸符合要求并打密封胶	卡尺测量
4	铝材表面保护膜完整	观感检查
5	防雷均压环确与预埋件连接	观感检测
6	防腐垫片安装妥当	观感检查
7	立柱直线度偏差限值：3 mm	3 m 靠尺与塞规测量比较
8	相邻立柱标高偏差限值：±3 mm	利用激光仪或经纬仪检测
9	同层立柱最大标高偏差限值：±5 mm	利用激光仪或经纬仪检测
10	相邻立柱距离偏差限值：2 mm	钢卷尺测量
11	每幅幕墙分格线上的竖向构件垂直度偏差限值： 幅高≤30 m 时，10 mm； 30 m＜幅高≤60 m 时，15 mm； 60 m＜幅高≤90 m 时，20 mm； 幅高＞90 m 时，25 mm	利用激光仪或经纬仪检测
12	相邻三立柱平面度偏差限值：2mm	利用激光仪检测
13	每幅幕墙竖向构件外表面平面度偏差限值： 幅宽≤20 m 时，5 mm； 20 m＜幅宽≤40 m 时，7 mm； 40 m＜幅宽≤60 m 时，9 mm； 幅宽＞60 m 时，10 mm	利用激光仪或经纬仪检测

（2）横梁安装质量要求和检测方法（见表2.15）。

表 2.15　横梁安装质量要求和检测方法

序号	质 量 要 求	检 测 方 法
1	连接件规格、型号符合要求	观察测量并核对出厂合格证
2	横梁与立柱连接可靠	观感检查，必要时测量扭力
3	铝材表面保护膜完整	观感检查
4	相邻横梁间距限值偏差： 间距≤2 m 时，±1.5 mm； 间距＞2 m 时，±2.0 mm	钢卷尺测量

续表

序号	质量要求	检测方法
5	分格框对角线偏差限值： 对角线长≤2 m 时，3.0 mm； 对角线长＞2 m 时，3.5 mm	钢卷尺测量
6	横梁水平度偏差限值： 横梁≤2 m 时，2 mm； 横梁＞2 m 时，3 mm	水平仪检测
7	相邻横梁高低偏差限值：1.0 mm	钢直尺和塞尺检测
8	同层横梁最大标高偏差限值： 幅宽≤35 m 时，±5 mm； 幅宽＞35 m 时，±7 mm	利用激光仪或经纬仪检测

5）幕墙板块安装检验

（1）幕墙分格框对角线的允许偏差和检验方法（见表 2.16）。

表 2.16　幕墙分格框对角线的允许偏差和检验方法

项目		允许偏差（mm）	检验方法
分格框对角线差	l_d ≤2 m	≤3	用对角尺或钢卷尺测量
	l_d>2 m	≤3.5	

注：l_d 为对角线长度。

（2）幕墙安装的质量要求和检测方法（见表 2.17）。

表 2.17　幕墙安装的质量要求和检测方法

序号	质量要求	检测方法
1	玻璃规格、尺寸及质量符合要求	观察测量并核对出厂合格证
2	开启扇五金件型号、规格、质量符合要求	观察测量并核对出厂合格证
3	隔热保温棉规格、质量及处理措施符合要求	观察测量并核对出厂合格证
4	防火棉规格、质量及处理措施符合要求	观察测量并核对出厂合格证
5	耐候胶及填充材料等规格、型号符合要求	观察测量并核对出厂合格证
6	立柱压块完整、紧固良好	观察检查
7	耐候胶缝内的填充材料填塞良好，耐候胶密实、平整	观察检查
8	玻璃、铝材及其他构件表面质量良好，无损伤和污染	观察检查
9	幕墙垂直度偏差限值：幕墙高＜30 m 时，10 mm；30 m＜幕墙高＜60 m 时，15 mm；60 m＜幕墙高＜90 m 时，20 mm；幕墙高＞90 m 时，25 mm	利用激光仪或经纬仪检测
10	幕墙平面度偏差限值：3 mm	用 2 m 靠尺和塞尺测量
11	竖缝直线度偏差限值：3 mm	用 2 m 靠尺和塞尺测量
12	横缝直线度偏差限值：3 mm	用 2 m 靠尺和塞尺测量
13	拼缝宽与设计值偏差限值：±2 mm	用卡尺检测
14	相邻玻璃或金属板面之间接缝高低限值：1 mm	用深度尺检测

（3）玻璃幕墙与周边密封质量的检验指标，应符合下列规定。

① 玻璃幕墙四周与主体结构之间的缝隙，应采用防火保温材料严密填塞，水泥砂浆不

得与铝型材直接接触，不得采用干硬性材料填塞。内外表面应采用密封胶连续封闭，接缝应严密不渗漏，密封胶不应污染周围相邻表面；

② 幕墙转角、上下、侧边、封口及与周边墙体的连接构造应牢固并满足密封要求，外表应整齐美观；

③ 幕墙玻璃与室内装饰物之间的间隙不宜少于 10 mm。

（4）检验玻璃幕墙与周边密封质量时，应核对设计图纸，观察检查，并用分度值为 1 mm 的钢直尺测量，也可进行淋水试验。

（5）全玻璃幕墙、点支承玻璃幕墙安装质量的检验指标，应符合下列规定。

① 幕墙玻璃与主体结构连接处应嵌入安装槽口内，玻璃与槽口的配合尺寸应符合设计和规范要求，其嵌入深度不应小于 18 mm；

② 玻璃与槽口间的空隙应有支承垫块和定位垫块，其材质、规格、数量和位置应符合设计和规范要求，不得用硬性材料填充固定；

③ 玻璃肋的宽度、厚度应符合设计要求，密封胶的宽度、厚度应符合设计要求，并应嵌填平顺、密实、无气泡、不渗漏；

④ 单片玻璃高度大于 4 m 时，应使用吊夹或采用点支承方式使玻璃悬挂；

⑤ 点支承玻璃幕墙应使用钢化玻璃，不得使用普通浮法玻璃、普通夹层玻璃、外层钢化夹层玻璃，玻璃开孔的中心位置距边缘距离应符合设计要求，并不得小于 100 mm；

⑥ 点支承玻璃幕墙支承装置安装的标高偏差不应大于 3 mm，其中心线的偏差不应大于 3 mm。相邻两支承装置中心线间距偏差不应大于 2 mm。支承装置与玻璃连接件的结合面水平偏差应在调节范围内，并不应大于 10 mm。

（6）检验全玻璃幕墙、点支承玻璃幕墙安装质量，应采用下列方法。

① 用表面应力检测仪检查玻璃应力；

② 与设计图纸核对，查质量保证资料；

③ 用水平仪、经纬仪检查高度偏差；

④ 用分度值为 1 mm 的钢直尺或卷尺检查尺寸偏差。

（7）开启部位安装质量的检验指标，应符合下列规定。

① 开启窗、外开门应固定牢固，附件齐全，安装位置正确；窗、门框固定螺钉的间距应符合设计要求并不应大于 300 mm，与端部距离不应大于 180 mm；开启窗的开启角度不宜大于 30°，开启距离不宜大于 300 mm；外开门应安装限位器或闭门器。

② 窗、门扇应开启灵活、端正美观，开启方向、角度应符合设计的要求；窗、门扇关闭应严密，间隙均匀，关闭后四周密封条均处于压缩状态。密封条接头应完好、整齐。

③ 窗、门框的所有型材拼缝和螺钉孔宜注耐候胶密封，外表整齐美观。除不锈钢材料外，所有附件和固定件应做防腐处理。

④ 窗扇与框搭接宽度差不应大于 1 mm。

（8）检验开启部位安装质量时，应与设计图纸核对，观察检查，并用分度值为 1 mm 的钢直尺测量。

案例 2.21　某大厦玻璃幕墙安装施工分析

背景材料　南方沿海地区某大厦玻璃幕墙工程，由明框玻璃幕墙和隐框玻璃幕墙两部

分组成，铝型材采用普通氧化型材，玻璃采用钢化玻璃，由于工期时间紧，经与业主和监理方协商，决定在现场按工地实际尺寸对钢化玻璃进行切割后安装，以提高施工效率。进场实际测量后，发现由于土建施工误差的原因使得预埋件有一定的偏差，为加快施工进度，施工人员将所有尺寸及时报给设计师，重新修订理论尺寸后进行施工安装；在安装同一层面立柱时，采取了以第一根立柱为测量基准确定第二根立柱的水平方向分格距离，待第二根立柱安装完毕后再以第二根立柱为测量基准确定第三根立柱的水平方向分格距离，依此类推，分别确定以后各根立柱的水平方向分格距离位置；安装横梁后施工队及时对横梁与立柱间隙打耐候密封胶后才开始安装板块；施工中在玻璃幕墙与每层楼板之间填充了防火材料，并用厚度不小于 1.5 mm 的铝板进行了固定。

问题　（1）玻璃能否在现场进行加工？此工程中的玻璃加工合理吗？为什么？

（2）对于预埋件出现的偏差是否合理？应如何处理？

（3）立柱的安装方法有没有问题，为什么？

（4）横梁的安装过程对不对？为什么？

（5）防火材料的安装有无问题？防火材料与玻璃及主体结构之间应注意什么？

案例分析　（1）玻璃可以在现场加工，但在本工程中所采用的钢化玻璃是不允许在现场加工的。因为钢化玻璃一般是先确定尺寸后，再进行钢化处理的，一旦处理成为钢化玻璃就不能再进行切割。

（2）对预埋件的处理是不合理的，发现预埋件超出规定的偏差后，需要对其进行处理，设计人员要拿出处理的具体方案，由施工队进行纠偏处理，处理合格后方可进行下一工序的施工安装，决不能以预埋件的实际尺寸修改图纸分格尺寸，但可以采用调整格的方式对偏差进行一些弥补。

（3）安装方法不正确。因为此方法的测量基准太多，每采用一个新的测量基准都会产生新的测量误差，从而导致误差积累。

（4）对于横梁与立柱之间缝隙，应打与横梁、立柱颜色相近的密封胶，此工程的铝型材为本色，而耐候密封胶一般为黑色，因此是不正确的。

（5）防火材料应该用镀锌钢板固定，厚度不应小于 1.5 mm，防火材料与玻璃及主体结构之间要填充严实，不能留有空隙。

案例 2.22　某大厦铝板幕墙安装存在的问题

背景材料　某大厦外幕墙为铝板幕墙，由于铝板板块较大，在安装中出现了一定程度的扭曲变形，为了节约成本和保证施工进度，施工队未将此现象及时反馈给有关人员，而是直接上墙安装。

铝板板块安装时采用普通自攻钉将板块固定在骨架上，由于骨架材质较硬，不便施工，工人只能采取将孔适当钻大一些，并适当取消几个钉的做法，以保证施工的正常进行。

铝板板块安装完成后对打胶缝进行了清洁，打胶过程中发现耐候密封胶数量不够，情急之下只能用同品牌、同颜色的结构胶替代，由于结构胶价格较耐候密封胶贵，为此还增加不少的成本。

避雷系统安装，上下两根立柱之间用不锈钢连接片连接。从产品保护考虑，立柱在出

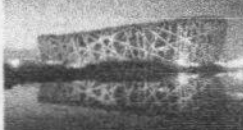

厂时外部已经贴上了保护膜。

问题 （1）如此安装铝板板块有何问题？应如何纠正？

（2）对于自攻钉的使用方法有什么要求？在本工程中如此使用会导致什么后果？

（3）对于铝板幕墙密封胶的使用有无问题？为什么？

（4）不锈钢连接片连接上下两根立柱时应注意些什么问题？

案例分析 （1）这样安装后的铝板幕墙其平面变形会很大，平面度偏差会很大，幕墙的胶缝偏差也会很大，使得整幅幕墙的外观质量都非常差。在安装铝板板块前一定要对板块的对角线和平面度进行检测，发现不合格的一律不能上墙。

（2）规范中对自攻钉的使用有明确要求，最好使用带钻头的自攻钉，自攻钉的尺寸、大小、数量和钻孔的大小都应该严格按设计要求，坚决不能偷工减料。本工程中的做法将可能导致当受到台风时，铝板会被吹掉，造成人员和财产的巨大损失。

（3）规范中规定决不能以结构胶替代耐候密封胶，因此，在本工程中采用结构胶替代耐候密封胶的做法是不正确的。因为两种胶的化学成分是不同的，所起的作用和用途也是不同的，结构胶侧重于受力，对气候不具有耐腐蚀性，因此，是不能用结构胶替代耐候胶的，虽然结构胶价格高，也同样不能替代。

（4）不锈钢连接片连接上下两根立柱时应注意清除立柱表面该处的保护膜，否则不锈钢连接片起不到导电的作用。这种情况现场最容易疏忽。

案例 2.23　某大厦石材幕墙施工分析

背景材料 有一施工队安装一大厦石材幕墙，石材原片进场后在现场切割加工，加工后的石材任意堆放在一起，施工时工人按尺寸找到后安装。施工队进场后首先以地平面为基准用水准仪和 50 m 皮卷尺进行放线测量；在安装顶部封边（女儿墙）结构处石材幕墙时，其安装次序是先安装中间部位的石材，后安装四周转角处部位的石材。

问题 （1）石材可不可以在现场切割加工？应注意什么问题？

（2）施工队进场后放线的测量基准对不对，为什么？

（3）放线使用的测量仪器和量具是否正确，为什么？

（4）顶部封边（女儿墙）结构处石材幕墙的安装顺序对不对，为什么？

案例分析 （1）石材一般不在现场加工，必要时也可在现场加工，但加工后应注意保护，不可任意堆放，应该根据不同颜色、材质编号放置，有时还要进行放样拼花，安装时应按编号顺序。

（2）应该以土建提供的测量基准进行放线，而不应以地平面为基准放线。

（3）放线使用的测量仪器正确。但水平测量时应该使用 50 m 钢卷尺。原因是：因为工人在使用卷尺时对卷尺有一个拉力，皮卷尺由于材料的原因在受拉时其长度容易发生变化，从而导致测量误差，而钢卷尺却没有这种现象发生。

（4）在安装顶部封边（女儿墙）结构处石材幕墙时，其安装次序应该是先安装四周转角处部位的石材，后安装中间部位的石材。因为幕墙实际安装框架的定位是由各转角处的石材来确定的。只要各转角处的石材安装完毕了，幕墙实际安装框架也就确定了。此时拉通线连接各转角处，就很容易确定中间各部位石材的安装位置，并且都能保证它们均处于

幕墙实际安装框架位置上。

案例 2.24　某大厦幕墙安装工程

背景材料　某大厦幕墙安装工程，施工单位进场后做了如下安装前的准备工作。

（1）以建筑物外墙面和各层面为基准，结合图纸要求进行放线。

（2）放线使用的仪器为水准仪、激光水准仪、垂直仪、激光垂直仪和钢卷尺。

（3）对预埋件进行了复核，并按照规定进行了纠偏处理。

（4）由于施工原因部分剪力墙外侧存在麻点、空洞、钢筋外露等缺陷，考虑到该部位以后被幕墙所覆盖，从节约成本考虑不做任何处理。

施工过程中，幕墙立面左右两处各有一阳角，由于土建施工误差的原因使得该立面幕墙的实际总宽度略大于图纸上标注的理论总宽度，为了保证绝大多数的幕墙板块的宽度符合理论值，于是采用了调整格的处理方法。即保证其余各处幕墙板块的宽度都符合理论尺寸以后，最后把幕墙板块的实际尺寸调整值都放在同一列幕墙板块上（称之为调整格），并把该列调整格放在幕墙立面的中间位置。

现场安装幕墙立柱时，采取了如下的安装方法：

（1）同一层面的第一根立柱安装完毕后，在安装第二根立柱并确定它的水平方向分格距离时，采取了以第一根立柱为测量基准，确定第二根立柱的水平方向分格距离；待第二根立柱安装完毕后，再以第二根立柱为测量基准，确定第三根立柱的水平方向分格距离；依次类推分别确定以后各根立柱的水平方向分格距离位置。

（2）在有开启扇的地方，其相邻两根立柱的水平方向分格距离为负公差。

（3）为了防止打滑，立柱与连接件（支座）之间直接接触连接。

（4）为了方便确定立柱的上下位置，安装时在上下两根立柱之间安放了一块厚度与伸缩缝尺寸一样的定位块。立柱安装完毕后，此定位块仍然安放在该处，为的是改善立柱的受力条件。

（5）在确定立柱水平方向分格距离时使用的量具是 50 m 或 80 m 的皮卷尺。

因石材的供货周期较长，其标高±0.000 以上为石材幕墙，标高±0.000 以下为其他施工单位完成，由于标高±0.000 以下部位的施工尺寸尚未确定，所以幕墙该处接合部石材的尺寸尚未明确。一旦该处接合部的尺寸明确就要在很短的时间内完成该处的施工工作。

金属与石材幕墙工程验收时应提交下列资料：

（1）设计图纸、计算书、文件、设计更改的文件等。

（2）材料、零部件、构件出厂质量合格证书。

（3）隐蔽工程验收文件。

（4）施工安装自检记录。

（5）预制构件出厂质量合格证书。

（6）其他质量保证资料。

幕墙工程观感检验应符合下列规定：

（1）幕墙外露框应横平竖直，造型应符合设计要求。

（2）幕墙的胶缝应横平竖直，表面应光滑无污染。

（3）铝合金板应无脱膜现象，颜色应均匀，其色差可与色板相差一级。

（4）石材颜色应均匀，色泽应同样板相符，花纹图案应符合设计要求。

（5）沉降缝、伸缩缝、防震缝的处理，应保持外观效果的一致性，并应符合设计要求。

金属与石材幕墙的安装质量应符合表2.18中的规定。

表2.18　金属与石材幕墙的安装质量要求

项　目		允许偏差（mm）	检验方法
幕墙垂直度	30 m＜幕墙高度≤60 m	≤15	激光经纬仪或经纬仪
竖向板材直线度		≤3	2 m靠尺、塞尺
横向板材水平度不大于2 000 mm		≤2	水平仪
同高度相邻两根横向构件高度差		≤1	钢板尺、塞尺
幕墙横向水平度	不大于3 m的层高	≤3	水平仪
	大于3 m的层高	≤5	
分格框对角线差	对角线长不大于2 000 mm	≤3	3 m钢卷尺
	对角线长大于2 000 mm	≤3.5	

问题　（1）施工单位所做安装前的准备工作是否合理、正确？如有错误，请指出。

（2）现场处理调整格的方法是否正确？

（3）现场安装幕墙立柱的安装方法是否正确，若不正确请指正。

（4）其铝板幕墙和石材幕墙的钢骨架已经安装完毕，马上要进入铝板和石材的安装阶段，请问在铝板和石材安装之前需要做什么重要的工作和检查？

（5）工地施工从上而下已经接近标高±0.000，需要马上对石材进行备料，应如何处理？

（6）题中所示金属与石材幕墙工程验收提交的资料有无缺项？请补充。

（7）题中所示幕墙工程观感检验有无缺项？请补充。

（8）《金属与石材幕墙工程技术规范》（JGJ 133）中规定：幕墙抽样检查时，渗漏检验应按每__________幕墙面积抽查一处，并应在__________等处进行淋水检查。

案例分析：

（1）施工单位所做安装前的准备工作存在以下问题：

① 建筑物外墙面和各层面为基准进行放线，这种方法不正确，应该以土建的三线为基准进行放线。

② 土建施工存在的缺陷的处理方式不正确。应与土建施工单位联系，用水泥砂浆对以上缺陷部位进行修补。

（2）除特殊原因以外，一般情况下应该把调整格放在幕墙的两侧，尤其应放在两侧阳角或阴角的地方。因为幕墙的两侧，阳角或阴角的地方往往是相邻两块幕墙交接的地方，此时，把两块幕墙的调整格放在一起，使它们都处于幕墙的两侧、阳角或阴角的地方，这样有利于现场的施工，同时对幕墙主要部位线条的影响不大，以保证主要部位的外观不受破坏。

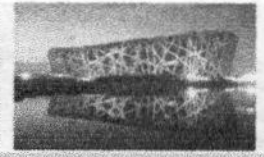
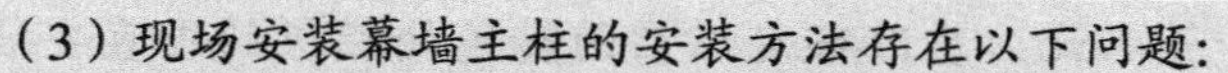

（3）现场安装幕墙主柱的安装方法存在以下问题：

① 现场这种确定立柱水平方向分格距离的方法不正确。因为这种测量方法必然造成误差积累。正确的测量方法是以第一根立柱为测量基准，确定以后各根立柱的水平方向分格距离，以避免因基准过多而造成误差积累。

② 在有开启扇的地方，其相邻两根立柱的水平距离为负公差这种处理方法不正确，应该为正公差。

③ 立柱与连接件（支座）之间的连接方法不正确。应在立柱与连接件（支座）之间加一防腐垫片，以防止发生电化学反应给立柱和支座造成腐蚀。

④ 上下两根立柱之间伸缩缝处的处理方法不正确。应该是：当立柱安装完毕后必须把定位块拿掉，否则立柱无法伸缩，伸缩缝就失去了意义。

⑤ 在确定立柱水平方向分格距离时使用的量具不正确。应该使用钢卷尺，以避免因皮卷尺伸缩造成测量误差。

（4）在铝板和石材安装之前需要做隐蔽工程验收。在做隐蔽工程验收之前需要进行如下方面内容的检查工作：检查预埋件的纠偏和处理情况；检查连接件的安装偏差与焊接情况；检查钢骨架的安装偏差与焊接情况；检查钢骨架及焊缝防腐处理情况；检查防雷、防火处理情况等。

（5）这种情况在现场施工中很常见，以上情况属于设计滞后，或本工种与其他施工单位作业面接合部因种种原因产生的问题。类似问题的处理方式一般是把该部位石材的订货尺寸稍微放大 3.0 cm 左右，并且先订货，材料到场后视现场情况再做修改。

（6）缺少硅酮结构胶相容性试验报告、幕墙的物理性能检验报告、石材的冻融性试验报告、金属板材表面氟碳树脂涂层的物理性能试验报告。

（7）缺项包括：

① 金属板材表面应平整，站在距幕墙表面 3 m 处肉眼观察时不应有可觉察的变形、波纹或局部压砸等缺陷。

② 石材表面不得有凹坑、缺角、裂缝、斑痕。

（8）100 m^2；易发生漏雨的部位如阴阳角等处进行淋水检查。

案例 2.25　某大厦复合铝板幕墙安装

背景材料　某大厦外幕墙为复合铝板幕墙，它包含了平面、转角、窗台、顶部封边等形式，窗台处向里凹进，其凹进的四周处仍为铝板覆盖。其安装次序为从上而下，先平面，后转角和窗台。即：先确定幕墙所有铝板板块水平方向的位置，再安装各转角处的铝板，而且是先安装顶部封边各转角处的铝板，并以此为基准拉水平通线以确定其余顶部封边铝板的空间位置并将其安装完毕。接着安装顶层窗台处的周边铝板，同时以已安装完毕的顶部封边铝板为基准，对窗台处的周边铝板实行定位并作位置修正。

当顶部转角、顶部封边、顶部窗台各处的铝板已经安装完毕后，分别以它们为基准吊垂直通线，把以下各层面各转角处、各窗台处、各水平处铝板的水平安装位置实行定位。至此，整块幕墙所有铝板板块水平方向的位置已经确定。

具体到每一层面铝板的安装时，应根据各层面的土建垂直标高点和上面所完成的垂直

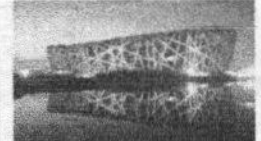

通线，首先安装窗台四周处的铝板，并以此为基准确定该层面转角处铝板的垂直安装位置，结合原来的转角处垂直直线将该层转角处铝板安装完毕。待该层转角处铝板安装完毕以后，分别以它们作为垂直基准，结合原来已经确定的水平基准，分别安装该层其余各处的铝板。并依次类推完成其他层面铝板的安装工作。

上下两根立柱之间用不锈钢连接片连接。从产品保护考虑，立柱在出厂时外部已经贴上了保护膜。

问题 （1）本题所示幕墙安装顺序是否正确？不正确请调整。

（2）不锈钢连接片连接上下两根立柱时应注意些什么问题？

案例分析 （1）不合理。其安装次序应为“从上而下，先转角和窗台，后平面。”即：先安装各转角处的铝板，而且是先安装顶部封边各转角处的铝板，并以此为基准拉水平通线以确定其余顶部封边铝板的空间位置并将其安装完毕。接着安装顶层窗台处的周边铝板，同时以已安装完毕的顶部封边铝板为基准对窗台处的周边铝板实行定位并作位置修正。

（2）不锈钢连接片连接上下两根立柱时应注意清除立柱表面该处的保护膜，否则不锈钢连接片起不到导电的作用。这种情况现场最容易疏忽。

案例 2.26　某大厦幕铝合金玻璃墙安装

背景材料　某工程正在进行铝合金玻璃幕墙的现场施工，总监理工程师在巡视中发现，幕墙的横梁为闭口型，用长尺查其壁厚为 2.5 mm，竖龙骨厚度为 3.5 mm，插芯壁厚为 3 mm，长度为 265 mm 同时发现现场正在进行部分硅酮结构密封胶的打胶工作。

现场巡视后检查隐检记录：

（1）构件与主体结构连接节点；

（2）幕墙四周间隙；

（3）幕墙转角；

（4）幕墙伸缩缝、沉降缝；

（5）埋件及零件形状尺寸；

（6）埋件安装；

（7）埋件偏差处理；

（8）节点的连接材料；

（9）防腐处理；

（10）连接件焊接；

（11）防腐垫片处理。

同时，查看了招标文件与合同文件的质量要求，其要求是执行《玻璃幕墙工程技术规范》（JGJ 102），验收执行推荐标准《玻璃幕墙工程质量检验标准》（JGJ/T 139）。总监提出立即停工整改。

问题 （1）根据上述情况，施工单位有哪些不符合招标文件和合同的规定？为什么？

（2）由于停工整改造成了 1 个月的工期延误和部分材料损失，施工方可向业主方提出哪些方面的索赔？

（3）有哪些质量问题违反了强制性条文的规定？

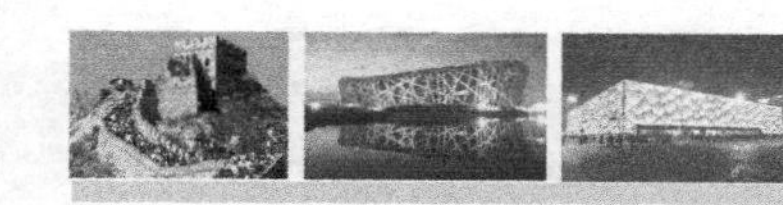

（4）隐检记录是否齐全？如不齐全请补充该隐检项目的名称。

案例分析　（1）横梁壁厚为2.5 mm，插芯长度为265 mm虽符合《玻璃幕墙工程技术规范》（GGJ 102）的规定，但不符合《玻璃幕墙工程质量检验标准》规定：在验收标准中其壁厚应实测值大于或等于3 mm，同时，插芯的长度也不符合检验标准的规定，检验标准要求插入上下各200 mm，而合同和招标文件已明确检验标准，虽为推荐性标准，但写进合同后已成强制性要求，要求验收执行验收标准，所以其不符合合同与招标文件规定。

（2）任何方面都不可提出索赔要求，因是施工方违约。

（3）现场进行硅酮结构密封胶的打胶，违反了强制性条文的规定。

（4）不齐全，缺防火处理隐检、防雷接地节点的隐检。

7．按质量事故处理的规定执行

当发生质量事故时，项目部各级人员必须根据岗位相应职责，严格按照质量保证计划的规定对该质量事故进行有效控制，避免该事故进一步扩展；同时对该质量事故进行分类、分析事故原因，并及时处理。

在质量事故处理中科学地分析事故产生的原因，是及时有效地处理质量事故的前提。下面介绍一些常见的质量事故原因分析。

施工项目质量问题的形式多种多样，其主要原因如下。

1）违背建设程序

常见的情况有：未经可行性论证，不做调查分析就拍板定案；没有进行地质勘查就仓促开工；无证设计；随意修改设计；无图施工；不按图纸施工；不进行试车运转、不经竣工验收就交付使用等。这些做法导致一些工程项目留有严重隐患，房屋倒塌事故也常有发生。

2）工程地质勘察工作失误

未认真进行地质勘察，提供的地质资料和数据有误；地质勘察报告不详细；地质勘察钻孔间距过大，勘察结果不能全面反映地基的实际情况；地质勘察钻孔深度不够，没能查清地下软土层、滑坡、墓穴、孔洞等地层构造等工作失误，均会导致采用错误的基础方案，造成地基不均匀沉降、失稳，极易使上部结构及墙体发生开裂、破坏和倒塌事故。

3）未加固处理好地基

对软弱土、冲填土、杂填土、湿陷性黄土、膨胀土、岩层出露、溶岩和溶洞等各类不均匀地基未进行加固处理或处理不当，均是导致质量事故发生的直接原因。

4）设计错误

结构构造不合理，计算过程及结果有误，变形缝设置不当，悬挑结构未进行抗倾覆验算等错误，都是诱发质量问题的隐患。

5）建筑材料及制品不合格

钢筋物理力学性能不符合标准；混凝土配合比不合理，水泥受潮、过期、安定性不满足要求，砂石级配不合理、含泥量过高，外加剂性能、掺量不满足规范要求时，均会影响

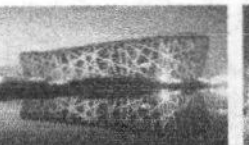

混凝土强度、和易性、密实性、抗渗性，导致混凝土结构出现强度不足、裂缝、渗漏、蜂窝、露筋等质量问题；预制构件断面尺寸过小，支承锚固长度不足，施加的预应力值达不到要求，钢筋漏放、错位、板面开裂等，极易发生预制构件断裂、垮塌的事故。

6）*施工管理不善、施工方法和施工技术错误*

许多工程质量问题是由施工管理不善和施工技术错误所造成，例如：

（1）不熟悉图纸，盲目施工；未经监理、设计部门同意擅自修改设计。

（2）不按图施工。如：把铰接节点做成刚接节点，把简支梁做成连续梁；在抗裂结构中用光圆钢筋代替变形钢筋等，极易使结构产生裂缝而破坏；对挡土墙的施工不按图设滤水层、留排水孔，易使土压力增大，造成挡土墙倾覆。

（3）不按有关施工验收规范施工，如对现浇混凝土结构不按规定的位置和方法，随意留设施工缝；现浇混凝土构件强度没达到规范规定的强度时就拆除模板；砌体不按组砌形式砌筑，如留直搓不加拉结条，在小于 1m 宽的窗间墙上留设脚手眼等错误的施工方法。

（4）不按有关操作规程施工。如，用插入式振捣器捣实混凝土时，不按插点均布、快插慢拔、上下抽动、层层扣搭的操作法操作，致使混凝土振捣不实，整体性差；又如，砖砌体的包心砌筑、上下通缝、灰浆不均匀饱满、游丁走缝等现象，都是导致砖墙、砖柱破坏、倒塌的主要原因。

（5）缺乏基本结构知识，施工蛮干。如不了解结构使用受力和吊装受力的状态，将钢筋混凝土预制梁倒放安装；将悬臂梁的受拉钢筋放在受压面；结构构件吊点选择不合理；施工中在楼面超载堆放构件和材料等，均将给工程质量和施工安全带来重大隐患。

（6）施工管理混乱，施工方案考虑不周，施工顺序错误，技术措施不当，技术交底不清，违章作业，质量检查和验收工作敷衍了事等，都是导致质量问题的祸根。

（7）自然条件影响：施工项目周期长、露天作业多，受自然条件影响大，温度、湿度、雷电、大风、大雪、暴雨等都能造成重大的质量事故，施工中应特别重视，并采取有效的预防措施。

（8）建筑结构使用问题：建筑物使用不当，亦易造成质量问题。如不经校核、验算，就在原有建筑物上任意加层，使用荷载超过原设计的容许荷载；任意开槽、打洞、削弱承重结构的截面等。

2.2.6 持续改进

施工过程中对质量管理活动和施工工作的主动控制和动态控制，对出现影响质量的问题及时采取纠正措施，对经分析、预计可能发生的问题及时、主动采取预防措施，在使得整个施工活动处于受控状态的同时，也使得整个施工活动的质量得到改进。

纠正措施和预防措施的采取既针对质量管理活动，也针对施工工作。下面例举一些关于建筑装饰工程项目（幕墙工程除外）的各分部分项工程施工中质量通病的防治措施。

1. 抹灰工程施工中质量通病的防治措施

1）*内墙抹灰工程施工中质量通病的防治措施*

（1）墙体与门窗框交接处抹灰层空鼓、裂缝的防治措施：

① 木砖数量及位置应适当，门洞每侧墙体内木砖预埋不少于三块；木砖应做成燕尾式，并做防腐处理。

② 抹灰前浇水湿润墙面时，门窗口两侧的小面墙湿润程度应与大面墙相同。此处若为通风口，抹灰时还应当浇水湿润。

③ 门窗框塞缝应由专人负责，浇水湿润后用水泥砂浆全部塞实并养护，待达到一定强度后再进行抹灰。

④ 门窗口两侧阳角必须抹出宽度不小于 50 mm，高度不小于 2 m 的水泥砂浆护角。

⑤ 不同基层材料交汇处应铺钉钢丝网，每边搭接长度应不小于 10 cm。

（2）砖墙、混凝土基层抹灰空鼓、裂缝的防治措施：

① 对于凹凸不平的墙面必须剔凿平整，凹处用 1:3 的水泥砂浆找平。

② 混凝土、砖石基层表面污垢、隔离剂等，均应清除干净。

③ 墙面脚手孔洞须先用同品种砖加水泥砂浆堵塞严密；水暖、通风管道通过的墙洞和剔墙管槽，必须堵严抹平。

④ 不同基层材料交接处应铺钉钢丝网，每边搭接长度不小于 10 cm。

⑤ 抹灰前墙面应浇水，砖基应浇水两遍以上。

⑥ 确保抹灰厚度基本一致，中层抹灰必须分若干次抹平。

⑦ 抹灰用的砂浆必须具有良好的和易性，并具有一定的黏结强度。

⑧ 墙面各抹灰层砂浆配合比应基本相同，严禁用素水泥浆挂面。

⑨ 加强各抹灰层的检查与验收，发现空鼓、裂缝应及时铲除并修补。

（3）墙面抹灰层析白的防治措施：

① 拌合砂浆掺一定数量的减水剂，可以减轻氢氧化钙（$Ca(OH)_2$）游离而渗至表面。

② 拌合砂浆掺一定数量的分散剂，使之不形成成片的析白现象。

③ 低温季节，在拌合砂浆中掺加一定数量的促凝剂，也就减少了表面的析白现象。

2）外墙面抹灰工程施工中质量通病的防治措施

（1）外墙面空鼓、开裂的防治措施：

① 抹灰前应将基层表面清扫干净。

② 外墙面的脚手架孔洞、框架结构中梁与砌体交接处的缝隙必须由专人负责堵孔和勾缝工作。

③ 从上到下进行抹灰打底，并进行一次质量验收，合格后再进行罩面，不允许分段打底随后进行罩面施工。

④ 表面光滑的混凝土和加气混凝土墙面，抹灰前应先刷一道 107 胶的素水泥浆黏结层，避免空鼓和裂缝。

⑤ 室外抹灰长度和高度一般均较大，为了不显接搓，防止抹灰砂浆收缩开裂，应设间隔分块，每个间隔分块必须连续作业。

⑥ 夏季抹灰应避免在日光曝晒下进行。

⑦ 冬期室外抹灰，砂浆的使用温度不宜低于 5℃。

（2）外墙面接搓有明显抹纹，色泽不匀的防治措施：

① 外墙抹灰的接搓位置应留在分格条处或阴阳角雨水管等部位。

② 毛面水泥砂浆外墙面施工中用木抹子搓抹时，要做到轻重一致，方向一致，以避免

表面出现色泽深浅不一致、起毛纹等毛病。

（3）拉毛灰花纹不均的防治措施：

① 基层应平整，使灰浆薄厚一致。拉毛用力平衡均匀、基层洒水湿润，要均匀浇透。

② 拉毛时砂浆稠度应控制，以罩面砂浆在拉毛时不流淌为度，拉毛速度应保持一致。

③ 严格按分格缝或工作段成活，不得任意停顿、甩搓。

④ 拉毛灰颜色不均匀。

⑤ 基层表面应平整，干湿程度、粗糙程度一致。

⑥ 操作时应做到动作快慢一致；

⑦ 分格缝应按工作段成活，不得中途停顿。

2．地面工程施工中质量通病的防治措施

1）水泥地面工程施工中质量通病的防治措施

（1）地面起砂的防治措施：

① 水泥和中砂的质量必须符合施工规范规定，严格控制水灰比。

② 初凝前抹光，初凝后终凝前压光；收压至少三遍。水泥地面压光后，应加强养护，养护时间不应少于7天；养护期间禁止上人。冬季施工时，环境温度不应低于5℃。

（2）地面空鼓的防治措施：

将结构基层表面的浮层清理干净。面层施工前，基层应清除杂碴，冲洗干净，晾干，扫水泥素浆并随即铺抹砂浆。

2）板块地面施工中质量通病的防治措施

（1）天然石材地面色泽纹理不协调的防治措施：

① 不同产地的天然石材在进料、储存时应有明确标识，以避免混杂使用。

② 同一产地的天然石材，铺设前也应进行色泽、纹理的挑选工作。同一间地面正式铺贴前，应进行试铺。将色泽、纹理一致或大致接近的用于同一间地面，铺设后容易协调一致。

（2）地面空鼓的防治措施：

① 基层应彻底清除灰渣等杂物，并充分湿润，水泥素浆应涂刷均匀，采用干硬性砂浆作为结合层。

② 板块铺设24小时后，应洒水养护。

3）塑料板面层施工中质量通病的防治措施

（1）面层空鼓的防治措施：

① 基层表面应坚硬，无起砂、起皮现象，且含水率≤8%。

② 应用丙酮:汽油＝1:8溶液擦拭塑料板，以除蜡去脂。

③ 铺贴中应注意涂刷胶黏剂的先后顺序：施工时应先涂刷塑料板粘贴面，后涂刷基层表面。

④ 塑料板粘贴面上胶黏剂应满涂。

⑤ 黏结层厚度应控制在1 mm左右为宜，可用带齿的钢皮刮板或塑料刮板进行涂刮。

⑥ 施工环境温度应在10℃～35℃范围内。

 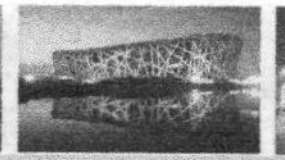 

（2）塑料板颜色、软硬不一的防治措施：严禁不同品种、不同批号的塑料板混杂使用，应有专人负责塑料板的热水浸泡，应保持各板浸泡温度时间的一致性，晾干时的环境温度应与铺贴温度相同。

4）木地板施工中质量通病的防治措施

（1）踩踏时有响声的防治措施：

① 采用预埋钢丝法锚固木格栅栏，施工时，不要将钢丝弄断。

② 木材的含水率应符合现行国家标准《木结构工程施工验收质量验收规范》（GB 50206—2002）的有关规定。

③ 每钉一块板，用脚踏检查有没无响声，如有，则应返工。

（2）地板拼缝不严的防治措施：地板条拼装前，严格挑选合格板材，企口不合要求的应修理再用。

（3）表面不平整的防治措施：

① 木格栅栏敷设后，应经隐蔽验收合格后方可敷设毛地板或面层。粘贴拼花地板的基层平整度应不大于 2 mm。

② 木格栅的表面应平直，有误差要先调整。

③ 保温隔音层填料必须干燥。

④ 相邻房间的地面标高应以先施工的为准，人工修边要尽量找平。

（4）地板起鼓的防治措施：

① 门厅或带阳台房间的木地板，门口要采取断水措施。

② 格栅应刻通风槽，保温隔音填料必须干燥。

③ 铺钉地板时，室内应干燥。

④ 室内上水或暖气片试水，应在木地板刷油打蜡后进行。试水时要有专人看管，采取有效措施处理滴漏。

（5）木踢脚板安装缺陷的防治措施：

① 墙体应预埋木砖，其间距应≤750 mm。

② 钉木踢脚板前先在木砖上钉垫木，垫木要平整，并拉通钉踢脚板。

③ 踢脚板应在其靠墙的一面设两道变形槽，槽深 3～5 mm，宽度≥10 mm。

案例 2.27　地面施工质量通病的分析及防治

背景材料　某住宅小区，冬季施工，砖混结构，现浇混凝土楼板、水泥地面。施工过程中，发现房间地坪质量不合格，部分房间起砂。

问题　（1）试分析造成该质量通病的可能原因。

（2）应采取何种防治措施？

案例分析　（1）造成该质量通病的可能原因：

① 水灰比过大；

② 地面抹光、压光时机掌握不当；

③ 养护不当；

④ 地面尚未达到足够强度（养护时间不够）就上人或机械等进行下道工序，使地面表层遭受摩擦，导致地面起砂；

⑤ 冬期施工保温差；

⑥ 使用不合格的材料。

（2）防治措施：

① 严格控制水灰比；

② 正确掌握抹光、压光时间（初凝前抹光，初凝后终凝前压光；收压至少三遍）；

③ 地面压光后应加强养护；

④ 合理安排工序流程，避免上人过早；

⑤ 在冬期施工条件下进行混凝土地面施工应防止早期受冻，要采取有效保温措施；

⑥ 做保温屋面、外墙；

⑦ 不得使用过期、受潮水泥。

3．门窗工程安装中质量通病的防治措施

1）木门窗安装

（1）门窗扇翘曲的防治措施：

① 对已进场的门窗扇，按规格堆放整齐，平放时底层要垫实垫平，距离地面要有一定的空隙；

② 门窗扇安装前应予检查，其翘曲超过2 mm的，须经处置合格后才能使用。

（2）门窗扇开启不灵的防治措施：

① 安装门和窗扇前，门窗框应安装垂直；

② 合页的进出、深浅应保持一致，使上、下合页轴保持在一条垂直线上安装门窗扇时，扇与扇、扇与框之间要留适当的缝隙。

（3）门窗扇自行开关的防治措施：

① 应将门窗框安装垂直；

② 应使合页槽的位置一致，深浅合适，上下合页的轴线在一条垂直线上；发生“走扇”，即应向外移动门窗扇的铰链。

（4）门窗扇下坠的防治措施：

① 在扇的边和冒头处设置铁三角；

② 装饰门须用尼龙无声铰链；

③ 装饰门窗用大铰链；

④ 选用木螺钉应与铰链（合页）配套；

⑤ 木螺钉不可全部钉入木内，应将其拧入木内；

⑥ 修刨门窗扇时，不装合页一边的底面，可多刨1 mm左右。

2）钢门窗安装

（1）钢门窗翘曲变形的防治措施：

① 搬运钢门窗时，不准用抬棒穿入框内抬运，要做到轻搬轻放，运输或堆放时应竖直放置；

② 不准把脚手架横杆脚手板搭设在钢门窗上，亦不得在钢门窗上悬挂重物。

（2）钢窗扇开关不灵的防治措施：安装钢窗时，先用水平尺和线坠验校水平和垂直

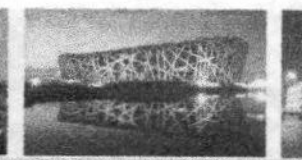

度，使钢窗横平竖直，高低进出一致，试验开关灵活，没有阻滞回弹现象，再用木楔固定门窗，将铁脚置于预留孔内，用水泥砂浆填实。

3）铝合金门窗制作与安装

（1）锚固做法不符合要求的防治措施：

① 铝合金门窗选用的锚固件，除不锈钢外，均应采用镀锌、镀铬、镀镍的方法进行防腐蚀处理；

② 门窗组装过程中，尽量不用明螺丝，不得不用明螺丝时，应用同色密封胶填埋密封。

（2）铝合金门窗框，周边用水泥砂浆嵌缝的防治措施：铝合金门窗框与洞口墙体之间应采用柔性连接。其间隙可用矿棉条或玻璃棉毡条分层填塞不少于 20 mm 厚，缝隙表面留 5～8 mm 深的槽口，用密封胶填平，压实。

（3）铝合金窗渗漏水的防治措施：

① 在窗楣上做滴水槽、滴水线；在窗台上做出向外的流水斜坡，坡度不小于 10%；在下框外框和轨道根部应设有排水孔。用矿棉毡条等将铝合金窗框与洞口墙体间的缝隙填塞密实，外面再用优质密封材料封严。

② 对铝合金窗框的榫接、铆接、滑撑、方槽、螺钉等部位，均应用胶密封实。

③ 安装玻璃胶条前，在玻璃槽四角端部 20 mm 范围内均匀注入玻璃胶。

（4）铝合金门窗结合处不打胶的防治措施：

铝合金门窗不论采用何种连接方法，均应在门窗框内外框边留 5～8 mm 槽口，其槽口应用防水玻璃硅胶嵌填、封堵，以防雨水沿缝渗入室内。

4）塑料门窗安装

（1）塑料门窗与洞口固定不当的防治措施：

① 当塑料窗与墙体固定时，应按设计规定的位置，根据实际情况（如砼墙洞口可用射钉或塑料膨胀螺钉固定），先固定上框，后固定边框。

② 砖墙洞口应采用塑料膨胀螺钉或水泥钉固定。

（2）塑料门窗安装后变形的防治措施：

① 塑料门窗框与洞口墙体间应采用闭孔泡沫塑料、发泡聚苯乙烯等弹性材料分层填塞严实，但也不宜过紧，导致门窗框受挤压变形；

② 不得在门窗上搭脚手杆、板或吊持重物；

③ 对于有保温、隔声等级要求较高的工程，应用相应的隔热、隔声材料填塞；

④ 门窗与墙体间的缝隙外侧应用嵌缝膏密封处理。

（3）揭撕塑料门窗面膜时间不当的防治措施：

① 塑料门窗在运输、安装过程中，操作人员要确保其面膜不被损坏；

② 塑料门窗的面膜应在固定门窗的抹口的水泥砂浆强度达到 70%后，方可撕下；

③ 塑料门窗从出厂至揭撕面膜的时间不宜超过 6 个月；

④ 当面膜老化揭撕困难时，应先用 15%的双氧水溶液均匀涂刷一遍，再用 10%的氢氧化钠水溶液将面膜擦洗掉。

4．吊顶工程施工中质量通病的防治措施

1）吊顶龙骨施工

（1）轻钢龙骨、铝合金龙骨纵横方向线条不平直的防治措施：

① 凡是扭折过的主龙骨、次龙骨一律不宜采用。当吊杆与设备相遇时，应调整并增设吊杆；

② 拉通线逐条调整龙骨位置；

③ 对于不上人吊顶，龙骨安装时，挂面不应挂放施工安装器具；

④ 对于大型上人吊顶，龙骨安装应及时敷设好通道板，避免在机电安装工作中龙骨承受过大的不均匀荷载而产生不均匀变形。

（2）吊顶造型不对称，罩面板布局不合理的防治措施：

① 按吊顶设计标高，在房间四周的水平线位置拉十字中心线。严格按设计要求布置主龙骨和次龙骨；

② 中间部分先铺整块罩面板，余量应平均分配在四周最外边一块，或不被人注意的次要部位。

2）石膏板吊顶

拼板处不平整的防治措施：

① 主龙骨安装后，拉通线检查其是否正确、平整，应在安装板时同时再调平，以及满足板面平整度要求；

② 应使用专用机具、选用配套材料；板材尺寸应符合标准，减少原始误差和装配误差，确保拼板处平整；

3）金属板吊顶

（1）吊顶不平的防治措施：

① 吊顶四周的标高线，应准确地弹到墙上，其误差不能大于±5 mm；跨度较大时，应在中间适当位置加设标高控制点；在一个断面内应拉通线控制；

② 安装板条前，应先将龙骨调直调平；

③ 较重的设备，不能直接悬吊在吊顶上，须为其专设吊杆并直接与结构固定。吊顶用吊杆应固定牢固，并应加强保护；板条安装前要先检查板条平、直情况，如有问题，应予调整。

（2）接缝明显的防治措施：

① 板条切割时，控制好切割的角度；

② 将切口部位和毛边修整好；

③ 用同色硅胶修补接口部位，使接缝密合，并对切口白边进行遮掩。

5．轻质隔墙工程施工中质量通病的防治措施

（略）

6．饰面板（砖）工程施工中质量通病的防治措施

1）各类天然石、人造石墙面工程施工

（1）饰面不平整，接缝不顺直的防治措施：

① 安装前，石材应做套方检查；

② 对墙面板块进行专项装修设计，明确板块的排列方式、分格方式和图案的安排，伸缩缝位置、接缝和凹凸部位的构造大样；

③ 做好施工大样图，认真核实板块安装部位的结构实际尺寸及偏差情况和所增减的尺寸，绘出修正图；

④ 墙、柱的安装，应按设计轴线距离弹出墙、柱中心线，板块分格线和水平标高线；

⑤ 铜丝应绑扎牢固，依施工程序做石膏水泥饼或夹具固定灌浆；每道工序用靠尺检查；

⑥ 板块安装应先做样板墙，经确认后，再大面积铺开；

⑦ 石材板底涂刷树脂胶，再贴化纤丝网格布，形成一层抗拉防水层；或采用有衬底的复合型超薄石材，以减免开裂和损伤；

⑧ 需要开孔洞（如电开关、镶招牌等）和开槽时，应在板块上墙之前进行加工，其加工操作应设置；

⑨ 镶贴块料应待结构沉降稳定后进行。

（2）空鼓脱落的防治措施：

① 镶贴之前，基体（或基层）、板块必须清理干净，用水充分湿润，阴干至表面无水迹时，即可涂刷界面处理剂（随贴随刷）；界面剂表干后，即行镶贴。

② 粘贴法：结合层水泥砂浆应满抹满括。

③ 灌浆法：分层灌浆仔细捣实。

（3）墙面污染的防治措施：施工中，板面应用塑料膜遮盖。

（4）找平层剥离破坏的防治措施：

① 设置伸缩缝，竖向伸缩缝可设在洞口两侧或横墙、柱轴线部位。伸缩缝深度至基体表面，宽约 10～15 mm。

② 基底应凿毛、剔平，并将尘土油渍等污物清洗干净；找平层应分层抹灰，确保找平层无空鼓。

③ 各种砂浆的抹灰层，在凝结前应防止快干、水冲、撞击和振动；凝结后，应采取措施防止沾污和损坏。

（5）粘贴层剥离破坏的防治措施：

① 找平层干净，无灰尘、油污、脏迹，表面刮平搓毛；砖粘贴前，找平层应浇水湿润；水泥砂浆在同一墙面不换配合比。

② 砖浸水 2 小时以上，表面晾干后刮满砂浆，采用挤浆法铺贴。

③ 面砖墙面应设置伸缩缝，伸缩缝应采用柔性防水材料嵌缝。

2）室内瓷砖（内墙砖）墙面施工

饰面不平整，缝格不顺直的防治措施：

（1）找平层垂直度、平整度不合格则必须返工；

（2）根据房间主体实际尺寸进行墙面排砖和细部大样图设计；

（3）根据设计，在墙上选砖预排，找好规则；

（4）设计要求密缝法施工的，对瓷砖的材质挑选作为一道主要工序，色泽不同的瓷砖应分别堆放，翘曲、变形、裂纹、面层有杂质等缺陷的瓷砖应剔出不用。同一类尺寸者应用于同一房间或同一面墙上，以做到接缝均匀一致；

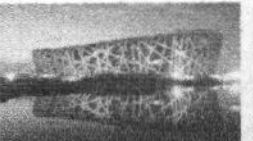

（5）采用离缝法粘贴时，可将板缝宽度放宽至约2 mm左右。

7．涂饰工程施工中质量通病的防治措施

1）水性涂料涂饰工程施工

（1）涂料流坠的防治措施：

① 混凝土或抹灰墙面施涂水性涂料时，其含水率不得大于10%；弹涂时含水率不得大于8%。加强施工场所的通风，施涂前应将涂料搅拌均匀。

② 合理地控制施涂厚度。

③ 转角部位应使用遮盖物，避免两个面的涂料互相叠加。

④ 刷涂：方向和行程长短均应一致，油刷蘸油应勤蘸、少蘸。

⑤ 滚涂：滚涂黏度小、较稀的涂料时，应选用刷毛较长、细而软的毛辊；滚涂黏度较大又稍稠的涂料时，应选用刷毛较短、较粗、较硬的毛辊。

⑥ 喷涂：涂料稠度必须适中。调整空气压力机，使气压均匀，气压一般为0.4～0.6 MPa）。喷射距离一般为40～60 mm。

⑦ 弹涂：在基层表面先刷底色涂层，待底色涂层干燥后，才能弹涂。弹涂时注意弹点密度均匀适当，上下左右无明显接痕。

（2）刷纹或接痕的防治措施：

① 先用黏度低的涂料封底，然后再进行正常涂刷。这样可消除被涂饰面对涂料吸收能力过强的问题。

② 根据所用涂料选用合适的刷子或辊筒，及时清洗更换刷具。

③ 涂料施工连续不断。

④ 采用喷涂施工可免刷纹。

⑤ 刷纹处理：可用水砂纸轻轻打磨平，用湿皮擦干净再涂刷一遍涂料。

（3）涂膜开裂的防治措施：

① 抹灰面层应压光无裂缝；

② 面层涂料的硬度不宜过高，应选用柔韧性较好的面层涂料；

③ 新建建筑物的内外墙混凝土或砂浆基层表面均应施涂配套的抗碱封闭底漆；旧墙面在清除疏松的旧装修层后，涂刷界面处理剂；

④ 施工中每遍涂膜不能过厚。

（4）涂膜鼓泡、剥落的防治措施：

① 基面应当干燥；

② 新建筑物的混凝土或抹灰基层在涂饰前应涂刷抗碱封闭底漆；旧墙面在涂饰涂料前应清除疏松的旧装修层后，涂刷界面处理剂；

③ 控制每遍涂膜厚度；

④ 底漆和面层涂料应配套；

⑤ 保证涂刷间隔时间，施涂及成膜时温度应在5℃～35℃之间，避免雨天施工。

2）溶剂型涂料施工

防治失光的措施有：

（1）木制和金属表面，在施涂前，应处理干净，不得有沾污物；

（2）混凝土或抹灰基层涂刷溶剂型涂料时，含水率不得大于8%；木材基层的含水率不

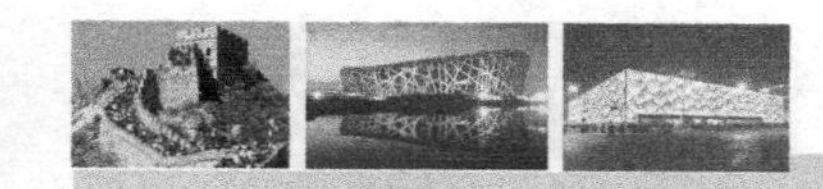

得大于 12%；

（3）阴雨、严寒天气或潮湿环境，不宜施涂；

（4）喷涂时，压缩空气必须过滤，并装有防水装置；

（5）涂膜干前须避免烟熏；

（6）失光后，可用远红外线照射，或薄涂一层加有防潮剂涂料。

案例 2.28 涂饰施工质量通病的分析与防治

背景材料 某新建工程原定的竣工日期为 2014 年元月 10 日，由于多方面原因，竣工日期改为 2014 年 5 月 10 日。竣工交付使用后不久，陆续出现内外墙涂料大面积鼓泡。

问题 （1）分析导致这种现象的原因。

（2）如何避免这种现象发生？

案例分析 （1）由于春天多雨、气候潮湿，空气湿度较大，基面含水率普遍较高，故出现内外墙涂料大面积鼓泡。

（2）这种现象的防治措施：

为保证按期完工，一般处理方法不能确保基面干燥的情况下，可考虑用风扇吹、射灯烤等方法，确保基面干燥。除此之外，还应该做到：

① 新建筑物的混凝土或抹灰基层在涂饰前应涂刷抗碱封闭底漆；

② 控制每遍涂膜厚度；

③ 底漆和面层涂料应配套；

④ 保证涂刷间隔时间，施涂及成膜时温度应在 5℃～35℃之间，避免雨天施工。

8．裱糊与软包工程施工中质量通病的防治措施

1）壁纸翘边的防治措施

（1）裱糊基层灰尘、油污应清除干净，含水率应小于 8%，表面凹凸不平处须用腻子刮抹平整；

（2）若基层表面粗糙和干燥，必须均匀地喷刷一遍醇酸清漆，待手按不粘时，即可开始铺贴壁纸；

（3）根据壁纸选择相应适宜的胶黏剂，一般可在壁纸背面刷胶液（根据不同壁纸，有的应事先浸水方可刷胶），刷胶应薄而匀，须略等一些时间再上墙，这样效果较好；

（4）选用合适的工具裱糊壁纸；

（5）阴角壁纸应搭缝施工，纸边搭在阴角处，搭接宽度大于 2 mm；

（6）阳角处严禁接缝，壁纸应裹过阳角不小于 20 mm，用黏性强的胶液压实。

2）壁纸搭缝的防治措施

（1）裁割壁纸时，尤其是裁割较厚的壁纸，应保证纸边直而光洁，不出现突出和毛边；

（2）裱糊壁纸前应先试贴，掌握壁纸的性能后再进行全面铺贴。无收缩性的壁纸不许搭缝；收缩性较大的壁纸，裱糊时可适当多搭接些，以便收缩后正好合缝。

3）壁纸离缝的防治措施

（1）壁纸裁割前应复核实际尺寸，裁切时尺子压紧壁纸，刀刃贴紧尺边，力度、速度要均匀，一气呵成，裁割中严禁变换持刀角度。裁割壁纸一般可放长 10～20 mm，粘贴后，把上、下分别压尺裁割掉多余部分。

（2）赶压胶液时，应由拼缝处横向往外赶压，不得斜向来回或由两侧向中间推挤。

4）壁纸墙面透底咬色的防治措施

（1）壁纸粘贴前应对墙面基层进行彻底清理，并刷一道底胶。对局部深色墙面，可用白厚漆覆盖。

（2）满刷底胶应保证薄厚均匀，无流坠。

5）壁纸墙面空鼓、有胶包的防治措施

（1）基层必须清理干净并保持干燥，含水率不大于 8%，凹陷处用石膏腻子或大白、滑石粉、乳胶腻子刮抹平整。

（2）涂刷胶液必须厚薄均匀，要防止漏刷。

（3）石膏板纸基如起泡、脱落必须铲除干净并修补好。

（4）裱贴时，用手将壁纸舒平后再用刮板由里向外刮或滚压，将多余的胶液和气泡赶出；

（5）如因基层含有潮气或空气造成的空鼓，可用刀割开壁纸放出空气，或用注射器抽出空气，再注射胶液贴压平实；壁纸内的多余胶液也右用注射器吸出，然后再压实。

6）壁纸颜色不一致的防治措施

（1）选用纸质较厚、不易褪色的优质壁纸。

（2）基层的颜色应一致，若基层颜色较深，则应选用颜色较深、花饰较大的壁纸。

（3）壁纸保持干燥基层，含水率不大于 8%（表面返白）。

（4）应避免壁纸在运输、储存和施工过长中处于日光直接照射下。

（5）壁纸裱糊前应开卷对色，若色泽不一，应将其退色部分裁掉，剩下的做窄幅使用。

9．细部工程施工中质量通病的防治措施（略）

2.2.7 项目质量的政府监督

建筑装饰工程是建设工程的一部分。我国《建筑法》、《建筑工程质量管理条例》明确规定，政府行政主管部门设立专门机构对建设工程质量行使监督职能，其目的是保证建设工程质量、保证建设工程的使用安全及环境质量。

政府对建设工程的监督内容包括政府监督管理体制和职能、工程质量管理制度。下面我们将分别予以介绍。

1．针对工程质量的政府监督管理体制和职能

1）监督管理体制

国务院建设行政主管部门对全国的建设工程质量实施统一监督管理。县级以上地方人民政府建设行政主管部门对本行政区域内的建设工程质量实施监督管理。

县级以上政府建设行政主管部门和其他有关部门履行检查职责时，有权要求被检查的单位提供有关工程质量的文件和资料，有权进入被检查单位的施工现场进行检查，在检查中发现工程质量存在问题时，有权责令其改正。

政府的工程质量监督管理具有权威性、强制性和综合性的特点。

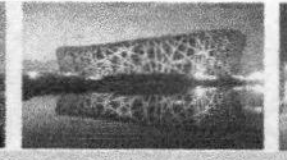

2）管理职能

（1）建立和完善工程质量管理法规：制定、修订行政性法律法规和工程技术规范标准，如《建筑法》、《招标投标法》、《建筑工程质量管理条例》等行政性法律法规，以及如《工程设计规范》、《建筑工程施工质量验收统一标准》、《工程施工质量验收规范》等工程技术规范标准。

（2）建立和落实工程质量责任制：针对建设工程行政领导的工程质量责任、建设工程各主体的工程质量责任和工程质量终身负责制等，国家相关法律法规（含建设部部门规章）做出相关规定。

（3）建设活动主体资格的管理：国家对从事建设活动的主体实行严格的从业许可证制度，对从事建设活动的专业技术人员实行严格的执业资格制度。建设行政主管部门及有关专业部门按各自分工，负责各类资质标准的审查、从业单位的资质等级的认定、专业技术人员资格等级的核查和注册，并对资质等级和从业范围等实施动态管理。

（4）工程承发包管理：国家相关法律法规（含建设部部门规章）规定了建设工程招投标承发包的范围、类型、条件，行政主管部门对建设工程招投标承发包活动的依法监督，以及行政主管部门对建设工程合同的管理。

（5）建设工程的建设控制程序：国家相关法律法规（含建设部部门规章）规定了建设工程的建设程序，并针对建设工程的报建、施工图设计文件审查、工程施工许可、工程材料和设备准用、工程质量监督、施工验收备案等方面，分别规定了行政主管部门的监督管理职责，以及建设工程各主体的工作职责。

2. 工程质量管理制度

我国建设行政主管部门已颁发了多项建设工程质量管理制度，主要有以下4个方面。

1）施工图设计文件审查制度

施工图审查是指国务院建设行政主管部门和省、自治区、直辖市人民政府建设行政主管部门委托依法认定的设计审查机构，根据国家法律、法规、技术标准与规范，对施工图进行结构安全和强制性标准、规范执行情况等进行的独立审查。

（1）施工图审查的范围。建筑工程设计等级分级标准中的各类新建、改建、扩建的建筑工程项目均属审查范围。建设单位必须将施工图报送建设行政主管部门。建设行政主管部门委托有关审查机构，对施工图就其结构安全和强制性标准、规范执行情况等方面进行审查。

（2）施工图审查的主要内容：审查建筑物的稳定性、安全性，审查施工图是否符合消防、节能、环保、抗震、卫生、人防等有关强制性标准、规范，审查施工图是否达到规定的要求，审查是否损害公众利益。

（3）有关各方针对施工图审查的职责：国务院建设行政主管部门负责全国施工图审查管理工作。省、自治区、直辖市人民政府建设行政主管部门负责组织本行政区域内的施工图审查工作的具体实施和监督管理工作。勘察、设计单位必须按照工程建设强制性标准进行勘察、设计，并对勘察、设计质量负责。接受建设行政主管部门委托的审查机构对施工图设计文件涉及安全和强制性标准执行情况进行技术审查；建设工程经施工图设计文件审查后因勘察设计原因发生工程质量问题，审查机构承担审查失职的责任。

（4）施工图审查程序。

① 建设单位向建设行政主管部门报送施工图；

② 建设行政主管部门发出委托审查通知书，委托审查机构对施工图进行审查；

③ 审查机构完成施工图审查后，向建设行政主管部门提交技术性审查报告；

④ 建设行政主管部门向建设单位发出施工图审查批准书。

（5）施工图审查管理。

① 审查机构应当在收到审查材料后20个工作日内完成审查工作；

② 特级和一级项目应当在30个工作日内完成审查工作，其中重大及技术复杂项目的审查时间可适当延长；

③ 审查合格的项目，审查机构向建设行政主管部门提交项目施工图审查报告，由建设行政主管部门向建设单位通报审查结果，并颁发施工图审查批准书；

④ 审查机构对审查不合格的项目提出书面意见后，将施工图退回建设单位，由原设计单位修改，重新送审。

施工图一经审查批准，不得擅自进行修改。若遇特殊情况需要进行涉及审查主要内容的修改时，建设单位必须重新报请原审批部门，由原审批部门委托审查机构审查。

建设单位或者设计单位如果对审查机构做出的审查报告有重大分歧时，可由建设单位或者设计单位向所在省、自治区、直辖市人民政府建设行政主管部门提出复查申请，由相应的建设行政主管部门组织专家论证并做出复查结果。

施工图审查的费用由施工图审查机构按有关收费标准向建设单位收取。

建筑工程竣工验收时，有关部门应按照审查批准的施工图进行验收。

建设单位必须对报送的审查材料的真实性负责；勘察、设计单位对提交的勘察报告、设计文件的真实性负责，并积极配合审查工作。

2）工程质量监督制度

国家实行建设工程质量监督管理制度。工程质量监督管理的主体是各级政府建设行政主管部门和其他有关部门。工程质量监督管理由建设行政主管部门或其他有关部门委托的工程质量监督机构具体实施。

工程质量监督机构的主要任务：

受政府主管部门的委托，对建设工程项目进行质量监督；制定质量监督工作方案，并确定相应建设工程的质量监督工程师和助理质量监督师；检查建设工程各方主体的质量行为；检查建设工程实体质量；监督工程质量验收；向委托部门报送工程质量监督报告；对预制建筑构件和商品混凝土的质量进行监督；受委托部门委托按规定收取工程质量监督费；政府主管部门委托的工程质量监督管理的其他工作。

3）工程质量检测制度

工程质量检测工作是对工程质量进行监督管理的重要手段之一。工程质量检测机构是对建设工程、建筑构件、制品及现场所用的有关建筑材料、设备质量进行检测的法定单位。在建设行政主管部门领导和标准化管理部门指导下开展检测工作，其出具的检测报告具有法定效力。法定的国家级检测机构出具的检测报告，在国内为最终裁定，在国外具有代表国家的性质。

4）工程质量保修制度

建设工程质量保修制度是指建设工程在办理交工验收手续后，在规定的保修期限内，因勘察、设计、施工、材料等原因造成的质量问题，要由施工单位负责维修、更换，由责任单位负责赔偿损失。质量问题是指工程不符合国家工程建设强制性标准、设计文件以及合同中对质量的要求。

建设工程承包单位在向建设单位提交工程竣工验收报告时，应向建设单位出具工程质量保修书，质量保修书中应明确建设工程保修范围、保修期限和保修责任等。

2.2.8　施工项目技术档案资料的管理

1．施工项目技术资料的作用和内容

1）技术资料的作用

技术资料，特别是永久性技术资料，既是工程项目施工情况的重要记录，也是施工项目进行竣工验收的主要依据。因此，在工程项目的施工过程中，施工单位必须充分认识到技术资料的重要性，严格对技术资料的管理。技术资料的整理必须符合有关规定及规范的要求，必须做到准确、齐全，使之能够满足建设工程进行维修、改造、扩建时的需要。

2）技术资料内容

由于建筑装饰工程施工项目涉及面广，其技术资料所包含的范围和内容非常丰富。技术资料主要内容有：

（1）工程项目开工报告；
（2）工程项目竣工报告；
（3）图纸会审和设计交底记录；
（4）设计变更通知单；
（5）技术变更核定单；
（6）工程质量事故发生后调查和处理资料；
（7）水准点位置、定位测量记录、沉降及位移观测记录；
（8）材料、设备、构件的质量合格证明资料；
（9）试验、检验报告；
（10）隐蔽工程验收记录及施工日志；
（11）竣工图；
（12）质量验收评定资料；
（13）工程竣工验收资料。

2．施工项目技术资料的管理

建筑装饰工程施工项目已进入施工准备阶段，就开始不断地产生技术资料。由于技术资料重要性，施工单位必须对工程技术资料进行管理，除专职资料管理员外，工程项目技术负责人、施工现场管理人员和技术人员、企业或项目的采购人员，均应参与技术资料的收集工作，并及时送交资料管理员将技术资料归档，以确保及时获得充分、全面、真实的的技术资料及相关信息，确保所有技术资料，尤其是永久性技术资料不遗失、遗漏。技术

资料具体管理程序和工作如下：

（1）建立工程技术资料档案；
（2）建立工程技术资料的有效传递渠道；
（3）及时收集、分发技术资料，确保必要信息的及时获得与送达；
（4）将技术资料分类放置，使之便于检索；
（5）各类技术资料标识清楚；
（6）将技术资料妥善保存，使之不易遗失；
（7）将技术资料妥善保护，使之不易损坏。

3．施工项目的技术资料类别

施工项目的各子项目在施工过程中会产生仅与该项目有关的技术资料。由于施工项目的子项目繁多，这里仅例举“门窗工程”、“轻质隔墙工程”、“饰面板（砖）工程”三个项目在施工中产生的相关技术资料类别。

1）有关门窗工程的技术资料

（1）门、窗等的产品合格证书和进场验收记录；
（2）人造木板的的甲醛含量的复验报告；
（3）建筑外墙金属窗、塑料窗的抗风压性能、空气渗透性能和雨水渗漏性能的测试报告；
（4）预埋件和锚固件隐蔽工程验收记录；
（5）隐蔽部位防腐填嵌处理的隐蔽工程验收记录；
（6）门窗工程施工过程中产生的施工记录。

2）有关轻质隔墙工程的技术资料

（1）材料的产品合格证书和进场验收记录；
（2）人造木板的的甲醛含量的复验报告；
（3）骨架隔墙中设备管线的安装及水管试压的隐蔽验收记录；
（4）木龙骨防火、防腐处理的隐蔽验收记录；
（5）预埋件、连接件、拉结筋、龙骨安装的隐蔽验收记录；
（6）填充材料的设置的隐蔽验收记录；
（7）轻质隔墙工程施工过程中产生的施工记录。

3）有关饰面板（砖）工程的技术资料

（1）花岗石、水泥、陶瓷面砖的产品合格证书和进场验收记录；
（2）室内用花岗石的放射性指标的复验报告；
（3）粘贴用水泥的凝结时间、安定性和抗压强度的复验报告；
（4）外墙陶瓷面砖的吸水率的复验报告；
（5）寒冷地区外墙陶瓷面砖的抗冻性的复验报告；
（6）预埋件（或后置埋件）的隐蔽验收记录；
（7）连接节点的隐蔽验收记录；
（8）防水层的隐蔽验收记录；
（9）饰面板（砖）工程施工过程中产生的施工记录。

4．建筑装饰工程项目施工验收记录表

1）建筑装饰工程施工项目的部分验收记录表的名称（表名后的数字为表号）

（1）防腐涂料涂装工程检验批质量验收记录表 020410
（2）防火涂料涂装工程检验批质量验收记录表 020411
（3）木结构防腐、防虫、防火工程检验批质量验收记录表 020504
（4）找平层检验批质量验收记录表 030101Ⅷ
（5）隔离层检验批质量验收记录表 030101Ⅸ
（6）填充层检验批质量验收记录表 030101Ⅹ
（7）水泥混凝土面层检验批质量验收记录表 030102
（8）水磨石面层检验批质量验收记录表 030103
（9）水泥钢屑检验批质量验收记录表 030104
（10）防油渗面层检验批质量验收记录表 030105
（11）不发火（防爆）面层工程检验批质量验收记录表 030106
（12）砖面层检验批质量验收记录表 030107
（13）大理石和花岗石面层检验批质量验收记录表 030108
（14）预制板块面层检验批质量验收记录表 030109
（15）料石面层检验批质量验收记录表 030110
（16）塑料板面层检验批质量验收记录表 030111
（17）活动地板面层检验批质量验收记录表 030112
（18）地毯面层检验批质量验收记录表 030113
（19）实木地板面层检验批质量验收记录表 030114
（20）实木复合地板面层检验批质量验收记录表 030115
（21）中密度（强化）复合地板面层检验批质量验收记录表 030116
（22）竹地板面层检验批质量验收记录表 030117
（23）一般抹灰工程检验批质量验收记录表 030201
（24）装饰抹灰工程检验批质量验收记录表 030202
（25）清水砌体勾缝工程检验批质量验收记录表 030203
（26）木门窗制作工程检验批质量验收记录表 030301Ⅰ
（27）木门窗安装工程检验批质量验收记录表 030301Ⅱ
（28）金属门窗安装工程检验批质量验收记录表（钢门窗）030302Ⅰ
（29）金属门窗安装工程检验批质量验收记录表（铝合金）030302Ⅱ
（30）金属门窗安装工程检验批质量验收记录表 030302Ⅲ
（31）塑料门窗安装工程检验批质量验收记录表 030303
（32）特种门安装工程检验批质量验收记录表 030304
（33）门窗玻璃安装工程检验批质量验收记录表 030305
（34）暗龙骨吊顶工程检验批质量验收记录表 030401
（35）明龙骨吊顶工程检验批质量验收记录表 030402
（36）板材隔墙工程检验批质量验收记录表 030501

（37）骨架隔墙工程检验批质量验收记录表 030502
（38）活动隔墙工程检验批质量验收记录表 030503
（39）玻璃隔墙工程检验批质量验收记录表 030504
（40）饰面板安装工程检验批质量验收记录表 030601
（41）饰面砖粘贴工程检验批质量验收记录表 030602
（42）玻璃幕墙工程检验批质量验收记录表（主控）030701 Ⅰ
（43）玻璃幕墙工程检验批质量验收记录表（一般）030701 Ⅱ
（44）金属幕墙工程检验批质量验收记录表（主控）030702 Ⅰ
（45）金属幕墙工程检验批质量验收记录表（一般）030702 Ⅱ
（46）石材幕墙工程检验批质量验收记录表（主控）030703 Ⅰ
（47）石材幕墙工程检验批质量验收记录表（一般）030703 Ⅱ
（48）水性涂料涂饰工程检验批质量验收记录表 030801
（49）溶剂型涂料涂饰工程检验批质量验收记录表 030802
（50）美术涂饰工程检验批质量验收记录表 030803
（51）裱糊工程检验批质量验收记录表 030901
（52）软包工程检验批质量验收记录表 030902
（53）橱柜制作与安装工程检验批质量验收记录表 031001
（54）花饰制作与安装工程检验批质量验收记录表 031002
（55）门窗套制作与安装工程检验批质量验收记录表 031003
（56）护栏和扶手制作与安装工程检验批质量验收记录表 031004
（57）花饰制作与安装工程检验批质量验收记录表 031005
（58）屋面找平层检验批质量验收记录表 040102
（59）卷材防水层检验批质量验收记录表 040103
（60）细部构造检验批质量验收记录表 040104
（61）屋面找平层检验批质量验收记录表 040202
（62）涂膜防水层检验批质量验收记录表 040203
（63）细石混凝土防水层检验批质量验收记录表 040301
（64）密封材料嵌缝检验批质量验收记录表 040302
（65）卫生器具及给水配件安装工程检验批质量验收记录表 050401
（66）卫生器具排水管道安装工程检验批质量验收记录表 050402

2）建筑装饰工程施工项目的部分验收记录表样例

下面分别给出溶剂型涂料涂饰工程检验批质量验收记录表、裱糊工程检验批质量验收记录表、门窗套制作与安装工程检验批质量验收记录表、涂膜防水层检验批质量验收记录表的样例，请大家结合实际工程实践在使用过程中参考。

由上面给出的验收记录表内容可见，建筑装饰工程项目的技术资料类别与数量繁多，并在整个工程项目的施工期间会不断产生。施工期间，施工单位在施工现场的工作比较繁忙，在施工过程中需要协调和配合的工程项目建设相关方（如原材料、构配件供应商，监理单位，设计单位，土建工程承包商，政府行政主管部门及其代理机构等）较多，

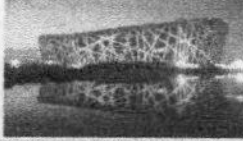

溶剂型涂料涂饰工程检验批质量验收记录表

GB 50210—2011

030802□□

单位（子单位）工程名称						
分部（子分部）工程名称					验收部位	
施工单位					项目经理	
分包单位					分包项目经理	
施工执行标准名称及编号						
施工质量验收规范的规定					施工单位检查评定记录	监理（建设）单位验收记录
主控项目	1	涂料质量		第 10.3.2 条		
	2	颜色、光泽、图案		第 10.3.3 条		
	3	涂饰综合质量		第 10.3.4 条		
	4	基层处理		第 10.3.5 条		
一般项目	1	与其他材料、设备衔接处界面应清晰		第 10.3.8 条		
	2 色漆涂饰质量	颜色	普通涂饰	均匀一致		
			高级涂饰	均匀一致		
		光泽、光滑	普通涂饰	光泽基本均匀 光滑无挡手感		
			高级涂饰	光泽均匀一致光滑		
		刷纹	普通涂饰	刷纹通顺		
			高级涂饰	无刷纹		
		裹棱、流坠、皱皮	普通涂饰	明显处不允许		
			高级涂饰	不允许		
		装饰线、分色线直线度	普通涂饰	2		
			高级涂饰	1		
	3 清漆涂饰质量	颜色	普通涂饰	基本一致		
			高级涂饰	均匀一致		
		木纹	普通涂饰	棕眼刮平、木纹清楚		
			高级涂饰	棕眼刮平、木纹清楚		
		光泽、光滑	普通涂饰	光泽基本均匀 光滑无挡手感		
			高级涂饰	光泽均匀一致 光滑		
		刷纹	普通涂饰	无刷纹		
			高级涂饰	无刷纹		
		裹棱、流坠、皱皮	普通涂饰	明显处不允许		
			高级涂饰	不允许		
施工单位检查评定结果	专业工长（施工员）				施工班组长	
	项目专业质量检查员： 年 月 日					
监理（建设）单位验收结论	专业监理工程师： （建设单位项目专业技术负责人）： 年 月 日					

裱糊工程检验批质量验收记录表

GB 50210—2011

030901□□

<table>
<tr><td colspan="3">单位（子单位）工程名称</td><td colspan="4"></td></tr>
<tr><td colspan="3">分部（子分部）工程名称</td><td colspan="2"></td><td>验收部位</td><td></td></tr>
<tr><td colspan="2">施工单位</td><td colspan="3"></td><td>项目经理</td><td></td></tr>
<tr><td colspan="2">分包单位</td><td colspan="3"></td><td>分包项目经理</td><td></td></tr>
<tr><td colspan="3">施工执行标准名称及编号</td><td colspan="4"></td></tr>
<tr><td colspan="4">施工质量验收规范的规定</td><td colspan="2">施工单位检查评定记录</td><td>监理（建设）单位验收记录</td></tr>
<tr><td rowspan="4">主控项目</td><td>1</td><td>材料质量</td><td>第 11.2.2 条</td><td colspan="2"></td><td rowspan="4"></td></tr>
<tr><td>2</td><td>基层处理</td><td>第 11.2.3 条</td><td colspan="2"></td></tr>
<tr><td>3</td><td>各幅拼接</td><td>第 11.2.4 条</td><td colspan="2"></td></tr>
<tr><td>4</td><td>壁纸、墙布粘贴</td><td>第 11.2.5 条</td><td colspan="2"></td></tr>
<tr><td rowspan="5">一般项目</td><td>1</td><td>裱糊表面质量</td><td>第 11.2.6 条</td><td colspan="2"></td><td rowspan="5"></td></tr>
<tr><td>2</td><td>壁纸压痕及发泡层</td><td>第 11.2.7 条</td><td colspan="2"></td></tr>
<tr><td>3</td><td>与装饰线、设备线盒交接</td><td>第 11.2.8 条</td><td colspan="2"></td></tr>
<tr><td>4</td><td>壁纸、墙布边缘</td><td>第 11.2.9 条</td><td colspan="2"></td></tr>
<tr><td>5</td><td>壁纸、墙布阴、阳角无接缝</td><td>第 11.2.10 条</td><td colspan="2"></td></tr>
<tr><td colspan="3" rowspan="2">施工单位检查评定结果</td><td colspan="2">专业工长（施工员）</td><td>施工班组长</td><td></td></tr>
<tr><td colspan="4">项目专业质量检查员：　　　　　　　　年　月　日</td></tr>
<tr><td colspan="3">监理（建设）单位验收结论</td><td colspan="4">专业监理工程师：
（建设单位项目专业技术负责人）：　　　　年　月　日</td></tr>
</table>

这些都增加了有效收集和管理工程技术资料的困难，使技术资料易于遗失或遗漏。技术资料管理者必须清楚工程现场的实际情况，熟悉工程技术资料包含的内容，知晓各类技术资料产生的时期和阶段，不怕麻烦，耐心、细致，做到脑勤、腿勤、手勤，严格按照工程技术资料管理制度、管理规定和相关管理程序、方法，及时对技术资料进行收集、分类、标识、保存和保护。

门窗套制作与安装工程检验批质量验收记录表

GB 50210—2011

031003□□

单位（子单位）工程名称						
分部（子分部）工程名称					验收部位	
施工单位					项目经理	
分包单位					分包项目经理	
施工执行标准名称及编号						
施工质量验收规范的规定				施工单位检查评定记录		监理（建设）单位验收记录
主控项目	1	材料质量		第 12.4.3 条		
	2	造型、尺寸及固定		第 12.4.4 条		
一般项目	1	表面质量		第 12.4.5 条		
	2	安装允许偏差	正、侧面垂直度（mm）	3		
			门窗套上口水平度（mm）	1		
			门窗套上口直线度（mm）	3		
施工单位检查评定结果	专业工长（施工员）			施工班组长		
	项目专业质量检查员：　　　　年　月　日					
监理（建设）单位验收结论	专业监理工程师： （建设单位项目专业技术负责人）：　　　　年　月　日					

5．施工项目竣工资料的整理

1）建筑装饰工程竣工的条件

根据国家有关规定，建筑装饰工程竣工验收应具备以下条件：

（1）完成建筑装饰工程全部设计和合同约定的各项内容，达到使用要求；

涂膜防水层检验批质量验收记录表

GB 50207—2012

040203□□

单位（子单位）工程名称					
分部（子分部）工程名称				验收部位	
施工单位				项目经理	
分包单位				分包项目经理	
施工执行标准名称及编号					
施工质量验收规范的规定				施工单位检查评定记录	监理（建设）单位验收记录
主控项目	1	涂料及膜体质量	第5.3.9条		
	2	涂膜防水层不得渗漏或积水	第5.3.10条		
	3	防水细部构造	第5.3.11条		
一般项目	1	涂膜施工	第5.3.13条		
	2	涂膜保护层	第5.3.14条		
	3	涂膜厚度符合设计要求，最小厚度	≥80%设计厚		
施工单位检查评定结果	专业工长（施工员）			施工班组长	
	项目专业质量检查员：　　年　月　日				
监理（建设）单位验收结论	专业监理工程师： （建设单位项目专业技术负责人）：　　年　月　日				

（2）有完整的技术档案和施工管理资料；

（3）有工程使用的主要建筑装饰材料、构配件和设备的进场试验报告；

（4）有设计、施工图审查机构、施工、监理等单位分别签署的质量合格文件；

（5）有施工单位签署的工程保修书。

2）建筑装饰工程竣工资料的整理

竣工手续是否能及时、成功地办理，很大程度上取决于竣工资料是否齐全。竣工资料

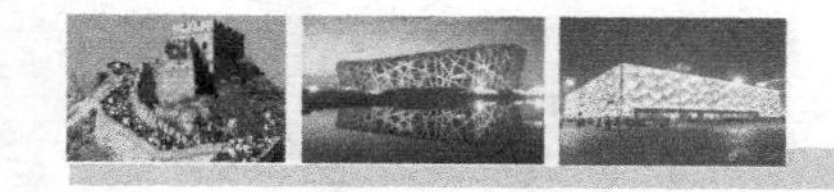

是否齐全则取决于工程技术资料的齐全。

建筑装饰工程竣工资料包含了大部分的工程施工技术资料，这些资料是否能够齐全、及时地整理出来，完全取决于施工单位及其技术资料管理人员对工程技术资料管理水平高低和责任心的强弱。施工单位必须于工程项目施工准备阶段即开始重视工程技术资料（包括竣工验收必备的技术资料）的有效收集、保存和保护，必须有针对性地建立工程技术资料的管理制度和规定，并付诸实施，在工程技术资料的管理过程中随时检查，努力避免技术资料的遗漏和遗失。不能抱着侥幸心理，等到工程竣工临近时再去准备竣工资料，否则可能会出现工程完工、建设单位启用数月之久，仍然未办理竣工验收手续的现象。

实训指导　各分项工程检验批和检查数量确定及结果判定

1. 各分项工程检验批和检查数量的确定

在该任务进行前，首先要根据检查范围确定各分项工程检验批和检查数量。

1）抹灰工程检验批的划分和检查数量的确定

各分项工程的检验批应按下列规定划分：

（1）相同材料、工艺和施工条件的室外抹灰工程，每 500～1 000 m^2 应划为一个检验批，不足 500 m^2 也应划为一个检验批。

（2）相同材料、工艺和施工条件的室内抹灰工程，每 50 个自然间（大面积房间和走廊按抹灰面积 30 m^2 为一间）应划分为一个检验批，不足 50 间也应划分为一个检验批。

检查数量应符合下列规定：

（1）室内每个检验批应至少抽查 10%并不得少于 3 间，不足 3 间时应全数检查。

（2）室外每个检验批每 100 m^2 应至少抽查一处，每处不得小于 10 m^2。

2）饰面板(砖)工程检验批的划分和检查数量的确定

各分项工程的检验批应按下列规定划分：

（1）相同材料、工艺和施工条件的室内饰面板（砖）工程，每 50 间（大面积房间和走廊按施工面积 30 m^2 为一间）应划分为一个检验批，不足 50 间也应划分为一个检验批。

（2）相同材料、工艺和施工条件的室外饰面板（砖）工程，每 500～1 000 m^2 应划分为一个检验批，不足 500 m^2 也应划分为一个检验批。

检查数量应符合下列规定：

（1）室内每个检验批应至少抽查 10%，并不得少于 3 间；不足 3 间时应全数检查。

（2）室外每个检验批每 100 m^2 应至少抽查一处，每处不得小于 10 m^2。

2. 检查结果的判定

一般项目正常检验一次、二次抽样判定：

（1）对于计数抽样的一般项目，正常检验一次抽样应按表 2-19 判定，正常检验二次抽样应按表 2-20 判定。

（2）样本容量在表 2-19～表 2-20 所列数值之间时，合格判定数和不合格判定数可通过插值并四舍五入取整数值。

表 2-19 一般项目正常一次性抽样的判定

样本容量	合格判定数	不合格判定数	样本容量	合格判定数	不合格判定数
5	1	2	32	7	8
8	2	3	50	10	11
13	3	4	80	14	15
20	5	6	≥125	21	22

表 2-20 一般项目正常二次性抽样的判定

抽样次数与样本容量	合格判定数	不合格判定数	抽样次数与样本容量	合格判定数	不合格判定数
(1)-3	0	2	(1)-20	3	6
(2)-6	1	2	(2)-40	9	10
(1)-5	0	3	(1)-32	5	9
(2)-10	3	4	(2)-64	12	13
(1)-8	1	3	(1)-50	7	11
(2)-16	4	5	(2)-100	18	19
(1)-13	2	5	(1)-80	11	16
(2)-26	6	7	(2)-160	26	27

注：①（1）和（2）表示抽样次数；②对应的样本容量为二次抽样的累计数量。

任务5 工程网络图的绘制和时间参数计算

1．任务目的

（1）通过绘制工程网络图，促进学生对工程施工项目各工作间的逻辑关系有更深刻的理解，进而使学生较全面地掌握建筑装饰工程施工项目进度管理的具体方法。

（2）通过工程网络图时间参数计算，增强学生编制和优化进度计划的能力。

2．任务要求

以某一建筑装饰工程施工项目为实例，绘制工程网络进度计划并进行时间参数计算。学生在学完本节内容后，能初步具备编制和优化进度计划的能力。

3．任务工作过程

（1）合理的进度管理总目标设定；

（2）施工项目进度计划的编制。

4．任务要点

（1）合理的进度管理总目标设定：必须充分考虑其进度管理目标的合理性和可行性。

（2）项目施工进度计划的编制

① 为实现进度管理总目标，必须制定进度计划，其主要工作为：进度管理目标的层层分解；通过编制和优化进度计划，确保进度计划能满足进度管理总目标的要求。

② 施工进度计划的制订必须充分考虑其现实可行性。

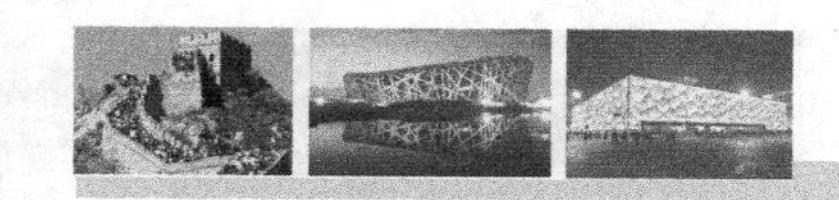

③ 工程网络计划的正确表示。

小知识　通过分析施工项目各工作间的的组织逻辑关系和工艺逻辑关系，将进度管理总目标层层分解。进度管理分目标可按时间段分；可按子分部工程分；可按分项工程分；可按施工班组分；各分目标体系取决于项目的总进度管理目标，以及施工组织形式。

5．任务实施

（1）由老师提供一个工程案例或由学生自主选择案例；
（2）学生初步制定该项目进度总目标和分目标及项目施工的网络进度计划；
（3）学生通过对时间参数的计算，对项目网络进度计划进行优化；
（4）学习过程中不断完善该任务；
（5）能对已完成任务的内容做出全面解释。
（6）完成本任务的实训报告。

2.3 施工项目进度管理

施工项目的进度管理就是在施工过程中对工期以及劳动消耗、成本、工程实物、资源因素统一规划，以反映工程项目的施工状况。

2.3.1 施工项目进度管理的工作过程

进度管理	1．进度总目标设定	（1）相关工期定额；（2）建筑装饰施工项目合同或规划文件； （3）建筑装饰工程公司的总进度目标
进度管理	2．编制合理施工进度计划	（1）施工进度计划编制的依据； （2）施工进度目标编制的各相关因素； （3）项目施工进度总目标的分解； （4）进度计划编制的步骤； （5）采用流水施工方法和网络计划技术组织施工，编制项目施工的进度计划
	3．项目施工进度计划的具体实施	（1）进度计划交底；（2）进度计划的实施措施的制定和落实； （3）进度计划的检查
	4．持续改进	（1）进度偏差的纠正措施；（2）进行偏差的预防措施

2.3.2 施工项目进度管理的概念与影响

1．项目进度管理的概念

施工项目进度管理是指为实现确定的进度目标而进行的计划、组织、控制等活动。即在合同规定的工期内，编制出合理、可行的施工进度计划，在实施建筑装饰施工进度计划的过程中，动态检查施工的实际进度情况，并将其与计划进度相比较是否出现误差，若出现偏差，则分析其产生原因和对工期的影响，然后提出并采取必要的纠正措施纠偏或调整，

并及时修改原计划。这样可使实际进度与计划进度在新的起点上重合，从而让实际施工活动按新的计划进行。但在新的计划实施过程中，又有可能会产生新的偏差，此时又需要重新分析原因，调整计划。建筑装饰工程施工项目进度管理就是这样一个不断调整的循环过程。其目的是确保实现建筑装饰工程施工项目合同规定工期，或在保证施工质量、安全和不增加实际成本的条件下，按期或提前完成建筑装饰施工任务，防止因工期延误而造成损失。

2．影响项目进度管理的因素

为了有效地进行施工项目进度管理，应根据建筑装饰施工特点，对影响施工进度的各种因素进行分析、采取措施，使施工进度尽可能按计划进度进行。

影响施工项目进度的主要影响因素有以下几个方面：

1）有关单位的影响

施工项目的施工单位对施工进度起决定性的作用。但是，建设单位、监理单位、设计单位、材料设备供应单位、银行信贷单位、材料运输部门及水、电供应部门和政府的有关主管部门都可能因工作上的不协调而影响施工进度。如：建设单位资金不能按时到位，对原设计方案进行修改；设计单位图纸提供不及时，甚至出现图纸错误或变更等；材料和设备不能按期供应或出现质量问题，规格不符合要求等；均会使施工进度中断或减慢。由此可见施工项目进度管理必须与有关单位相互协调配合，才能更有效地保证施工项目进度目标的实现。

2）施工工艺和技术的影响

施工单位对设计意图和技术要求未能完全理解，施工工艺选择不当，在施工操作中没有严格执行技术标准、工艺规程；新技术、新材料、新工艺缺乏施工经验等都将直接影响施工进度。

3）施工条件变化的影响

工程地质条件和水文地质条件与勘察设计不符，如遇地质断层、溶洞、地下障碍物、软弱地基以及恶劣的气候、暴雨、高温、洪水工作场地狭窄、空间有限等，都会对施工进度产生影响。

4）施工组织管理不当的影响

建筑装饰施工未建立进度保证体系或进度管理不力，决策失误，指挥不当，领导行为有误，劳动力和机具调配不当，施工现场布置不合理等都要影响建筑装饰施工进度。

5）意外事件的发生

施工中如果出现意外的事件，如战争、严重的自然灾害、火灾、重大工程事故、工人罢工等都会影响施工进度计划。对于不可抗力产生的影响，可向业主进行工期索赔。

2.3.3 施工项目合理的进度总目标设定

施工项目合理的总进度计划编制，主要依据以下几个方面。

1）施工合同的工期目标

每一个建筑装饰工程施工项目，在承包方和发包方签署的《建筑装饰工程施工合同》

和承包方的有效投标文件中，必有承包方承诺的工程施工的工期目标。

施工合同包括合同工期、分期分批工期的开竣工日期，有关工期提前延误调整的约定等。

2）施工企业的进度目标

除合同约定的施工进度目标外，承包商可能有自己的施工进度目标，用以指导施工进度计划的编制。

3）工期定额

工期定额是在过去工程资料统计基础上形成的行业标准或企业标准。

4）有关技术经济资料

有关技术经济资料包括施工环境资料、道路交通、建筑物的施工质量、空间特点等资料。

5）施工部署与主要工程施工方案

施工项目进度计划是在施工方案确定后编制。

6）其他类似工程的进度计划等资料。

施工项目的规划大纲和实施规划均确立了本项目的工期总目标。

2.3.4　编制合理的项目施工进度保证计划

项目的施工进度保证计划应包含项目施工进度计划、各项资源的安排及项目进度管理的主要任务、基本方法和措施等内容。

1．项目施工进度计划编制依据

1）项目管理目标责任

在"项目管理目标责任书"中明确规定了项目施工进度目标。这个目标既不是合同目标，又不是定额工期，而是项目管理的责任目标，不但有工期，而且有开工时间和竣工时间。项目管理目标责任书中对进度的要求，是编制项目施工进度计划的依据。

2）施工方案

施工方案对施工进度计划有决定性作用。施工顺序，就是施工进度计划的施工顺序，施工方法直接影响施工进度。机械设备既影响所涉及的项目的持续时间、施工顺序，又影响总工期。

3）主要材料和设备的供应能力

施工进度计划编制的过程中，必须考虑主要材料和机械设备的能力。一旦进度确定，则供应能力必须满足进度的需要。

4）施工人员的技术素质及劳动效率

施工人员的技术素质高低，影响着进度和质量，技术素质必须满足规定要求；

5）施工现场条件，气候条件，环境条件

6）已建成的同类工程实际进度及经济指标

2．进度目标在各分部分项工程的分解和月（旬）作业计划的编制

1）进度计划中各个阶段工期目标的确定需考虑以下相关因素

施工进度计划应根据工程量的大小、工程技术的特点以及工期的要求，结合确定的施工方案和施工方法，预计可能投入的劳动力及施工机械数量、材料、成品或半成品的供应情况，以及协作单位配合施工的能力等诸多因素，进行综合安排。再根据下列因素编制施工进度计划。

（1）施工顺序。根据建筑装饰工程的特点、施工条件和施工项目部的资源情况等，处理好各分部分项工程之间的施工顺序。

（2）施工过程。施工过程应根据工艺流程、所选择的施工方法以及劳动力来进行划分，通常要求按照施工的工艺过程进行划分。对于工程量大、相对工期长、用工多的主要工序，均不可漏项。其余次要工序，可并入主要工序。对于影响下道工序施工和穿插配合施工较复杂的项目，一定要细分、不漏项。所划分的项目，应与预算项目相一致，以便进行预算和概算。

（3）施工段。施工段要根据工程的结构特点、工程量以及所能投入的劳动力、机械、材料的供应情况来划分，以确保各专业工作队能沿着一定顺序，在各施工段上依次并连续地完成各自的任务，使施工有节奏地进行，从而达到均衡施工、缩短工期、合理利用各种资源的目的。

（4）工程量。工程量是组织施工，确定各种资源的供应数量，以及编制施工进度计划，进行工程核算的主要依据之一。工程量的计算，应根据图纸设计要求以及有关计算规定来进行。

（5）机械台班及劳动力。机械台班的数量和劳动力资源的多少，应根据所选择的施工方案、施工方法、工程量大小及工期要求来确定。要求既能在规定的工期内完成任务，又不能出现窝工现象。

2）各分部分项工程作业进度分目标的确定

在考虑了上述相关因素的同时，根据各分部分项工程的工艺要求、工程量大小、劳动力及设备资源、总工期等要求，确定各分部分项工程作业持续时间，即为各分部分项工程作业进度分目标。

3）编制月（旬）作业计划

施工项目管理规划中编制的施工进度计划，是按整个项目（或单位工程）编制的，带有一定的控制性，但还不能满足施工作业的要求。实际作业时是按月（旬）作业计划和施工任务书执行的，故应依据分部分项工程作业进度分解目标认真编制。

月（旬）作业计划依据施工进度计划、现场情况及当月（旬）的具体要求编制。月（旬）作业计划以贯彻施工进度计划、明确当期任务及满足作业要求为前提。在月（旬）计划中要明确：当期应完成的分部分项工程的施工任务，所需要的各种资源量，提高劳动生产率和节约措施。

作为施工进度保证计划的一部分，月（旬）作业计划在施工过程中不断产生并被实施，直至工程竣工。

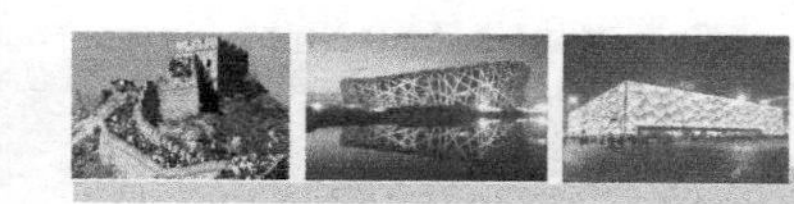

3. 单位工程进度计划编制步骤

1）研究施工图和有关资料并调查施工条件

认真研究施工图、施工组织总设计对单位工程进度计划的要求。

2）施工过程划分

（1）施工过程的粗细程度。为使进度计划能简明清晰、便于掌握，原则上应在可能条件下尽量减少施工过程的数目。分项越细，则项目越多，就会显得越复杂，所以，施工过程划分的粗细要根据施工任务的具体情况来确定。原则上应尽量减少项目数量，能够合并的项目尽可能地予以合并。

（2）施工过程的项目应与施工方法一致。施工过程项目的划分，应结合施工方法来考虑以保证进度计划表能够完全符合施工进展的实际情况，真正能起到指导施工的作用。

3）采用流水施工的施工组织方式编排合理施工顺序

施工顺序是在施工方案中确定的施工流向和施工程序的基础上，按照所选施工方法和施工机械的要求确定的。

确定施工顺序是为了按照施工的技术规律和合理的组织关系，解决各项目之间在时间上的先后顺序和搭接关系，以期做到保证质量、安全施工、充分利用空间、争取时间、实现合理安排工期的目的。

施工顺序因组织关系的原因可以不同。在设计施工顺序时，必须根据工程的特点、技术和组织上的要求以及施工方案等进行研究，不能拘泥于某种僵化的顺序。

例如，对于外墙装饰可以采用自上而下、自下而上两种施工流向；对于内墙装饰，则可以采用自上而下、自下而上或者自中而下再自上而中的三种施工流向。

自上而下。这是指在土建结构封顶或屋面防水层完成后，装饰由顶层开始逐层向下的施工程序，一般有水平向下和垂直向下两种形式。其特点是建筑物有一个沉降时间，主体结构完成后，沉降变化趋向稳定，这样可保证室内装饰质量，减少或避免各工种操作相互交叉，便于组织施工，而且自上而下的清理也很方便。

自下而上。对于内墙装饰，当主体结构施工到三层以上时，装饰从底层开始，逐层向上的施工流向，通常可与土建主体结构平行搭接施工。同样，它也有水平向上和垂直向上两种形式。它的特点是可以与土建主体结构平行搭接施工，这样工期（指总工期）能相应缩短。但是，当装饰采用垂直向上施工时，如果流水节拍控制不当，就可能超过主体结构的施工进度，从而被迫中断流水，因此，对于这类流水施工，在进行组织安排时，必须控制好流水节拍。对于外墙装饰也必须在土建结构封顶或屋面防水层完成后，由下而上进行施工，同样有水平向上和垂直向上两种。

自中而下再自上而中。这种施工程序综合了前两种的特点，一般适用于高层建筑的室内装饰工程施工。

4）计算各施工过程的工程量与定额

施工过程确定之后，根据施工图纸及有关工程量计算规则，按照施工顺序的排列。分别计算各个施工过程的工程量。

在计算工程量时，应注意施工方法、不管何种施工方法，计算出的工程量是一样。

在采用分层分段流水施工时，工程量也应按分层分段分别加以计算，以保证与施工实际吻合，有利于施工进度计划的编制。

工程量的计算单位应与劳动定额中的同一项目的单位一致，避免工程量计算后在套用定额时，又要重复计算。

如已有施工图预算，则在编制施工进度计划时，不必计算，直接从施工图预算中选取，但是，要注意根据施工方法的需要，按施工实际情况加以修改和调整。

5）确定劳动量和机械需要量及持续时间

计算劳动量和机械台班需要量时，应根据现行劳动定额，并考虑当地实际施工水平，预测超额完成任务的可能性。

施工项目工作持续时间的计算方法一般有经验估计法、定额计算法和倒排计划法。

6）编排施工进度计划

编制施工进度计划应优先使用网络计划图，也可使用横道计划图。

7）提出劳动力和物资计划

有了施工进度计划以后，还需要编制劳动力和物资需要量计划，附于施工进度计划之后。这样，就更具体、更明确地反映出完成该进度计划所必须具备的基本条件，便于领导掌握情况，统一平衡、保证及时调配，以满足施工任务的实际需要。

4．项目进度管理的主要任务、基本方法和措施

1）施工项目进度管理的任务

施工项目进度管理的任务是编制施工项目的施工准备工作计划；编制施工总进度计划，以按期完成整个施工项目的任务；编制单位工程施工进度计划，以按期完成单位工程的施工任务；编制年、季、月、旬作业计划并控制其执行。

2）施工项目进度管理的基本方法

施工项目进度管理的基本方法主要是计划、实施、检查、调整等环节。

（1）计划是指根据施工合同确定的开工日期、总工期和竣工日期确定施工项目总进度目标和分进度目标，并编制他们的进度计划。

（2）实施是指按进度计划进行施工。

（3）检查是指进行施工实际进度与施工计划进度的比较。

（4）调整是指出现进度偏差（不必要的提前或延误）时，应及时进行调整，并应不断预测进度状况。

3）施工项目进度管理措施

施工项目进度管理采取的主要措施有组织措施、技术措施、合同措施、经济措施和信息管理措施等。

（1）组织措施主要包括以下几个方面的内容：一是建立进度管理体系，即按施工项目的规模大小、特点，在建筑装饰工程企业建立经理、项目经理、作业班组等组成的进度管理体系，使他们分工协作，形成一个纵横连接的施工项目进度管理组织系统，并确定其进度目标；二是配备人员，即落实各个层次的施工项目进度管理人员以及他们的具体任务和工作责任；三是建立进度信息沟通渠道，对影响建筑装饰施工进度的干扰因素进行分析和预测，并将分析预测和实际进度情况的信息及时反馈至各部门；四是建立进度管理协调和检查的工作制度，如协调会议定期召开时间、参加人员及定期检查等。

（2）技术措施是指为了加快建筑装饰施工进度而选用先进的施工技术，它包括两个方面的内容：一是采用流水施工、排序和网络计划等方法，同时施工机具配套齐全，功能先进，轻便可靠，生产效率高；二是利用计算机进行辅助管理。

（3）经济措施包括：一是提供实现建筑装饰施工进度计划的资金保证，它是控制进度目标的基础，二是建立严格的奖惩制度；三是保证设备、材料和其他物资的供应。它们都对建筑装饰施工进度管理目标产生作用。

（4）合同措施包括：一是加强合同管理，使进度目标相互协调；二是严格控制合同变更；三是做好工期索赔工作。

（5）信息管理措施包括：不断地收集建筑装饰施工实际进度的有关资料进行整理统计，同时与计划进度进行比较分析，及时提供进度信息。

2.3.5　流水施工

流水施工，又称“流水作业”，是一种比较科学的施工组织方法。它能使施工过程具有连续性和均衡性，使施工企业合理组织施工，并取得较好的经济效益，所以在建筑装饰工程施工组织中被广泛采用。

1．流水施工基础的概念与优点

将拟建工程的整个建造过程分解为若干个不同的施工过程，并按照施工过程成立相应的专业工作队，同时在空间上将拟建工程划分为劳动量大致相同的施工段落。专业工作队按照一定的施工顺序相继地投入施工，完成第一施工段上的工作后，专业队的人数、使用的机具和材料不变，依次地、连续地投入下一施工段，完成相同的工作，并且使相邻的专业工作队在开工时间上最大限度地、合理地搭接起来，保证施工在时间上、空间上有节奏、均衡、连续地进行下去。这样的施工组织方式称为流水施工。

流水施工的优点如下：

（1）由于流水施工尽可能地利用了工作面，争取了时间，因此工期较短，有利于降低成本。

（2）工作队实现了专业化生产，有利于提高工人的技术水平，为保证质量和提高劳动生产率创造了良好条件。

（3）专业队能够连续作业，不同的工作队，在时间安排上，实现最大限度地、合理地搭接，有利于人员调度和配备，可减少停工、窝工等现象。

（4）每天投入的资源数量较为均衡，有利于资源供应工作的开展。

（5）为施工现场的文明施工和科学管理创造了有利条件。

（6）计算总工期合理。

案例 2.29　某写字楼装饰工程流水施工

背景材料　某装饰工程有写字楼共 3 间，装饰标准相同，均采用铝合金方板天花。主要施

工过程为：吊杆安装→龙骨框架安装→铝合金板安装。假设每个施工过程均为 2 天，按房间划分施工段。

问题 组织施工若为流水施工方式，则流水施工如何表示？

案例分析 根据题意，流水施工进度表和劳动力动态图如表 2.21 和图 2.3 所示。

表 2.21 流水施工进度表

施工过程	人数	施工进度									
		1	2	3	4	5	6	7	8	9	10
安装吊杆	5										
安装龙骨	10										
安装铝合金方板	5										

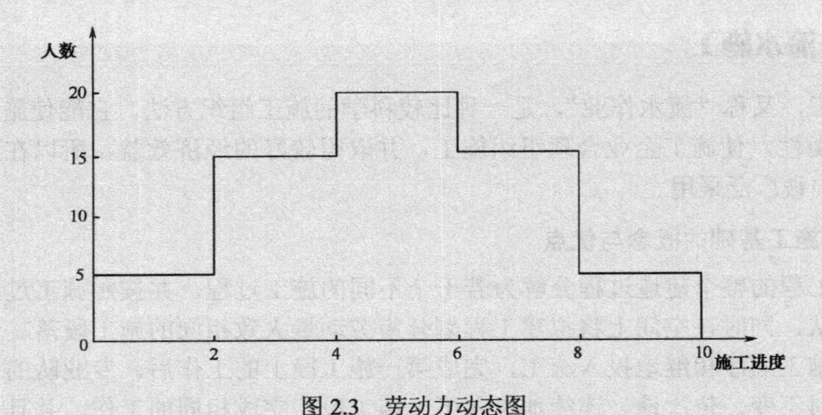

图 2.3 劳动力动态图

从图 2.3 可以看出，流水施工的特点是施工的连续性和均衡性，因而材料、物资资源的供应和组织、运输、消耗也具有均衡性，劳动力得到合理安排，充分利用空间，制定合理的工期，确保工程质量，可改善现场施工管理条件，降低工程成本，从而带来较好的经济效果。

（2）根据流水施工组织的范围不同，流水施工通常可分为四级，分别是：

① 分项工程流水（细部流水）：是在一个专业工种内部组织起来的流水施工。它在项目施工进度表上通常由标明施工段或工作队编号的水平进度指示线段表达。

② 分部工程流水（专业流水）：是在一个分部工程内部各工种之间组织起来的流水施工。它在施工进度表上由一组（专业工种）标明施工段或工作队编号的水平进度指示线段表达。

③ 单位工程流水（综合流水）：是在一个单位工程内部，若干个分部工程间组织的流水施工。在施工进度表上由若干组分部工程进度指示线段表达，并由此构成单位工程施工进度计划。

④ 群体工程流水（大流水）：是在若干个单位工程（建筑物或构筑物）之间组织起来的流水施工。它反映在施工进度上，是一份施工总进度计划。

（3）流水施工的表达形式：

① 横道图。流水施工的横道图表达形式如表 2.21 所示，其左边列出各施工过程的名

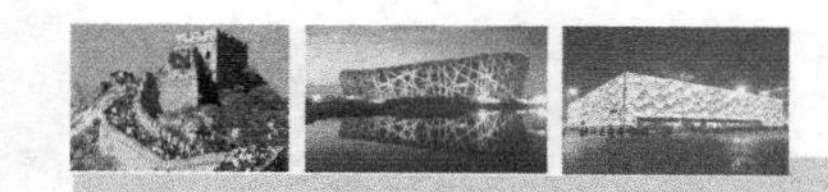

称，右边用水平线段在时间坐标下画出施工进度。

② 网络图。网络图是由箭线和节点组成的，用来表达各项工作的先后顺序和相互关系。

案例 2.30　某住宅装修工程的施工方式比较

背景材料　某住宅区拟装修三幢建筑相同的小别墅，其编号分别为 I、II、III，各小别墅的装修工程均可分解为门窗、墙面、地面三个施工过程，分别由指定的专业队按施工工艺要求依次完成，每个专业队在每幢小别墅的施工时间均为 2 周，各专业队的人数分别为 5 人、8 人和 4 人。

问题　（1）本工程可用哪几种方式组织装饰施工？

（2）试分析各施工方式的优、缺点？

（3）试述流水施工的技术经济效果。

案例分析　（1）考虑工程项目的施工特点、工艺流程、资源利用、平面或空间布置等要求，其施工可以采用依次施工、平行施工、流水施工等组织方式。

（2）各施工方式施工周期如下：

依次施工：$T = 2 \times 3 \times 3 = 18$ 周

平行施工：$T = 2 \times 3 = 6$ 周

流水施工：$T = (3-1) \times 2 + 2 \times 3 = 10$ 周

由上面计算可以看出，依次施工工期长，效率低，工人处于离工状态；平行施工工期较短，但需投入的劳动力是依次施工和流水施工的 3 倍；而流水施工计算总工期合理，可连续作业，合理安排劳动组织是最有效的施工形式。

（3）流水施工方式是一种先进、科学的施工方式。由于在工艺过程划分、时间安排和空间布置上进行统筹安排，因而能体现出优越的技术经济效果。

① 施工工期较短，可以尽早发挥投资效益；

② 实现专业化生产，可以提高施工技术水平和劳动生产率；

③ 连续施工，可以充分发挥施工机械和劳动力的生产效率；

④ 提高工程质量，可以增加建设工程的使用寿命，节约使用过程中的维修费用；

⑤ 降低工程成本，可以提高承包单位的经济效益。

2．流水施工中的主要参数

流水参数是用来表达流水施工在时间上、空间上及工艺上进展状态的参数，包括工艺参数、时间参数和空间参数三种。

1）流水施工工艺参数

流水施工工艺参数是指在组织流水施工时，用以表达流水施工在施工工艺方面的某种状态的参数，即某一施工过程。施工过程数目，以符号“n”表示。工艺参数通常包括制备类施工过程、运输类施工过程和砌筑装饰类施工过程三种。

（1）制备类施工过程是指为提高建筑装饰工程产品的加工能力而形成的施工过程。如各种预制构件（门、铝合金窗等）的制作，抹面砂浆的制备过程，装饰材料工厂加工等。制备类施工过程一般不占用施工对象的工作面，不直接影响工期，一般不列入流水施工进

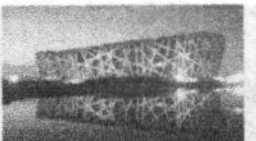

度计划表。但当其占用施工对象的工作面，影响工期时，必须列入施工进度计划。

（2）运输类施工过程是指把建筑装饰材料、制品等运到工地仓库或施工操作地点而形成的施工过程。运输类施工过程一般也不占用施工对象的工作面，不直接影响工期，因此，一般也不列入流水施工进度计划。但当其占用施工对象的工作面，影响工期时，必须列入施工进度计划。

（3）砌筑装饰类施工过程是指在施工建筑物上，进行最终建筑装饰而形成的施工过程。例如砌筑工程、水电安装工程和建筑装饰工程等施工过程。砌筑安装类施工过程占有施工对象的空间，影响工期，因此，必须列入施工进度计划。

2）流水施工空间参数

流水施工空间参数是指在组织流水施工时，用以表达流水施工在空间上进展状态的参数。空间参数主要有工作面、施工段和施工层三种。

（1）工作面是供专业工人或施工机械进行作业的活动空间，也称为施工作业面。施工时如果没有足够的工作面，一方面会影响工作效率的正常发挥，另一方面也会带来很大的安全隐患。

（2）施工段是把施工对象在平面上划分成的若干个劳动量大致相等的施工段落，这些段就叫做施工段，又称流水段。它的数目一般以“m”表示。划分施工段的目的，简单地说就是为了有效地组织流水施工。如果不划分施工段，把一个固定的建筑装饰产品看做一个单件产品，就无法进行流水施工，此时施工场面往往比较混乱。而若将一个体形较大的建筑装饰产品划分为若干个施工段，即将一个单件产品划分为一个批量产品，就为流水施工创造了条件。专业工作队完成一个施工段上的工作后，到另一个施工段上继续施工，而其后续工作则可以进入该施工段施工，从而产生连续流水作业的效果。施工段是流水施工的基本参数之一。

（3）施工层是为了满足专业工种对操作高度和施工工艺的要求，将拟建工程施工项目在竖向划分的若干个操作层。施工层的划分，要根据建筑物的高度、楼层来确定。如砌筑工程的施工层高度一般为 1.2～1.5 m，室内抹灰、木装饰、油漆、玻璃和水电安装等，可按楼层划分施工层。

3）流水施工时间参数

流水施工时间参数是指在组织流水施工时，用以表达流水施工在时间上进展状态的参数。这些参数包括流水节拍、流水步距、平行搭接时间、技术间歇时间和组织管理间歇时间等。

（1）流水节拍是指某一专业工作队，完成一个施工段的施工过程所必须的持续时间，用符号 t_i 表示（i=1，2，…）。流水节拍是流水施工的主要参数之一，它表明流水施工的速度和节奏性。流水节拍小，其流水速度快，节奏感强；反之则相反。流水节拍也决定着单位时间内资源供应量。流水节拍主要由采用的施工方法和施工机械，以及在工作面允许前提下投入施工的人数或机械台数和采用的工作班次等因素确定。

（2）流水步距是指相邻两个专业工作队先后开始施工的合理时间间隔，通常以 $K_{i,\ i+1}$ 表示（i 表示前一个施工过程，i+1 表示后一个施工过程）。其中不包括由技术间歇和组织间歇等原因引起的时间间隔。有时也称为最小流水步距。它是流水施工的基本参数之一。

（3）平行搭接时间是在组织流水施工时，为了缩短工期，在工作面允许的条件下，如果前一个专业工作队完成部分施工任务后，能够为后一个专业工作队提供工作面，使后者提前进入前一个施工段，两者在同一个施工段上平行搭接施工，这个搭接的持续时间称为平行搭接时间。

（4）技术间歇时间是在组织施工时，相邻两个施工过程在同一施工段由于技术要求所必须间隔的时间。如砌筑工程需等干硬后才能进行下道工序施工等。

（5）组织间歇时间是指在流水施工中，由于施工组织安排等原因造成的在流水步距以外增加的间歇时间。如施工人员、机械设备调度等产生的时间间歇。

3．流水施工的基本方式

流水施工的方式有很多种，根据不同的分类方式，其所分类型不同。按照有无节奏可分为有节奏流水和无节奏流水，有节奏流水又可分为等节奏流水和异节奏流水，异节奏流水可分为异步距成倍节拍流水和等步距成倍节拍流水。上述各种流水施工方式还可归纳为分别流水、成倍节拍流水和固定节拍流水。

1）分别流水

在实际施工中，通常每个施工过程在各个施工段上的工程量都不相等，或者各专业工作人员的生产效率相差悬殊，造成多数流水节拍都不相等。这时只能按照流水施工的基本概念来组织施工，即使每个专业队都能连续作业，使相邻两个专业队在开工时间上最大限度地、合理地搭接起来，这种流水施工形式称为分别流水，它是流水施工的普遍形式。

2）固定节拍流水施工

固定节拍流水施工组织是指在流水施工组织中，所有节拍都相等的一种流水施工组织形式。固定节拍流水施工的流水节拍都相等，流水步距也都相等，且流水节拍等于流水步距。通常施工专业队连续作业，施工段没有闲置，是一种非常理想的流水施工形式。

3）成倍节拍流水施工

在组织流水施工时，如果同一施工过程在各施工段上的流水节拍都彼此相等，不同施工过程在同一施工段上的流水节拍之间存在一个最大公约数，为加快流水施工速度，可按最大公约数的倍数组建每个施工过程的专业工作队。这样便构成一个工期最短的流水施工方案，称为成倍节拍流水施工。

2.3.6　网络计划技术

1．网络计划技术的有关概念

（1）网络图。网络图是表达工作之间相互联系、相互制约逻辑关系的图解模型。例如，用箭线表示一项工作，工作的名称写在箭线的上面，完成该项工作的时间写在箭线的下面，箭头和箭尾处分别画上圆圈，填入事件编号。把一项计划（或工程）的所有工作，根据其开展的先后顺序并考虑其相互制约关系，从左向右排列起来，形成一个网状的图形，即为网络图。

（2）网络计划技术。网络计划技术是以网络图为基本工具的科学的计划管理方法。网络计划技术能表示各工作之间的空间逻辑关系。因为这种方法是建立在网络模型的基础上，且主要用来进行计划与控制，因此，国外称其为网络计划技术。

（3）网络计划技术的基本原理。

① 把一项工程的全过程分解为若干项工作，并按其开展顺序的相互制约、相互依赖的逻辑关系，绘制出网络图。

② 进行各项工作的时间参数计算，找出关键工作和关键路线，计算工期。

③ 利用优化原理，改进初始方案，寻求优化网络计划方案。

④ 在网络计划执行过程中，进行有效监督与检查，及时找出施工过程中发生的偏差，并进行调整。

案例 2.31　某客房装饰工程施工网络图

背景材料　某装饰工程有五层标准客房内装饰，装饰标准相同，共分四个施工过程，即吊顶、固定家具制作、墙面装饰、地毯铺设，按楼层划分施工段，采取自上而下顺序组织施工。

问题　试画出该工程按楼层排列的网络图。

案例分析　该工程的网络计划的排列方式如图 2.4 所示。

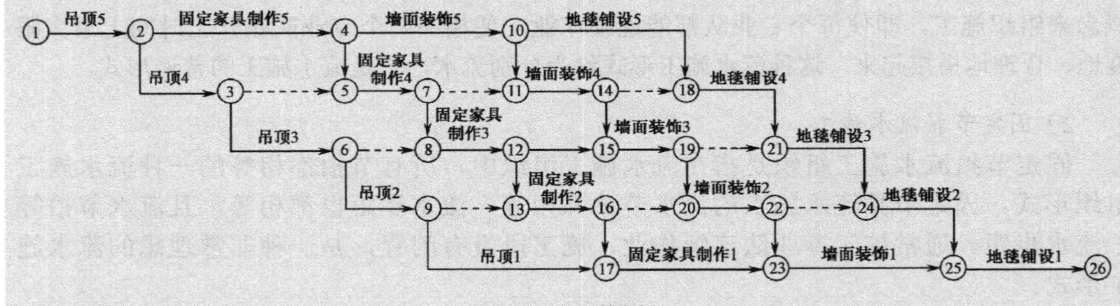

图 2.4　网络图

（4）网络计划技术的优、缺点。与横道图相比，网络计划有以下优点：

① 从工程的整体出发，统筹安排，明确表示工程中各个工作间的先后顺序和相互制约、相互依赖的关系。横道图只能表示平面逻辑关系，而网络图可反映空间逻辑关系。

② 网络图可以找出关键线路和关键工作，显示各工作的机动时间，从而使管理人员心中有数，合理安排人力、物力，确保计划按期完成。

③ 通过工期优化，以达到业主要求工期的目标；通过资源优化，以满足资源限制条件，并使工期拖延最少；通过费用优化，可以寻求最低成本时的最短工期安排。

④ 网络计划执行过程中，可以通过时间参数计算预先知道各工作提前或推迟完成对整个计划的影响程度，管理人员可以及时分析并采取预控措施，从而圆满完成进度计划。

网络计划技术的缺点：比横道图复杂，在时间表达上不如横道图直观（如采用时标网络图，此情况可得到改善）；对应用者的素质要求较高，但随着社会经济发展和计算机的普及，这些应用中的障碍会得到全面的解决。网络计划技术已成为施工进度管理的发展方向。

2．绘制双代号网络计划

1）绘制双代号网络的步骤

（1）按选定的网络图类型和已确定的排列方式，决定网络图的合理布局。

（2）从起点工作开始，自左至右依次绘制，只有当先行工作全部绘制完成后，才能绘制本工作，直至结束工作全部绘完为止。

（3）检查工作和逻辑关系有无错漏并进行修正。

（4）按网络图绘图规则的要求完善网络图。

（5）按网络图的编号要求将节点编号。

2）双代号网络图的组成：双代号网络图由工作、节点、线路三个基本要素组成

（1）工作（也称过程、活动、工序）是指计划任务按需要的粗细程度划分而成的一个独立存在的活动。工作由两个圆加一条箭线表示。工作名称写在箭线的上面，完成工作所需要的时间写在箭线的下面，箭尾表示工作的开始，箭头表示工作的结束。工作通常可以分为三种：一是需要消耗时间和资源的工作；二是只消耗时间而不消耗资源的工作；三是既不消耗时间，也不消耗资源的工作。前两种工作是实际存在的工作，称为实工作；第三种是不存在的工作，称为虚工作，它仅表示工作之间的逻辑关系。

（2）节点是指在网络图中箭线的出发和交汇处所画的圆圈，用以标志该圆圈前面的一项或若干项工作的结束和允许后面的一项或若干项工作的开始。节点不同于工作，它只标志工作的开始和结束的瞬间，具有承上启下的衔接作用，而不需要消耗时间和资源。

（3）线路是指网络图从起点节点开始，沿箭线方向连续通过一系列箭线与节点，最后到达终点节点的通路。每一条线路都有自己确定的完成时间，它等于该线路上各项工作持续时间的总和，也就是完成这条线路上所有工作的计划工期。工期最长的线路称为关键线路，位于关键线路上的工作称为关键工作。

3）网络图的绘制规则

（1）必须正确表达工作的逻辑关系，既简易又便于阅读和技术处理。

（2）网络图必须具有能够表明基本信息的明确标识，数字或字母均可。

（3）工作或事件的字母代号或数字编号，在同一项任务的网络图中，不允许重复使用，或者说，网络图中不允许出现编号相同的工作，也不允许出现多余的工作。

（4）在同一网络图中，只允许有一个起点节点和一个终点节点，除起点节点和终点节点外，其他所有节点，都要根据逻辑关系，前后用箭线或虚箭线连接起来。

（5）在网络图中，不允许出现循环回路。所谓循环回路是指从一个事件出发沿着某一条线路移动，又回到原出发事件，即在网络中出现了闭合的循环路线。

（6）网络图的主方向是从起点节点到终点节点的方向，在绘制网络图时应优先选择由左至右的水平走向。因此，工作箭线方向必须优先选择与主方向相应的走向，或选择与主方向垂直的走向。

（7）代表工作的箭线，其首尾必须都有事件，即网络图中不允许出现没有开始节点的

工作或没有完成节点的工作。

（8）绘制网络图时，应尽量避免箭线的交叉。当箭线的交叉不可避免时，通常选用“过桥”画法或“指向”画法。

4）绘制网络图时应注意的问题

（1）布图方法：在保证网络图逻辑关系正确的前提下，要重点突出、层次清晰、布局合理。关键线路应尽可能布置在中心位置，用粗箭线或双线箭画出；密切相关的工作尽可能相邻布置，避免箭线交叉；尽量采用水平箭杆或垂直箭杆。

（2）断路方法：判断网络图的正确与否，应从网络图是否符合工艺逻辑关系要求，是否满足空间逻辑关系要求方面分析。当不能满足空间逻辑关系时，就应采用虚工作在线路上隔断无逻辑关系的各项工作，这种方法称为“断路法”。断路法有两种，在网络图的水平方向，采用虚工作将无逻辑关系的某些相邻工作隔断的一种断路方法，称为“横向断路法”；在网络图的竖直方向，采用虚工作将没有逻辑关系的某些相邻上做隔断的一种方法，称为“纵向断路法”。一般情况下，横向断路法主要用于非时标网络图，纵向断路法主要用于时标网络图。

（3）网络图的分解：当网络图的工作数目很多时，可将其分解为几块在一张或若干张图上来绘制。各块之间的分界点，宜设在箭杆和事件较少的部位，或按照施工部分、日历时间来分块。分界点的事件编号要相同，且该事件应画成双层圆圈。

5）施工项目网络图的排列方式

（1）按工种排列法：将同一工种的各项工作排列在同一水平方向上的方法。此时网络计划突出表示工种的连续作业。

（2）按施工段排列法：将同一施工段的各项工作排列在同一水平方向上的方法。此时网络计划突出表示工作面的连续作业。

（3）按施工层排列法：将同一施工层的各项工作排列在同一水平方向上的方法。

（4）其他排列方法：如按施工或专业单位排列法、按栋号排列法、按分部工程排列法等。

案例 2.32　某宾馆装修工程施工网络图

背景材料　某宾馆多功能厅的精装修工程，各工序的代号及时间、先后顺序如表 2.20 所示。

问题　绘制该工程的双代号网络图计划。

案例分析　该工程的双代号网络图计划如图 2.5 所示。

表 2.22　工序表

活动	紧前活动	时间/周	活动	紧前活动	时间 / 周
A	—	3	F	C	6
B	A	2	G	D、F	2
C	A	4	H	D	3
D	A	4	I	E、G、H	3
E	B	6			

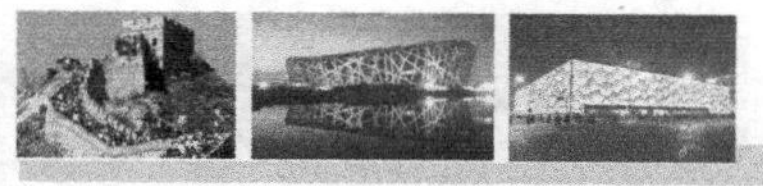

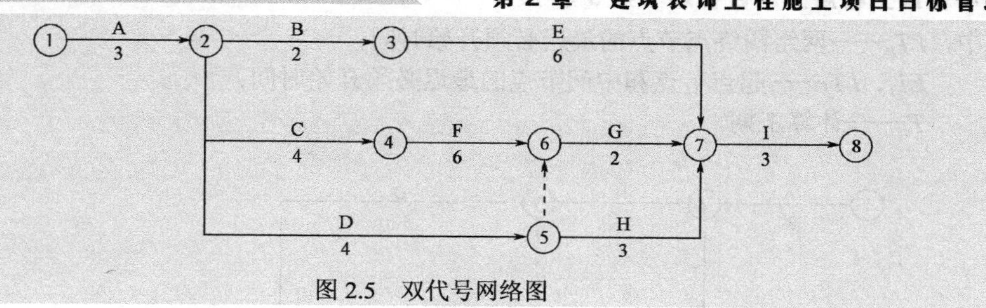

图 2.5　双代号网络图

3．双代号网络图的时间参数

双代号网络图的时间参数包括以下几方面。

1）工作持续时间

工作持续时间指完成特定工作所需要的时间，通常用 D 表示。

2）节点最早时间

节点最早时间指该节点所有紧后工作的最早可能开始时刻。它应是以该节点为完成节点的所有工作最早全部完成的时间，通常用 ET_i 表示。用计算公式表达为：

$$ET_i=0 \quad (i=1)$$

$$ET_j=\max\{ET_i+D_{i-j}\}$$

式中，ET_i——节点 i 的最早可能开始时间；

ET_j——节点 j 的最早可能开始时间；

D_{i-j}——施工过程 i 至 j 的施工持续时间。

应用上式计算的顺序，是从起点开始，顺着箭线方向逐一计算至终点为止，并取紧前各节点的最早可能开始时间分别加上相应施工过程的施工延续时间之和的最大值，即为该节点最早可能开始时间。

采用如图 2.6（a）所示网络图，计算如下：

$ET_1=0$，$ET_2=0+3=3$，$ET_3=3+4=7$，$ET_4=3+3=6$，

$ET_5=\max\{6+0=6,7+0=7\}=7$，$ET_6=7+4=11$，

$ET_7=\max\{7+3=10,11+0=11\}=11$，

$ET_8=\max\{6+2=8,11+0=11\}=11$，

$ET_9=\max\{11+3=14,11+2=13\}=14$，

$ET_{10}=14+2=16$

将计算结果填入图 2.6（b）中节点处图例的左方。

3）节点最迟时间

节点最迟时间指该节点所有紧前工作最迟必须结束的时刻。它应是以该节点为完成节点的所有工作最迟必须结束的时刻。通常用 TL_i 表示，用计算公式表达为：

$$LT_n=\begin{cases}T_p\text{（工期规定时）}\\T_c=ET_n\text{（工期未规定时）}\end{cases}$$

$$LT_i=\min\{LT_j-\mathrm{D}_{i-j}\}$$

式中，LT_n——网络图终点节点的最迟必须开始时间；

LT_i、LT_j——起点节点和中间节点的最迟必须开始时间；

T_c——计算工期。

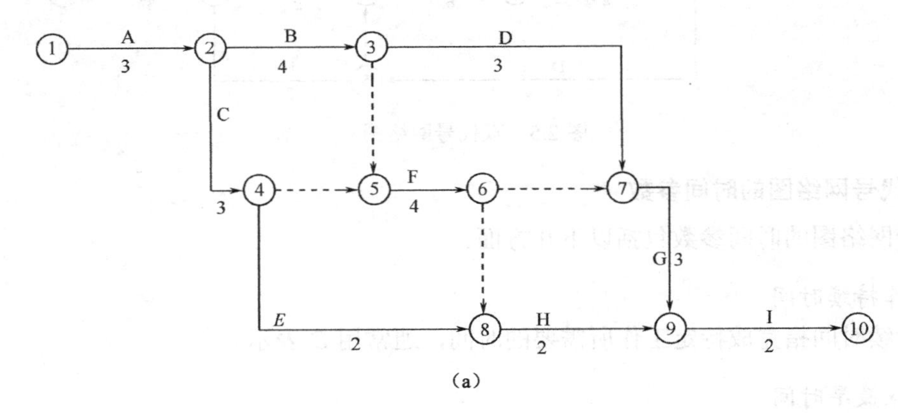

（a）

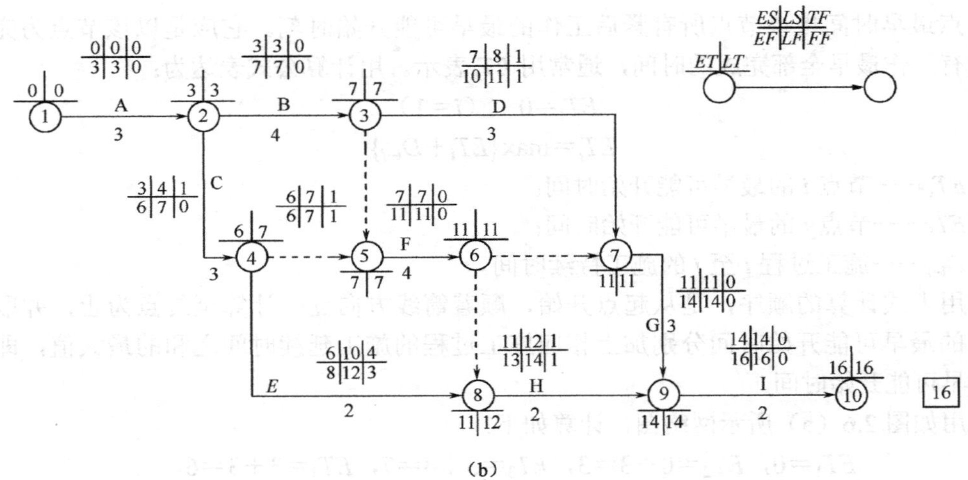

（b）

图 2.6 双代号网络图及图算法

应用上式计算中间节点及起点节点的最迟必须开始时间的顺序，是从终点节点开始，逆箭线方向逐一计算到起点节点止，并取紧后各节点的最迟必须开始时间分别减去相应施工过程延续时间之差的最小值，即为该接点最迟必须开始时间。

采用如图 2.6（a）所示网络图，计算如下：

LT_{10}=16，LT_9=16－2=14，LT_8=14－2=12，LT_7=14－3=11，

LT_6=min{11－0=11,12－0=12}=11，LT₅=11－4=7，

LT_4=min{12－2=10,7－0=7}=7，LT_3=min{11－3=8,7－0=7}=7，

LT_2=min{7－4=3,7－3=4}=3，LT_1=3－3=0

将以上计算结果填入图 2.6（b）所示节点处图例的右方。

4）工作最早开始时间

工作最早开始时间通常用 *ES* 表示；工作最早完成时间通常用 *EF* 表示。用计算公式表

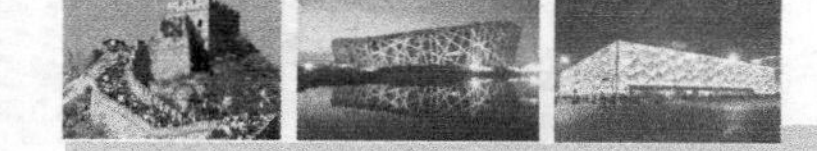

达为：

$$ES_{i-j}=ET_i$$

$$EF_{i-j}=ES_{i-j}+D_{i-j}=ET_i+D_{i-j}$$

式中，ES_{i-j}——施工过程 i 至 j 的最早可能开始时间；

EF_{i-j}——施工过程 i 至 j 的最早可能完成时间。

采用如图 2.6（a）所示网络图，计算如下：

$ES_{1-2}=ET_1=0$，$ES_{2-3}=ET_2=3$，$ES_{2-4}=ET_3=3$，

$ES_{3-5}=ET_3=7$，$ES_{3-7}=ET_3=7$，$ES_{4-5}=ET_4=6$，

$ES_{4-8}=ET_4=6$，$ES_{5-6}=ET_5=7$，$ES_{6-7}=ET_6=11$，

$ES_{6-8}=ET_6=11$，$ES_{7-9}=ET_7=11$，$ES_{8-9}=ET_8=11$，

$ES_{9-10}=ET_9=14$

将以上计算结果填入图 2.6（b）所示相应施工图例的左上方。为了简化计算，EF_{i-j} 可以不用计算。这里对 EF_{i-j} 进行计算，例如：$EF_{2-3}=ES_{2-3}+D_{2-3}=3+4=7$。

5）工作最迟开始时间

工作最迟开始时间通常用 LS 表示；工作最迟完成时间通常用 LF 表示。

$$LF_{i-j}=LT_j$$

$$LS_{i-j}=LF_{i-j}-D_{i-j}$$

式中，LF_{i-j}——施工过程 i 至 j 的最迟必须完成时间；

LS_{i-j}——施工过程 i 至 j 的最迟必须开始时间。

采用如图 2.6（a）所示网络图，计算如下：

$LS_{9-10}=LT_{10}-D_{9-10}=16-2=14$，

$LS_{8-9}=LT_9-D_{8-9}=14-2=12$，$LS_{7-9}=LT_9-D_{7-9}=14-3=11$，

$LS_{6-8}=LT_8-D_{6-8}=12-0=12$，$LS_{6-7}=LT_7-D_{6-7}=11-0=11$，

$LS_{5-6}=LT_6-D_{5-6}=11-4=7$，$LS_{4-8}=LT_8-D_{4-8}=12-2=10$，

$LS_{4-5}=LT_5-D_{4-5}=7-0=7$，$LS_{3-7}=LT_7-D_{3-7}=11-3=8$，

$LS_{3-5}=LT_5-D_{3-5}=7-0=7$，$LS_{2-4}=LT_4-D_{2-4}=7-3=4$，

$LS_{2-3}=LT_3-D_{2-3}=7-4=3$，$LS_{1-2}=LT_2-D1_{1-2}=3-3=0$

将以上计算结果填入图 2.6（b）所示相应施工图例的中上方。为了简化计算，LF_{i-j} 可以不用计算。这里对 LF_{i-j} 进行计算，例如：$LF_{7-9}=LT_9=14$。

6）工作的总时差

工作的总时差指在保证本工作以最迟完成时间完成的前提下，允许该工作推迟其最早开始时间或延长其持续时间的幅度，通常用 TF 表示。从图 2.6 的计算中可以看出，在计划总工期不变的条件下，有些工作的 ES_{i-j} 与 LS_{i-j} 之间存在一定的差值。把不影响总工期并为通过该工作的线路所有的时间差（即总时差）计算出来。总时差计算公式如下：

$$TF_{i-j}=LS_{i-j}-ES_{i-j}=LF_{i-j}-EF_{i-j}=LT_j-ET_i-D_{i-j}$$

按上式计算如下（本工作总时差＝本工作最迟开始时间－本工作最早开始时间）：

$TF_{1-2}=LS_{1-2}-ES_{1-2}=0-0=0$，$TF_{2-3}=LS_{2-3}-ES_{2-3}=3-3=0$，

$TF_{2-4}=LS_{2-4}-ES_{2-4}=4-3=1$，$TF_{3-5}=LS_{3-5}-ES_{3-5}=7-7=0$，

$TF_{3-7}=LS_{3-7}-ES_{3-7}=8-7=1$，$TF_{4-5}=LS_{4-5}-ES_{4-5}=7-6=1$，

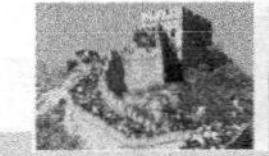

$$TF_{4-8}=LS_{4-8}-ES_{4-8}=10-6=4，TF_{5-6}=LS_{5-6}-ES_{5-6}=7-7=0，$$

…

$$TF_{9-10}=LS_{9-10}-ES_{9-10}=14-14=0$$

将计算结果填入图 2.6（b）相应施工过程图例的右上方。

总时差主要用来控制工期和判别关键工作（或工序）。凡是总时差为零的工作就是关键工作；总时差不为零的工作则是非关键工作。如图 2.6（a）中的线路①→②→③→⑤→⑥→⑦→⑨→⑩上所有工作的总时差均为零，即这些工作的计划执行中没有具备机动时间，这样的工作称为关键工作；由关键工作组成的线路称为关键线路。网络计划中可能出现多条关键线路。

计算工期，就是将任意一条关键线路上所有关键工作的持续时间进行相加后得出的时间。

7）自由时差

自由时差指在不影响其紧后工作最早开始时间的前提下，一项工作可以利用的机动时间。具体说，它是在不影响各紧后工作按照最早开始时间开工的前提下，允许该工作推迟其最早开始时间或延长其持续时间的幅度，通常用 FF 表示。利用自由时差，变动其开始时间或增加工作可占用的时间范围是从该工作最早开始时间至紧后工作最早开始时间，而该工作实际需要的持续时间是 D_{i-j}，那么减去 D_{i-j} 之后，尚有一段时间就是自由时差。自由时差计算公式如下：

$$FF_{i-j}=ES_{j-k}-EF_{i-j}=ES_{j-k}-ES_{i-j}-D_{i-j}=ET_j-ET_i-D_{i-j}$$

本工作的自由时差＝紧后工作的最早开始时间－本工作最早开始时间与持续时间之和。按上式计算自由时差如下：

$$FF_{1-2}=ET_2-ET_1-D_{1-2}=3-0-3=0$$
$$FF_{2-3}=ET_3-ET_2-D_{2-3}=7-3-4=0$$
$$FF_{2-4}=ET_4-ET_3-D_{2-4}=6-3-3=0$$
$$FF_{3-5}=ET_5-ET_3-D_{3-5}=7-7-0=0$$
$$FF_{3-7}=ET_7-ET_3-D_{3-7}=11-7-3=1$$
$$FF_{4-5}=ET_5-ET_4-D_{4-5}=7-6-0=1$$
$$FF_{4-8}=ET_8-ET_4-D_{4-8}=11-6-2=3$$

…

$$FF_{9-10}=ET_{10}-ET_9-D_{9-10}=16-14-2=0$$

将以上计算结果填入图 2.6（b）相应施工过程图例的右下方。

由此可见，总时差和自由时差是性质不同的两种时差概念。总时差以不影响总工期为限度，是一种线路时差，为该线路上的所有工作所共有；自由时差以不影响紧随其后的工作最早开始时间为限度，带有局部性。掌握时差并合理应用时差，对于施工计划管理、生产调度和实施网络计划具有重要意义。

案例 2.33　某工程网络图应用

背景材料　已知网络计划如图 2.6（a）所示，在第 10 天检查时，发现工作 D（即工作代号 3－7）已进行 1 天，工作 E（即工作代号 4－8）尚未开始，工作 F（即工作代号 5－6）已进行 3 天。

问题　（1）分析该工程的工作实际进度与计划进度的偏差情况。

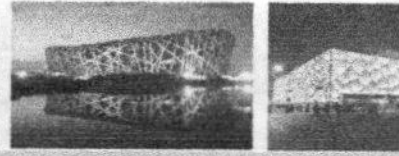
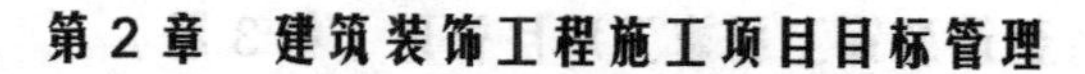

（2）分析该工程的关键线路是什么？

案例分析 （1）该工程的工作实际进度与计划进度的偏差情况如表2.23所示。

（2）该工程的关键线路是：A－B－F－G－I。

表2.23 工程工作实际进度与计划进度的偏差情况

工作代号	工作名称	检查计划时尚需作业天数	到计划最迟完成时尚余天数	原有总时差	尚有总时差	情况判断
3-7	D	2	1	0	-1	影响工期1天
4-8	E	2	2	1	1	正常
5-6	F	1	1	2	0	正常

2.3.7 项目施工进度保证计划的具体实施

施工项目进度保证计划的实施就是在施工进度保证计划指导下、围绕着如何落实和完成施工进度计划中的任务而开展的施工活动。施工项目进度保证计划逐步实施的过程就是施工项目建造的逐步完成过程。为了保证施工项目进度保证计划的实施，保证各分部分项工程进度目标和各阶段进度目标的实现，并最终实现工程进度总目标，项目部及各作业班组应按进度计划的时间要求和进度保证计划的规定，做好如下工作。

1. 进度计划交底

施工进度保证计划的实施是全体工作人员的共同行动，要使有关人员都明确各项计划的目标、任务、实施方案和措施，使管理层和作业层协调一致，将计划变成全体员工的自觉行动，在计划实施前可以根据计划的范围进行计划交底工作，以使计划得到全面、彻底的实施。

进度计划交底包括向执行者说明计划确定的执行责任、时间要求、配合要求、资源要求、环境条件、检查要求和考核要求等内容。

2. 进度保证计划的实施

1）制订并执行月（旬）作业计划

依据进度保证计划的规定，对建筑装饰工程项目的施工进度采取组织措施、技术措施、合同措施、经济措施和信息管理措施进行管理，确保各月（旬）作业计划中确定的任务及时、圆满完成。

2）签发施工任务书

施工任务书既是一份计划文件，也是一份核算文件，又是原始记录。它把作业任务下达到班组进行责任承包，并将计划执行与技术管理、质量管理、成本核算、原始记录、资源管理等融为一体，是计划与作业的联结纽带。

3）做好施工记录，认真填报施工进度统计表

在施工中，如实记载每一项工作的开始日期、工作进程和结束日期，可为进度计划实施的检查、分析、调整、总结提供原始资料。要求跟踪记录，如实记录，最好借助图表形成记录文件。

4）做好施工调度工作

调度工作主要对进度管理起协调作用。它可协调各工种间的关系，解决施工中出现的各种矛盾，克服薄弱环节，实现动态平衡。调度工作的内容包括：检查作业计划执行中的问题，找出原因，并采取措施解决；督促供应单位按进度要求供应资源；控制施工现场临时设施的使用；按计划进行作业条件准备；传达决策人员的决策意图；发布调度令等。要求调度工作做得及时、灵活、准确、果断。

实施进度保证计划的过程中应进行的工作内容包括如下几点。

（1）跟踪检查，收集实际角度数据；

（2）将实际数据与进度计划进行对比；

（3）分析计划执行的情况；

（4）对产生的进度变化，采取措施予以纠正或调整计划；

（5）检查措施的落实情况；

（6）进度计划的变更必须与有关单位和部门及时沟通。

3．进度计划执行的检查

在施工项目的实施过程中，为了保证施工项目进度保证计划的实施，进度监督管理人员必须按照施工进度保证计划规定，依据进度管理体系对进度实际状况检查的要求，定期地或不定期地跟踪监督检查施工实际情况，收集施工项目进度材料，将实际进度情况进行记录、量化、整理、统计并与施工进度计划对比分析，确定实际进度与计划之间是否出现偏差。其主要工作包括：

1）对施工进度计划依据其实施记录进行跟踪检查

跟踪检查施工实际进度是项目施工进度管理的关键措施。其目的是收集实际施工进度的有关数据，为对施工进度计划的完成情况进行统计、进行监督分析和调整计划提供信息。跟踪检查的时间和收集数据的质量，直接影响施工进度管理工作的质量和效果。

2）一般检查

一般检查的时间间隔与装饰施工项目的类型、规模、施工条件和对进度执行要求程度有关。通常可根据不同需要可进行定期检查，即包括规定的年、季、月、旬、周、日检查；以及根据需要由检查人（或组织）确定的专题（项）检查。若在施工中遇到天气、资源供应等不利因素的严重影响，检查的时间间隔可临时缩短，次数应频繁。检查和收集资料的方式采用监督报表、定期召开监督工作汇报会和现场察看施工项目的实际施工进度情况，进度管理人员应保证及时、准确掌握装饰施工项目的实际进度。检查包括的内容有：

（1）检查期内实际完成和累计完成工程量；

（2）实际参加施工的人力、机械数量与计划数；

（3）窝工人数、窝工机械台班数；

（4）进度管理措施的执行情况。

2.3.8 持续改进

在施工项目进度保证计划的实施过程中，很难保证整个项目的施工活动准确无误地落实和完成施工进度计划中的任务，在施工过程中出现进度偏差或发生可能会产生进度偏差

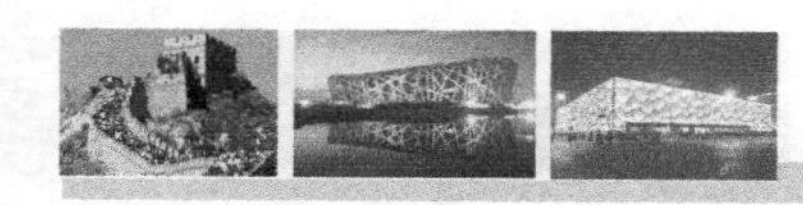

的事件是工程项目施工中常见的情况。

进度监督管理人员通过进度计划执行的检查，将实际进度与施工进度计划对比分析，可以及时发现施工进度偏差或可能会发生的施工进度偏差（潜在的施工进度偏差）。

针对施工进度偏差，进度监督管理人员必须通过科学合理的方法分析施工进度偏差的性质、大小、产生的原因、对阶段性施工工期和整个工程项目施工工期的影响，找寻合理、可行的纠正措施并实施，消除产生该施工进度偏差的原因，并尽可能消除实际施工进度偏差；针对潜在的施工进度偏差，进度监督管理人员必须通过科学合理的方法分析潜在的进度偏差的性质、大小、产生的原因、若发生该偏差会对阶段性施工工期和整个工程项目施工工期产生的影响，寻合理、可行的预防措施，消除产生潜在的施工进度偏差的原因；确保项目施工进度处于进度管理体系要求的的受控状态下。

1．进行施工实际进度与施工计划进度的比较分析

1）分析施工实际进度与施工计划进度的偏差

将收集的资料整理和统计成具有计划进度可比性的数据后，用施工项目实际进度与计划进度的比较方法进行比较。通常以的比较方法有：横道图比较法、S 形曲线比较法、“香蕉”形比较法、前锋线比较法和列表比较法等。通过比较得出实际进度与计划进度相一致、超前、拖后三种情况。

2）分析进度偏差的影响

通过一些进度比较方法，当判断出现进度偏差时，应当分析该偏差对后续工作和对总工期的影响。

（1）分析产生偏差的工作是否为关键工作

若出现偏差的工作为关键工作，则无论偏差大小，都对后续工作及总工期产生影响，必须采取相应的调整措施，若从先偏差的工作不为关键工作，需要根据偏差值与总时差和自由时差的大小关系，确定对后续工作和总工期的影响。

（2）分析进度偏差是否大于总时差

若工作的进度偏差大于该工作的总时差，说明此偏差必将影响后续工作和总工期，必须采取相应的调整措施；若工作的进度偏差小于或等于该工作的总时差，说明此偏差对总工期无影响，但它对后续工作的影响程度，需要根据比较偏差和自由时差的情况来确定。

（3）分析进度偏差是否大于自由时差

若工作的进度偏差大于该工作的自由时差，说明此偏差对后续工作产生影响。应该如何调整，应根据后续工作允许影响的程度而定；若工作的进度偏差小于或等于该工作的自由时差，则说明此偏差对后续工作无影响，因此，原进度计划可以不调整。

经过如此分析，进度管理人员可以确认应该调整产生进度偏差的工作和调整偏差值的大小，以便确定采取调整措施，获得新的符合实际进度情况和计划目标的新进度计划。

2．施工项目进度计划的调整方法

在对实施的进度计划分析的基础上，应确定调整原计划的方法，一般只要有以下几种：

1）改变某些工作间的逻辑关系

若检查的实际施工进度产生的偏差影响了总工期，在工作之间的逻辑关系允许改变的条

件下，可改变关键线路和超过计划工期的非关键线路上的有关工作之间的逻辑关系，达到缩短工期的目的。用这种方法调整的效果是很显著的，例如可以把依次进行的有关工作改成平行的或互相搭接的，以及分成几个施工段进行流水施工等，都可以达到缩短工期的目的。

2）缩短某些工作的持续时间

这种方法是不改变工作之间的逻辑关系，而是缩短某些工作持续时间，而使施工进度加快，并保证实现计划工期的方法。这些被压缩持续时间的工作是位于由于实际施工进度的拖延而引起总工期增长的关键线路和某些非关键线路上的工作。同时这些工作又是可压缩持续时间的工作，这种方法实际上就是网络计划优化中工期优化方法和工期与成本优化的方法。

3）资源供应的调整

如果资源供应发生异常，应采用资源优化方法对计划进行调整，或采取应急措施，使其对工期影响最小。

4）变换某些施工内容

变换施工内容应做到不打乱原进度计划的整体逻辑关系，只对局部逻辑关系进行调整。在变换施工内容以后，应重新计算时间参数，分析对原网络计划的影响。当对工期有影响时，应采取调整措施，保证计划工期不变。

5）变换某些分部分项工程的施工方案、施工方法

通过改变分部分项工程的施工方案、施工方法，可使相应分部分项工程施工的持续时间减少。

6）起止时间的改变

起止时间的改变应在相应工作时差范围内进行。每次调整必须重新计算时间参数，观察该项调整对整个施工计划的影响。调整时可在下列方法中进行。

（1）将工作在其最早开始时间与其最迟时间范围内移动；

（2）延长工作的持续时间；

（3）缩短工作的持续时间。

实训指导　项目工期的确定

1. 根据合同工期要求，确定项目总工期

2. 通过分析下述内容，确定项目各专业组在各阶段分项工程的持续时间

（1）各阶段分项工程的工程量；

（2）该项目的组织机构和施工组织；

（3）该项目的人力、机械设备、资金和技术等资源安排。

3. 初步确定各项工作之间的逻辑关系

（1）确认各项工作之间的工艺逻辑关系；

（2）初步确定各项工作之间的组织逻辑关系。

4．绘出初步网络进度计划

5．计算网络进度计划的各时间参数和计算工期

6．计算工期超出预设总工期时调整网络进度计划

（1）调整各项工作之间的组织逻辑关系；
（2）缩短关键工作的持续时间；
（3）计算工期略小于或等于总工期时停止调整。

7．绘出正式网络进度计划

任务6 设立项目的成本管理总目标和分目标

1．任务目的

通过设立一个建筑装饰工程施工项目的成本管理总目标和分目标，促进学生对建筑装饰工程施工项目成本管理有更深刻的理解，并掌握相应的管理技能。

2．任务要求

以某一建筑装饰工程施工项目为实例，通过课本及相关规范的学习，制定成本管理总目标及分目标，学生在学完本节内容后，能初步具备合理设立成本管理目标和编制项目施工成本计划的能力。

3．任务工作过程

（1）合理的成本管理总目标设定；
（2）项目施工成本管理保证计划的制定。

4．任务要点

（1）合理的成本管理总目标设定：必须充分考虑其成本管理目标的合理性和可行性。
（2）项目施工成本计划的制定。

① 为实现成本管理总目标，必须制订成本计划，其主要工作为：成本管理目标的层层分解；通过建立成本管理制度、各班组施工成本责任制，制订降低成本保证措施，确保能形成完善的成本管理体系。

② 项目施工成本计划的制订必须充分考虑其现实可行性。

小知识 按项目经理的成本承包目标确定建筑装饰工程施工项目的成本管理目标和降低成本管理目标；按子分部工程、分项工程对施工项目的成本管理目标和降低成本目标进行分解；确定各班组的成本承包责任。

5．任务实施

（1）由老师提供一个工程案例或由学生自主选择案例；
（2）学生初步制定该项目成本总目标和分目标、编制项目施工成本计划；
（3）通过学习了解任务相关知识；
（4）学习过程中不断完善该任务；

（5）能对已完成任务的内容作出全面解释；

（6）完成本任务的实训报告。

2.4 施工项目成本管理

施工项目成本管理是根据企业总体目标和工程项目具体要求，在实施过程中对项目成本进行有效的组织、实施、控制、跟踪、分析和考核等活动。

2.4.1 施工项目成本管理的工作过程

成本管理	1．成本管理责任体系的建立	（1）成本管理责任体系应包括的层次； （2）项目成本管理应遵循的程序
	2．项目成本计划	（1）项目成本计划编制的依据； （2）编制成本计划应满足的要求
	3．项目成本控制	（1）成本控制的依据；（2）成本控制应遵循的程序； （3）成本控制的要求；（4）成本控制的方法
	4．项目成本核算	（1）项目成本核算制的建立和落实； （2）成本核算的原则；（3）成本报告的编制
	5．项目成本分析与考核	（1）成本分析的方法；（2）成本考核制度的内容

2.4.2 成本管理的主要形式

在建筑装饰工程施工项目的施工过程中，必然会发生活劳动和物化劳动的消耗，这些消耗的货币表现形式叫做生产费用。建筑装饰工程项目在施工过程中发生的各项生产费用的总和，就是建筑装饰工程施工项目的成本。建筑装饰工程施工项目管理是以降低施工成本，提高效益为目的的一项综合性管理工作。在建筑装饰工程施工项目管理中占有十分重要的地位。

1．施工项目成本的分类

建筑装饰工程施工项目成本，是指建筑施工企业以施工项目作为成本核算对象，在施工过程中所耗费的生产资料而产生的转移价值和劳动者的必要劳动所创造的价值以货币形式在建筑装饰施工中表现出来的一种价值的货币表现形式。简单地说，是指在建筑装饰施工中所发生的全部生产费用的总和，它包括支付给生产工人的工资、奖金，消耗的材料、结构配件，周转材料的摊销费或租赁费，施工机具台班费或租赁费，项目经理部为组织和管理施工所发生的全部费用支出。装饰施工项目成本可以分为以下几类。

1）按成本管理的不同阶段划分

（1）预算成本。反映各地区建筑业平均成本水平。其编制依据为施工图纸，全国统一的工程量计算规则、建筑装饰工程基础定额，各地区的市场劳务价格、材料价格信息、机械台班价格、价差系数、指导性费率。预算成本是确定工程造价的基础，是编制计划成本的依据，也是评价实际成本的依据。

（2）计划成本。施工项目经理部根据计划期内工程具体条件和为实施项目的各项技术组织措施等有关资料，计划达到的成本水平。其编制依据为企业目标利润及成本降低率，项目的预算成本，施工项目管理规划，成本降低措施，同行业、同类型项目的成本水平，施工定额等。计划成本的作用是建立和健全施工项目成本管理责任制，控制生产费用，加强施工企业和项目经理部经济核算，降低施工项目成本。

（3）实际成本。施工项目在施工阶段实际发生的各项生产费用的总和。可以用来考核施工技术水平、技术组织措施贯彻执行情况和企业经营效果，反映工程盈利情况。

2）按生产费用与工程量关系划分

（1）固定成本。在一定期间内和一定的工程量范围内，其发生的成本额不受工程量增减变动的影响而相对固定的成本。如折旧费、大修理费用、管理人员工资、办公费、照明费等。这一成本是为了保持企业一定的生产经营条件而发生的。固定成本就其总额而言是固定的，分配到每个项目单位工程量上的固定费用则是变动的。

（2）变动成本。发生总额随着工程量的增减变动而成正比例变动的费用，如直接用于工程的材料费、实行计划工资制的人工费等。所谓变动，也是就其总体而言，对于单位分项工程上的变动费用往往是不变的。

3）按生产费用计入成本的方法划分

（1）直接成本

直接成本是直接耗用于并能直接计入工程对象的费用。

① 人工费：直接从事建筑装饰工程施工的生产工人开支的各项费用。

② 材料费：施工过程中耗用的构成工程实体的原材料、辅助材料、构配件、零件、半成品的费用和周转材料的摊销及租赁费用。

③ 机械使用费：施工过程中使用自有施工机械所发生的机械使用费和租用外单位（含内部机械设备租赁市场）施工机械的租赁费，以及施工机械安装、拆卸和进出场费。

④ 其他直接费用：施工过程中发生的材料二次搬运费、临时设施摊销费、生产工具使用费、检验试验费、工程定位复测费、工程点交费、场地清理费等。

（2）间接成本

间接成本包括项目经理部为施工准备、组织和管理施工生产所发生的全部支出。

① 工作人员薪金：现场项目管理人员的工资、奖金、工资性质的津贴等。

② 劳动保护费：现场管理人员的按规定标准发放的劳动保护用品的购置费及修理费、防暑降温费，以及在有碍身体健康环境中施工的保健费用。

③ 职工福利费：按现场项目管理人员工资总额的一定比例提取的福利。

④ 办公费：现场管理办公用的文具、纸张、账表、印刷、书报、会议、水、电、烧水和集体取暖用煤等费用。

⑤ 差旅交通费：职工因公出差期间的旅费、住勤补助费、市内交通费和误餐补助费、职工探亲路费、劳动力招募费、职工离退休及职工退休一次性路费、工伤人员就医路费、工地转移费以及现场管理使用的交通工具的油料、燃料、养路费及牌照费等。

⑥ 固定资产使用费：现场管理及试验部门使用的属于固定资产的设备、仪器等折旧、大修理、维修费和租赁费等。

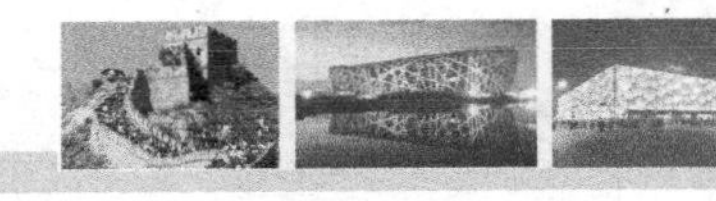

⑦ 工具用具使用费：现场管理使用的不属于固定资产的工具、器具、交通工具和检验、试验、测绘、消防用具等的购置、维修和摊销费等。

⑧ 工程保修费：工程施工图交付使用后在规定的保修期内的修理费用。

⑨ 工程排污费：致使施工现场按规定交纳的排污费用。

⑩ 其他财务费用：汇兑净损失、调剂外汇手续费、银行手续费费用。

2．建筑装饰工程施工项目成本的主要形式

为了便于认识和掌握施工项目成本的特性，根据施工项目成本管理体制的需要，搞好成本管理。通常可将施工项目成本划分为预算成本、计划成本和实际成本。

1）预算成本

工程预算成本是反映各地区建筑装饰行业的平均成本水平，它是根据建筑装饰施工图由工程量计算规则计算出工程量，再由预算定额计算工程成本。它是构成工程造价的主要内容，是甲、乙双方签订建筑装饰工程承包合同的基础，一旦造价在合同中被双方认可签字，它将成为施工项目成本管理的依据，并成为保证施工项目能否取得好的经济效益的前提条件。所以，预算成本的计算是成本管理的基础。

2）计划成本

施工项目计划成本是指施工项目经理部根据计划期的施工条件和实施该项目的各项技术组织措施，在实际成本发生前预先计算的成本。计划成本是施工项目经理部控制成本支出，安排施工计划，供应工料和指导施工的依据。它综合反映施工项目在计划期内达到的成本水平。

3）实际成本

施工项目实际成本是在报告期内实际发生的各项生产费用的总和。把实际成本与计划成本比较，可以直接反映出成本的节约与超支。考核施工项目施工技术水平及施工组织措施的贯彻执行情况和施工项目的经营效果。

综上所述，预算成本是确定工程造价的基础，也是编制计划成本的依据和评价实际成本的依据。实际成本与预算成本比较，可以直接反映施工项目最终盈亏情况。计划成本和实际成本都是反映施工项目成本水平的，它受施工项目的生产技术、施工条件及生产经营管理水平的制约。

3．施工项目成本的构成

在施工项目施工中提供劳务、施工作业等施工过程中所发生的各项费用支出，按照国家规定计入成本费用。施工项目成本由直接成本和间接成本组成。

1）直接成本

直接成本，是指建筑装饰施工过程中直接耗费的构成工程实体或有助于工程形成的各项支出，包括人工费、材料费、机具使用费和其他直接费用。所谓其他直接费用，是指直接费以外建筑装饰施工过程中发生的其他费用，包括建筑装饰施工过程中发生的材料二次搬运费、临时设施摊销费、生产机具使用费、检验试验费、工程定位复测费、工程点交费、场地清理费等。

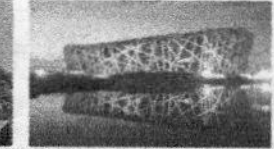

2）间接成本

间接成本，是指施工项目经理部为施工准备，组织和管理施工生产所发生的全部施工间接费支出，包括现场管理人员的人工费（基本工资、补贴和福利等）、固定资产使用维护费、工程保养费、劳动保护费、保险费、工程排污费和其他间接费等。

应该指出，下列支出不得列入施工项目成本，也不能列入建筑装饰施工企业成本，例如为购置和建造固定资产、无形资产和其他资产的支出；对外投资的支出；没收的财物；支储的滞纳金、罚款、违约金和赔偿金；企业赞助、捐赠支出；国家法律、法规规定以外的各种支付费和国家规定不得列入成本费用的其他支出。

4．施工项目成本管理的意义

施工项目成本管理就是在施工过程中，运用必要的技术与管理手段对物化劳动和活劳动消耗进行严格组织和监督的一个系统过程，建筑装饰施工企业应以施工项目成本管理为中心，进行施工项目管理。成本管理的意义表现如下：

（1）施工项目成本管理是反映项目管理工作质量的综合指标。在市场经济体制下，建筑施工企业作为建筑市场中的独立的法人实体和竞争实体，它不仅要向社会提供社会需要的各类建筑产品，同时也追求企业经济效益的最大化。因此，应用施工项目成本管理理论和各种科学方法不断降低施工项目成本，具有十分重要的意义。施工项目成本的降低表明企业在施工过程中活劳动和物化劳动的节约。活劳动的节约说明企业劳动生产率的提高，物化劳动的节约说明企业机械设备利用率的提高和建筑材料消耗率的降低。所以加强施工项目成本管理，可以及时发现施工项目生产和管理中存在的缺点和薄弱环节，以便总结经验，采取措施，降低施工项目成本。

（2）施工项目成本管理是企业增加利润和资本积累的主要途径。建筑施工企业在社会主义市场经济中能否生存发展，取决于它能否持续地以最低的成本去生产业主满意的、符合合同要求的建筑产品。也就是说，建筑施工企业经营管理的目的在于追求低于同行业平均值的成本水平，取得最大的成本差异。施工项目价格一旦确定，成本就是决定的因素。成本越低，盈利越高。建筑产品利润是建筑施工企业经营利润的主要来源，因此，加强施工项目成本管理，降低工程成本成为企业增加利润和资本积累的主要途径。

（3）施工项目成本管理有利于推行项目经理项目承包责任制。项目经理项目承包责任制中，规定项目经理必须承包项目质量、工期与成本三大约束性目标。成本目标是经济承包目标的综合体现。项目经理要实现其经济承包责任，就必须充分利用生产要素市场机制，管好项目，控制投入，降低消耗，提高效率，将质量、工期和成本三大相关目标结合起来进行综合控制。

（4）施工项目成本管理可为企业积累资料，指导今后投标。对项目实施过程中的成本统计资料进行积累并分析单位工程的实际成本，已验证原来投标计算的正确性。所有这些资料都是十分宝贵的，特别是对在该地区继续投标承包新的工程有十分重要的参考价值。

2.4.3　成本管理责任体系的建立

建筑装饰工程施工项目成本管理是建筑装饰施工企业项目管理系统中的一个子系统，这一系统的构成要素包括成本预测、成本计划、成本控制、成本核算、成本分析和责任考

核等。建筑装饰工程施工项目经理部在项目施工过程中，对所发生的各种成本信息，通过有组织、有系统地进行预测、计划、控制、核算和分析等一系列工作，促使施工项目系统内各种要素按照一定的目标运行，使建筑装饰工程施工项目的实际成本能够控制在预定计划成本范围内。

1．成本管理责任体系的内容

建立、健全项目全面成本管理责任体系，明确业务分工和职责关系，把管理目标分解到各项技术工作和管理工作中。

项目全面成本管理责任体系应包括以下两个层次：

1）组织管理层

组织管理层负责项目全面成本管理的决策，确定项目的合同价格和成本计划，确定项目管理层的成本目标。

2）项目经理部

项目经理部负责项目成本的管理，实施成本控制，实现项目管理目标责任书中的成本目标。

项目经理责任制，是项目管理的特征之一。实行项目经理责任制，就是要求项目经理对项目建设的进度、质量、成本、安全和现场管理标准化等全面负责，特别要把成本控制放在首位，因为成本失控，必然影响项目的经济效益，难以完成预期的成本目标，更无法向职工交待。

项目管理人员的成本责任，不同于工作责任。有时工作责任已完成，甚至还完成得相当出色，但成本责任却不一定完成。例如，项目工程师贯彻装饰工程技术规范认真负责，对保证装饰工程质量起了积极的作用，但往往强调了质量，忽视了节约，影响了成本。又如，材料员采购及时，供应到位，配合施工得力，值得赞扬，但在装饰材料采购时就远不就近，就次不就好，就高不就低，既增加了采购成本，又不利于工程质量。因此，应该在原有职责分工的基础上，进一步明确成本管理责任。使每一个项目管理人员都有这样的认识：在完成工作责任的同时还要为降低成本精打细算，为节约成本开支严格把关。

2．项目成本管理应遵循的程序

项目成本管理应遵循以下程序：

（1）掌握生产要素的市场价格和变动状态。

（2）确定项目合同价。

（3）编制成本计划，确定成本实施目标。

（4）进行成本动态控制，实现成本实施目标。

（5）进行项目成本核算和工程价款结算，及时收回工程款。

（6）进行项目成本分析。

（7）进行项目成本考核，编制成本报告。

（8）积累项目成本资料。

3．项目成本管理的内容

建筑装饰项目成本管理的内容包括：成本计划、成本控制、成本核算、成本分析和成

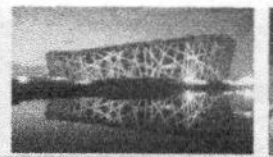

本考核等。建筑装饰项目经理部在项目施工过程中对所发生的各种成本信息，通过有组织、有系统地进行计划、控制、核算和分析等工作，使装饰工程项目系统各种要素按照一定的目标运行，从而将装饰工程项目的实际成本控制在预定的计划成本范围内。

1）成本计划

项目成本计划是建筑装饰项目经理部对项目施工成本进行计划管理的工具。它是以货币形式编制工程项目的计划期内的生产费用、成本水平、成本降低率以及为降低成本所采取的主要措施和规划的书面方案，它是建立项目成本管理责任制、开展成本控制和核算的基础。一般来说，一个项目成本计划应包括从开工到竣工所必需的施工成本，它是降低项目成本的指导文件，是设立目标成本的依据。

2）成本控制

项目成本控制是指在施工过程中，对影响项目成本的各种因素加强管理，并采取各种有效措施，将施工中实际发生的各种消耗和支出严格控制在成本计划范围内，随时揭示并及时反馈，严格审查各项费用是否符合标准、计算实际成本和计划成本之间的差异并进行分析，消除施工中的损失浪费现象，发现和总结先进经验。通过成本控制，使之最终实现甚至超过预期的成本节约目标。项目成本控制应贯穿在工程项目从招投标阶段开始直到项目竣工验收的全过程，它是企业全面成本管理的重要环节。

3）成本核算

项目成本核算是指建筑装饰项目施工过程中所发生的各种费用和形式项目成本的核算。一是按照规定的成本开支范围对施工费用进行归集，计算出施工费用的实际发生额；二是根据成本核算对象，采用适当的方法，计算出该建筑装饰工程项目的总成本和单位成本。项目成本核算所提供的各种成本信息，是成本预测、成本计划、成本控制、成本分析和成本考核等各个环节的依据。因此，加强项目成本核算工作，对降低项目成本、提高企业的经济效益有积极的作用。

4）成本分析

项目成本分析是在成本形成过程中，对项目成本进行的对比评价和剖析总结工作，它贯穿于项目成本管理的全过程，也就是说项目成本分析主要利用工程项目的成本核算资料（成本信息），与目标成本（计划成本）、预算成本以及类似的建筑装饰工程项目的设计成本等进行比较，了解成本的变动情况，同时也要分析主要技术经济指标对成本的影响，系统地研究成本变动的因素，检查成本计划的合理性，并通过成本分析，深入揭示成本变动的规律，寻找降低项目成本的途径，以便有效地进行成本控制。

5）成本考核

成本考核是指在建筑装饰项目完成后，对建筑装饰项目成本形成中的各责任者，按建筑装饰项目成本目标责任制的有关规定，将成本的实际指标与计划、定额、预算进行对比和考核，评定项目成本计划的完成情况和各责任者的业绩，并以此给以相应的奖励和处罚。通过成本考核，做到有奖有罚，赏罚分明，才能有效地调动企业的每一个职工在各自的施工岗位上努力完成目标成本的积极性，为降低项目成本和增加企业的积累做出自己的贡献。

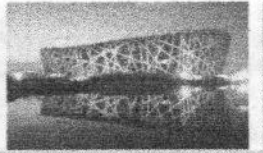

建筑装饰工程项目成本管理中每一个环节都是相互联系和相互作用的。成本预测是成本决策的前提，成本计划是成本决策所确定目标的具体化。成本控制则是成本计划的实施进行监督，保证决策的成本目标实现，而成本核算又是成本计划是否实现的最后检验，它所提供的成本信息又对下一个项目成本预测和决策提供基础资料。成本考核是实现成本目标责任制的本质和实现决策目标的重要手段。

2.4.4 项目成本计划

施工项目成本计划是项目经理部对施工项目、施工成本进行计划的工具。它是以货币形式编制施工项目在计划期内的生产费用、成本水平、成本降低率以及为降低成本所采取的主要措施和规划的书面方案，它是建立施工项目成本管理责任制，开展成本管理和核算的基础。一般来说，施工项目成本计划应包括从开工到竣工所需的施工成本，它是施工项目降低成本的指导文件，是确立目标成本的依据。

施工项目成本计划一般由项目经理部编制，规划出实现项目经理成本承包目标的实施方案。施工项目成本计划的关键内容是降低成本措施的合理设计。

1．施工项目成本计划编制步骤

（1）项目经理部按项目经理的成本承包目标确定施工项目的成本管理目标和降低成本管理目标，后两者之和应低于前者。

（2）按分部分项装饰工程对施工项目的成本管理目标和降低成本目标进行分解，确定各分部分项装饰工程的目标成本。

（3）按分部分项装饰工程的目标成本实行施工项目内部成本承包，确定各承包队的成本承包责任。

（4）由项目经理部组织各承包班组确定降低成本技术组织措施，并计算其降低成本效果，编制降低成本计划，与项目经理降低成本目标进行对比，经过反复对降低成本措施进行修改而最终确定降低成本计划。

（5）编制降低成本技术组织措施计划表，以及降低成本计划表和施工项目成本计划表。

2．降低施工项目成本的技术组织措施

（1）降低成本的措施要从技术和组织方面进行全面设计。这是因为：成本的形式与技术因素和组织都有关系。技术措施要从建筑装饰施工作业所涉及的生产要素方面进行设计，以降低生产消耗为宗旨。组织措施要从经营管理方面，尤其是建筑装饰施工管理方面进行筹划，以降低固定成本，消灭非生产性损失，从而实现提高生产效率和组织管理效果的宗旨。降低成本是一个综合性指标，不能从单方面考虑，而应当从建筑装饰施工企业运行机制的全方位着眼。

（2）从费用构成要素方面考虑，首先应降低装饰材料费用。因为装饰材料费用占成本的大部分，其降低成本的潜力最大。可建立自己的建筑装饰材料基地，从厂方直接购进建筑装饰材料。

（3）降低机械使用费，充分发挥机械生产能力。

（4）降低人工费用。其根本途径是提高劳动生产率，提高劳动生产率必须通过提高生

产工人的劳动积极性来实现。提高工人劳动积极性应与适当的分配制度、激励办法、责任制度及思想工作有关，要正确应用行为科学的理论。

（5）降低间接成本。其途径是由各业务部门进行费用节约承包，采取缩短工期的措施。

（6）降低质量成本措施。建筑装饰工程施工项目质量成本包括内部质量损失成本、外部质量损失成本、质量预防成本与质量鉴定成本。降低质量成本的关键是内部质量损失成本，而其根本途径是提高建筑装饰工程质量，避免返工和修补。

3. 降低成本计划的编制必须以施工规划为基础

在建筑装饰施工规划中，施工方案必须有降低成本措施的内容。其施工进度计划所安排的工期，必须与成本优化相结合，只有在施工组织设计基础上编制的成本计划，才具有可操作性。

1）项目成本计划编制的依据

项目经理部应依据下列文件编制项目成本计划：

（1）合同文件。

（2）项目管理实施规划。

（3）可研报告和相关设计文件。

（4）市场价格信息。

（5）相关定额。

（6）类似项目的成本资料。

对项目成本计划的编制依据提出具体要求，目的在于强调项目成本计划必需反映以下要求：

（1）合同规定的项目质量和工期要求。

（2）组织对项目成本管理目标的要求。

（3）以经济合理的项目实施方案为基础的要求。

（4）有关定额及市场价格的要求。

（5）类似项目提供的启示。

2）编制成本计划的要求

编制成本计划应满足下列要求：

（1）由项目经理部负责编制，报组织管理层批准。

（2）自下而上分级编制并逐层汇总。

（3）反映各成本项目指标和降低成本指标。

2.4.5 项目成本控制

项目成本控制，包括建筑装饰设计阶段成本控制和建筑装饰施工阶段成本控制，对承包商而言，设计阶段的成本控制是指控制项目的设计费用，即设计成本，它有别于业主方项目管理在设计阶段的投资控制。设计阶段是投资控制的中心环节，建筑装饰工程总承包方担负着主要责任。

施工阶段是控制项目成本的主要阶段。在项目的实施过程中，项目经理部采用目标管理方法对实际施工成本的发生过程进行有效控制。根据计划目标成本的控制要求，做好施工采购策划，通过生产要素的优化配置、合理使用、动态管理，有效控制实际成本；加强施工定额管理和施工任务单管理，控制好活劳动和物化劳动的消耗；科学地计划管理和施工调度，避免因施工计划不周和盲目调度造成窝工损失、机械利用率降低、物料积压等而使得成本增加；加强施工合同管理和施工索赔管理，正确运用合同条件和有关法规，及时进行索赔。

1．成本控制的依据

1）合同文件

施工成本控制要以工程承包合同为依据，围绕降低工程成本整个目标，从预算收入和实际成本两方面，努力挖掘增收节支潜力，以求获得最大的经济效益。

2）成本计划

施工成本计划时是根据施工项目的具体情况制定的施工成本控制方案，既包括预定的具体成本控制目标，又包括实现控制目标的措施和规则，是施工成本控制的指导文件。

3）进度报告

进度报告提供了每一时刻工程实际完成量，工程施工成本实际支付情况等重要信息。施工成本控制工作正是通过实际情况与施工成本计划相比较，找出二者之间的差别，分析偏差产生的原因。从而采取措施改进以后的工作。此外，进度报告还有助于管理者及时发现工程实施中存在的隐患，并在事态还未造成重大损失之前采取措施，尽量避免损失。

4）工程变更与索赔资料

在项目的实施过程中，由于各方面的原因，工程变更是很难避免的。工程变更一般包括设计变更、进度计划变更、施工条件变更、技术规范与标准变更、施工次序变更、工程数量变更等。一旦出现变更，工程量、工期、成本都必将发生变化，从而使得施工成本控制工作变得更加复杂和困难。因此，施工成本管理人员就应当通过对变更要求当中各类数据的计算、分析，随时掌握变更情况，包括已发生工程量、将要发生工程量、工期是否拖延、支付情况等重要信息，判断变更以及变更可能带来的索赔额度等。

2．成本控制的程序

成本控制应遵循下列程序：

（1）收集实际成本数据；

（2）实际成本数据与成本计划目标进行比较；

（3）分析成本偏差及原因；

（4）采取措施纠正偏差；

（5）必要时修改成本计划；

（6）按照规定的时间间隔编制成本报告。

3．成本控制的要求

成本控制应满足下列要求：

（1）要按照计划成本目标值来控制生产要素的采购价格，并认真做好装饰材料、设备进场数量和质量的检查、验收与保管。

（2）要控制生产要素的利用效率和消耗定额，如任务单管理、限额领料、验工报告审核等。同时要做好不可预见成本风险的分析和预控，包括编制相应的应急措施等。

（3）控制影响效率和消耗量的其他因素（如工程变更等）所引起的成本增加。

（4）把项目成本管理责任制度与对项目管理者的激励机制结合起来，以增强管理人员的成本意识和控制能力。

（5）承包人必须有一套健全的项目财务管理制度，按规定的权限和程序对项目资金的使用和费用的结算支付进行审核、审批，使其成为项目成本控制的一个重要手段。

4．成本控制的方法

成本控制的方法很多，其中价值工程法和赢得值法是较为有效的方法。价值工程控制成本的核心目的是合理处理成本与功能的关系，应保证在确保功能的前提下的成本降低。

1）价值工程法

（1）价值工程的计算公式：

$$V=F/C$$

式中，V——价值；F——功能；C——成本。

（2）按照价值工程的公式 $V=F/C$ 分析，提高价值的途径有 5 条：

① 功能提高，成本不变；

② 功能不变，成本降低；

③ 功能提高，成本降低；

④ 降低辅助功能，大幅度降低成本；

⑤ 功能大大提高，成本稍有提高。

其中②～⑤途径是直接降低成本的途径。

（3）价值分析的对象：为了降低成本，我们应当选择价值系数低、降低成本潜力大的工程作为价值工程的对象，寻求对成本有效降低的途径。

价值分析的对象应重点选择以下述方面：

① 数量大、应用面广的构配件；

② 成本高的工程和构配件；

③ 结构复杂的工程和构配件；

④ 体积与重量大的工程和构配件；

⑤ 对产品功能提高起关键作用的构配件；

⑥ 在使用中维修费用高、耗电量大或使用期的总费用较大的工程和构配件；

⑦ 在施工（生产）中容易保证质量的工程和构配件；

⑧ 施工（生产）难度大、多花费材料和工时的工程和构配件；

⑨ 可利用新材料、新设备、新工艺、新结构及在科研上已有先进成果的工程和构配件。

（4）价值工程法的计算。

① 计算某子项目功能系数：

某子项目功能系数=某子项目的功能得分/项目功能总得分

② 计算某子项目成本系数：

某子项目成本系数=某子项目的施工计划成本/项目施工计划总成本

③ 计算某子项目价值系数：

某子项目价值系数＝某子项目功能系数/某子项目成本系数

④ 计算项目目标成本：

项目目标成本＝项目计划成本－项目成本降低额

⑤ 计算子项目的目标成本：

某子项目的目标成本＝项目目标成本×某子项目的功能系数

⑥ 计算子项目的成本降低额：

子项目的成本降低额＝子项目的计划成本－子项目的目标成本

找出成本降低额最大的项目作为控制对象。

2）赢得值（挣值）法

赢得值法作为一项先进的项目管理技术，最初是美国国防部于 1967 年首次确立的。到目前为止国际上先进的工程公司已普遍采用赢得值法进行工程项目的费用、进度综合分析控制。用赢得值法进行费用、进度综合分析控制，基本参数有三项，即已完工作预算费用、计划工作预算费用和已完工作实际费用。

（1）赢得值法的三个基本参数

① 已完工作预算费用（BCWP）：已完工作预算费用是指在某一时间已经完成的工作（或部分工作），以批准认可的预算为标准所需要的资金总额，由于业主正是根据这个值为承包商完成的工作量支付相应的费用，也就是承包商获得（挣得）的金额，故称赢得值或挣值。

已完工作预算费用＝已完成工作量×预算单价

② 计划工作预算费用（BCWS）：计划工作预算费用是指根据进度计划，在某一时刻应当完成的工作（或部分工作），以预算为标准所需要的资金总额，一般来说，除非合同有变更，计划工作预算费用在工程实施过程中应保持不变。

计划工作预算费用＝计划工作量×预算单价

③ 已完工作实际费用（ACWP）：已完工作实际费用即到某一时刻为止，已完成的工作（或部分工作）所实际花费的总金额。

已完工作实际费用＝已完成工作量×实际单价

（2）赢得值法的四个评价指标

在这三个基本参数的基础上，可以确定赢得值法的四个评价指标，它们也都是时间的函数。

① 费用偏差（CV）：

费用偏差＝已完工作预算费用－已完工作实际费用

当费用偏差为负值时，即表示项目运行超出预算费用；当费用偏差为正值时，表示项目运行节支，实际费用没有超出预算费用。

② 进度偏差（SV）：

进度偏差＝已完工作预算费用－计划工作预算费用

当进度偏差为负值时，表示进度延误，即实际进度落后于计划进度；当进度偏差为正值时，表示进度提前，即实际进度快于计划进度。

③ 费用绩效指数（CPI）：

费用绩效指数＝已完工作预算费用/已完工作实际费用

当费用绩效指数＜1 时，表示超支，即实际费用高于预算费用；

当费用绩效指数＞1 时，表示节支，即实际费用低于预算费用；

④ 进度绩效指数（SPI）：

进度绩效指数=已完工作预算费用/计划工作预算费用

当进度绩效指数＜1 时，表示进度延误，即实际进度比计划进度拖后；

当进度绩效指数＞1 时，表示进度提前，即实际进度比计划进度快。

费用（进度）偏差反映的是绝对偏差，结果很直观，有助于费用管理人员了解项目费用出现偏差的绝对数额，并依此采取一定措施，制定或调整费用支出计划和资金筹措计划。但是，绝对偏差有其不容忽视的局限性。如同样是 10 万元的费用偏差，对于总费用 1000 万元的项目和总费用 1 亿元的项目而言，其严重性显然是不同的。因此，费用（进度）偏差仅适合于对同一项目作偏差分析。费用（进度）绩效指数反映的是相对偏差，它不受项目层次的限制，也不受项目实施时间的限制，因而在同一项目和不同项目比较中均可采用。

在项目的费用、进度综合控制中引入赢得值法，可以克服过去进度、费用分开控制的缺点，即当我们发现费用超支时，很难立即知道是由于费用超出预算，还是由于进度提前。相反，当我们发现费用消耗低于预算时，也很难立即知道是由于费用节省，还是由于进度拖延。而引入赢得值法即可定量地判断进度、费用的执行效果。

2.4.6 项目成本核算

建筑装饰项目成本核算是企业探索适合行业特点管理方式的一个重要体现。它是建立在企业管理方式和管理水平基础上，适合施工企业特点的一个降低成本开支、提高企业利润水平的主要途径。

从一般意义上说，建筑装饰成本核算是建筑装饰成本运行控制的一种手段。成本核算的基本概念就是将日常各个环节费用活动所形成的统计资料、会计资料，以及各类成本台账资料，通过归集整理，计算出已完施工内容或已完工程相对应的实际成本，进而与相同范围的计划成本进行比较，揭示成本偏差状况，分析偏差的原因，制定有效的措施加以纠正，以保持项目成本在工程进展过程中始终处于受控状态。因此，成本的核算职能不可避免地和成本的计划职能、控制职能、分析预测职能等产生有机的联系，离开了成本核算，就谈不上成本管理，也就谈不上其他职能的发挥，它是项目成本管理中最基本的职能。有时强调项目的成本核算管理，实质上也就包含了建筑装饰施工全过程成本管理的概念。

建筑装饰成本核算对象是指在计算过程中，确定归集和分配生产费用的具体对象，即生产费用承担的客体。单位工程是编制工程预算、制定项目成本计划和与建设单位结算工程价款的计算单位。按照分批（定量）法原则，项目成本一般也应以每一独立编制装饰施工图预算的单位工程或单项装饰工程作为成本核算对象，即归集和分配生产费用的具体现象。

建筑装饰成本核算对象的确定，是设立装饰工程明细分类账户，归集和分配生产费用以及正确计算装饰工程成本的前提。成本核算对象确定之后，各种经济、技术资料归集必须与此统一，一般不要中途变更，以免造成项目成本核算不实、结算漏账和经济责任不清的弊端。

1．项目成本核算制的建立和落实

项目经理部应根据财务制度和会计制度的有关规定，建立项目成本核算制，明确项目成本核算的原则、范围、程序、方法、内容、责任及要求，并设置核算台账，记录原始数据。

项目成本核算制是明确项目成本核算的原则、范围、程序、方法、内容、责任及要求的制度。项目管理必须实行项目成本核算制和项目经理责任制，它们共同构成了项目管理的运行机制。组织管理层与项目管理层的经济关系、管理责任关系、管理权限关系，以及项目管理组织所承担的责任成本核算的范围、核算业务流程和要求等，都应以制度的形式做出明确的规定。

项目经理部应按照规定的时间间隔进行项目成本核算。项目经理部要建立一系列项目业务核算台账和施工成本会计账户，实施全过程的成本核算，具体可分为定期的成本核算和竣工工程成本核算，如：每天、每周、每月的成本核算。定期的成本核算是竣工工程全面成本核算的基础。

项目成本核算应坚持形象进度、产值统计、成本归集三同步的原则。形象进度、产值统计、成本归集三同步，即三者的取值范围应是一致的。形象进度表达的工程量、统计施工产值的工程量和实际成本归集所依据的工程量均应是相同的数值。

项目经理部应编制定期成本报告。建立以单位工程为对象的项目生产成本核算体系，是因为单位工程是施工企业的最终产品（成品），可独立考核。

对竣工工程的成本核算，应区分为竣工工程现场成本和竣工工程完全成本，分别由项目经理部和企业财务部门进行核算分析，其目的在于分别考核项目管理绩效和企业经营效益。

2．成本核算的原则

项目成本核算应遵循以下原则。

1）确认原则

在项目成本管理中对各项经济业务中发生的成本，都必须按一定的标准和范围加以认定和记录。只要是为了经营目的所发生的或预期要发生的，并要求得以补偿的一切支出，都应作为成本来加以确认。正确的成本确认往往与一定的成本核算对象、范围和时期相联系，并必须按一定的确认标准来进行。这种确认标准具有相对稳定性，主要侧重定量，但也会随着经济条件和管理要求的发展而变化。在成本核算中，往往要进行再确认，甚至多次确认。如确认是否属于成本，是否属于特定核算对象的成本（如临时设施先算搭建成本，使用后算摊销费）以及是否属于核算当期成本等。

2）分期核算原则

施工生产是连续不断的，项目为了取得一定时期的项目成本，就必须将施工生产活动划分若干时期，并分期计算各期项目成本。成本核算的分期应与会计核算的分期相一致，

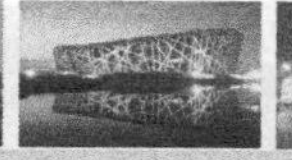

这样便于财务成果的确定。但要指出，成本的分期核算，与项目成本计算期不能混为一谈。无论生产情况如何，成本核算工作，包括费用的归集和分配等都必须按月进行。至于已完项目成本的结算，可以是定期的，按月结转；也可以是不定期的，等到工程竣工后一次结转。

3）实际成本核算原则

要采用实际成本计价。采用定额成本或计划成本方法的，应当合理计算成本差异，月终编制会计报表时，调整为实际成本。即必须根据计算期内实际产量（已完工程量）以及实际消耗和实际价格计算实际成本。

4）权责发生制原则

凡是当期已经实现的收入和已经发生或应当负担的费用，无论款项是否收付，都应作为当期的收入或费用处理；凡是不属于当期的收入或费用，即使款项已经在当期收付，都不应作为当期的收入和费用。权责发生制原则主要从时间选择上确定成本会计确认的基础，其核心是根据权责关系的实际发生和影响期间来确认企业的支出和收益。

5）相关性原则

成本核算要为项目成本管理目标服务，成本核算不只是简单的计算问题，要与管理融于一体才能管用。所以，在具体成本核算方法、程度和标准的选择上，在成本核算对象和范围的确定上，应与施工生产经营特点和成本管理要求特性相结合，并与项目一定时期的成本管理水平相适应。正确地核算出符合项目管理目标的成本数据和指标，真正使项目成本核算成为领导的参谋和助手。无管理目标，成本核算是盲目和无益的，无决策作用的成本信息是没有价值的。

6）一贯性原则

项目成本核算所采用的方法一经确定，不得随意变动。只有这样，才能使企业各期成本核算资料口径统一，前后连贯，相互可比。成本核算办法的一贯性原则体现在各个方面，如耗用材料的计价方法，折旧的计价方法，施工间接费的分配方法，未施工的计价方法等。坚持一贯性原则，并不是一成不变，如确有必要变更，要有充分的理由对原成本核算方法进行改变的必要性做出解释，并说明这种改变对成本信息的影响。如果随意变动成本核算方法，并不加以说明，则有对成本、利润指标、盈亏状况弄虚作假的嫌疑。

7）划分收益性支出与资本性支出原则

划分收益性支出与资本性支出是指成本、会计核算应当严格区分收益性支出与资本性支出界限，以便正确地计算当期损益。所谓收益性支出是指该项目支出发生是为了取得本期收益，即仅仅与本期收益的取得有关，如支付工资、水电费支出等。所谓资本性支出是指不仅为取得本期收益而发生的支出，同时该项支出的发生有助于以后会计期间的支出，如构建固定资产支出。

8）及时性原则

及时性原则是指项目成本的核算、结转和成本信息的提供应当在所要求的时期内完成。要指出的是，成本核算及时性原则，并非越快越好，而是要求成本核算和成本信息的提供，以确保真实为前提，在规定时期内核算完成，在成本信息尚未失去时效的情况下适时提供，确保不影响项目其他环节核算工作的顺利进行。

9）明晰性原则

明晰性原则是指项目成本记录必须直观、清晰、简明、可控、便于理解和利用，使项目经理和项目管理人员了解成本信息的内涵，弄懂成本信息的内容，便于信息利用，有效地控制本项目的成本费用。

10）配比原则

配比原则是指营业收入与其对应的成本、费用应当相互配合。为取得本期收入而发生的成本和费用，应与本期实现的收入在同一时期内确认入账，不得脱节，也不得提前或延后。以便正确计算和考核项目经营成果。

11）重要性原则

重要性原则是指对于成本有重大影响的业务内容，应作为核算的重点，力求精确，而对于那些不太重要的琐碎的经济业务内容，可以相对从简处理，不要事无巨细，均作详细核算。坚持重要性原则能够使成本核算在全面的基础上保证重点，有助于加强对经济活动和经营决策有重大影响和有重要意义的关键性问题的核算，达到事半功倍，简化核算，节约人力、财力、物力，提高工作效率的目的。

12）谨慎原则

谨慎原则是指在市场经济条件下，在成本、会计核算中应当对项目可能发生的损失和费用，做出合理预计，以增强抵御风险的能力。

3．成本报告的编制

项目经理部应在跟踪核算分析的基础上，编制月度（或旬、周）项目成本报告，按规定的时间报送企业成本主管部门，以满足企业进行检查、考核和指导的要求。

对于项目经理部来说，定期编制成本报表是取得项目成功的主要措施之一，在工程施工期间，定期编制成本报表既能提醒注意当前急需解决的问题，又能掌握项目的施工总情况，成本报告报表要以简明扼要、易于阅读的形式来汇集必需的资料数据。

1）工程成本月报表

工程成本月报表是针对每一个施工项目设立的，其资料数据很多都是来自工程成本分类账。工程成本月报表有助于项目经理评价本工程中各个分项工程的成本支出情况，找出具体核算对象成本节超的数额和原因，以便及时采取对策，防止偏差积累而导致成本目标失控。

2）工程成本分析报表

工程成本分析报表将施工项目的分部分项工程成本资料和结算资料汇于一表，起报告工程成本现状的作用，也使得项目经理能够纵观全局。该报表的资料来源于项目的成本日记账和成本分类账，以及应收账款分类账。成本分析报表可以一月一编报，也可以一季编报一次。

2.4.7 项目成本分析与考核

1. 成本分析的方法

项目的成本分析就是根据统计核算、业务核算和会计核算提供的资料，对项目成本的形成过程和影响成本升降的因素进行分析，以寻求进一步降低成本的途径（包括项目成本中的有利偏差的挖潜和不利偏差的纠正)；另一方面，通过成本分析，可从账簿、报表反映的成本现象看清成本的实质，从而增强项目成本的透明度和可控性，为加强成本控制，实现项目成本目标创造条件。由此可见，施工项目成本分析，也是降低成本、提高项目经济效益的重要手段之一。

影响项目成本变动的因素有两个方面，一是外部的属于市场经济的因素，二是内部的属于企业经营管理的因素。这两方面的因素在一定条件下，又是相互制约和相互促进的。影响施工项目成本变动的市场经济因素包括施工企业的规模和技术装备水平，是个企业专业化和协作水平以及企业员工的技术水平和操作的熟练程度等几个方面，这些因素不是在短期内所能改变的。

成本分析依据会计核算、统计核算和业务核算的资料进行。采用比较法、因素分析法、差额分析法和比率法等基本方法；也可采用分部分项成本分析、年季月（或周、旬等）度成本分析、竣工成本分析等综合成本分析方法。

2. 成本考核的要求与内容

项目成本考核是指对项目成本目标完成情况和成本管理工作业绩两方面的考核。这两方面的考核，都属于企业对项目经理部成本监督的范畴。应该说，成本降低水平与成本管理工作之间有着必然的联系，又同受偶然因素的影响，但都是对项目成本评价的一个方面，都是企业对项目成本进行考核和奖惩的依据。

项目的成本考核，特别要强调施工过程的中间考核，这对具有一次性特点的施工项目来说尤为重要。因为通过中间考核发现问题，还能及时弥补；而竣工后的成本考核虽然也很重要，但对成本管理的不足和由此造成的损失，已经无法弥补。

1）项目成本考核的要求

项目成本考核是项目落实成本控制目标的关键。是将项目施工成本总计划支出，在结合项目施工方案、施工手段、施工工艺、讲究技术进步和成本控制的基础上提出的，针对项目不同的管理岗位人员，而做出的成本耗费目标要求。具体要求如下：

（1）组织应建立和健全项目成本考核制度，对考核的目的、时间、范围、对象、方式、依据、指标、组织领导、评价与奖惩原则等做出规定。

（2）组织应以项目成本降低额和项目成本降低率作为成本考核主要指标。项目经理部应设置成本降低额和降低率等考核指标。发现偏离目标时，应及时采取改进措施。

以项目成本降低额和项目成本降低率作为考核的主要指标，要加强组织管理层对项目经理部的指导，并充分依靠技术人员、管理人员和作业人员的经验和智慧，防止项目管理在企业内部异化为靠少数人承担风险的以包代管模式。成本考核也可分别考核组织管理层和项目经理部。

组织应对项目经理部的成本和效益进行全面审核、审计、评价、考核和奖惩。

项目管理组织对项目经理部进行考核与奖惩时，既要防止虚盈实亏，也要避免实际成本归集差错等的影响，使项目成本考核真正做到公平、公正、公开，在此基础上兑现项目成本管理责任制的奖惩或激励措施。

2）项目成本考核的内容

项目成本考核，可以分为两个层次：一是企业对项目经理的考核；二是项目经理对所属部门、施工队和班组的考核。通过层层考核，督促项目经理、责任部门和责任者更好地完成自己的责任成本，从而形成实现项目成本目标的层层保证体系。

（1）企业对项目经理考核的内容

① 项目成本目标和阶段成本目标的完成情况；

② 建立以项目经理为核心的成本管理责任制的落实情况；

③ 成本计划的编制和落实情况；

④ 对各部门、各作业队和班组责任成本的检查和考核情况；

⑤ 在成本管理中贯彻责权利相结合原则的执行情况。

（2）项目经理对所属各部门、各作业队和班组考核的内容

① 对各部门的考核内容包括：一是本部门、本岗位责任成本的完成情况；二是本部门、本岗位成本管理责任的执行情况。

② 对各作业队的考核内容包括：一是对劳务合同规定的承包范围和承包内容的执行情况；二是劳务合同以外的补充收费情况；三是对班组施工任务单的管理情况，以及班组完成施工任务后的考核情况。

③ 对生产班组的考核内容（平时由作业队考核）。以分部分项工程成本作为班组的责任成本。以施工任务单和限额领料单的结算资料为依据，与施工预算进行对比，考核班组责任成本的完成情况。

案例 2.34　某施工项目成本的计算与分析

背景材料　某建筑装饰工程进行地面铺贴花岗岩，计划铺贴面积为 13 000 m^2，使用水泥砂浆。每 100 m^2 铺设需用 2.02 m^3 水泥砂浆，计划用水泥砂浆 262.6 m^3，实际用工程量为 290 m^3，计划价格为 162 元/m^3，实际价格为 158 元/m^3；计划损耗量 2%，实际供应水泥砂浆量 301 m^3，实际成本为 47 558 元。

问题　试分析该过程的成本偏离原因。

案例分析：

1. 确定成本影响因素

现场水泥砂浆总成本 C= 工程量（X_1）× 每立方米工程水泥砂浆用量（X_2）× 水泥砂浆单价（X_3）

从上式可以看出，影响现场水泥砂浆总成本的因素有三个，即

X_1——工程量变更；

X_2——每立方米工程水泥砂浆消耗量变化；

X_3——水泥砂浆价格波动。

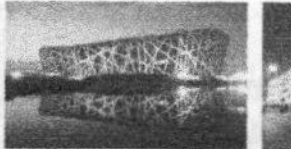

2. 确定原预算用现场水泥砂浆材料费用

预算成本 $C_p = 262.6 \times 1.02 \times 162 = 43\,392$（元）

3. 确定三个因素对成本的影响程度

（1）用实际工程量替换计划工程量，这时 $X_1 = 290\ \mathrm{m}^3$，X_2 和 X_3 不变，则有

$$C_1 = 290 \times 1.02 \times 162 = 47\,920\ (\text{元})$$

由 C_1 减 C_p 得 4 528 元，即由于工程量变更使成本支出增加 4 528 元。

（2）用实际每立方米工程水泥砂浆消耗量替换计划每立方米工程水泥砂浆用量，这时 $X_2 = 301/290 = 1.038$，X_1 和 X_3 不变，则有

$$C_2 = 290 \times 1.038 \times 162 = 48\,765\ (\text{元})$$

用 C_2 减 C_1 得 845 元，即由于现场损耗加大而使每立方米工程现场水泥砂浆消耗增大，造成成本支出增加了 845 元。

（3）用混凝土实际单价替换预算价格，这时 $X_3 = 158$ 元/m^3，X_1 和 X_2 不变，则有：

$$C_3 = 290 \times 1.038 \times 158 = 47\,561\ (\text{元})$$

用 C_3 减 C_2 得 −1 204 元，即由于混凝土价格降低使成本支出减少 1 204 元。

从以上三步替换分析可以看出，各因素对成本的影响方向及影响程度，所有因素的影响额相加就是该成本的总偏差（实际成本与计划成本之差），可由下面公式确定：

$$C_a - C_n = \Sigma C_i$$

式中，C_a——实际成本；C_p——预算成本；C_i——某一影响因素的影响额，$i = 1,2,3,\cdots$。

对于本例则有：

$$47\,561 - 43\,392 = 4\,528 + 845 - 1\,204 = 4\,169\ (\text{元})$$

上式分析结果表明：该项费用的工程量计算有误差，水泥砂浆的充分利用存在问题，而在选择水泥砂浆供应单位和比质比价上做得较好。项目施工管理人员可参照以上分析的结果，采取相应对策来降低成本；如属于工程量变更引起的超支可向业主索赔，如因管理混乱引起的材料浪费现象应加以纠正。

4. 降低建筑装饰工程施工项目成本的途径

（1）认真会审图纸，积极提出修改意见。在建筑装饰项目施工过程中，装饰施工单位必须按图施工。但是，图纸是设计单位按照业主要求设计的，其中起决定作用的是设计人员的主观意图，很少考虑为装饰施工企业提供方便，有时还可能给施工单位出些难题。因此，装饰施工企业应在满足业主要求和保证工程质量的前提下，在取得业主和设计单位同意后，提出修改图纸的意见，同时办理增减账。装饰施工工程比较复杂，施工难度大的项目，要认真对待，并且从方便施工，有利工程进度和保证工程质量，降低资源消耗，增加工程收入等方面综合考虑，提出有科学依据的合理的施工方案，争取业主和设计单位的认同。

（2）加强合同预算管理，增创装饰工程预算收入。具体包括以下几方面：

① 深入研究招标文件和合同内容，正确编制施工图预算。在编制装饰施工图预算时要充分考虑可能发生的成本费用，包括合同内属于包括性质的各项定额外补贴，并将其全部列入施工图预算，然后通过工程款结算向业主取得补偿。也就是凡是政策允许的，要做到该收的费用点滴不漏，以保证项目的预算收入。我们称这种方法为“以支代收”。但有一个政策界限，不能将项目管理不善造成的损失列入施工图预算，更不允许违反政策向业主

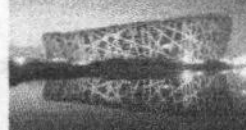

（甲方）高估冒算或乱收费。

② 把合同规定的“开口”项目，作为增加预算收入的重要方面。一般来说，按照设计图纸和装饰预算定额编制的施工图预算，必须受预算定额的制约，很少有灵活伸缩的余地，“开口”项目的取费则有比较大的潜力，是装饰施工项目创收的关键。例如，合同规定、装饰预算定额缺项的项目，可由乙方参照相近定额的情况，在编制装饰施工图预算时是常见的，需要预算人员参照相近定额进行换算。在定额换算过程中，预算员就可以根据设计要求，充分发挥自己的业务技能，提出合理的换算依据，以此摆脱原有定额偏低的约束。

③ 根据工程变更资料，及时办理增减账。由于设计、施工和业主使用要求等各种原因，对新内容所需要的各种资源进行合理评估，及时办理增减账手续，并通过工程款结算从业主处取得补偿。

（3）制定先进的、经济合理的施工方案。建筑装饰工程施工方案包括四项内容：施工方法的确定、施工机具的选择、施工顺序的安排和流水施工组织。施工方案的不同，工期、所需机具就会不同，发生的费用也不同。因此，正确选择施工方案是降低成本的关键，必须强调，建筑装饰工程施工项目的施工方案，应该同时具有先进性和可行性。如果只先进而不可行，不能在施工中发挥有效的指导作用，那就不是最佳施工方案。

（4）降低材料成本。材料成本在整个建筑装饰工程施工项目成本中的比重最大，一般可达 70%左右，而且具有较大的节约潜力，往往在人工费和机具费等成本项目出现亏损时，要靠材料成本的节约来弥补。因此，材料成本的节约是降低项目成本的关键。节约材料费用的途径十分广阔，归纳起来包括以下几个方面：

① 节约采购成本：选择运费少、质量好、价格低的装饰材料供应单位。

② 认真计量验收：如遇数量不足、质量差的装饰材料，要求进行索赔。

③ 严格执行材料消耗定额：通过限额领料制度的落实。

④ 正确核算材料消耗水平：坚持余料回收。

⑤ 改进装饰施工技术：推广新技术、新工艺、新材料。

⑥ 减少资金占用：根据施工需要合理储备各种装饰材料。

⑦ 加强施工现场材料管理：合理堆放，减少搬运，减少仓储和材料流失等。

（5）用好用活激励机制，调动职工增产节约的积极性。用好用活激励机制，应从建筑装饰项目施工的实际情况出发，有一定的随机性。下面举两个例子，作为建筑装饰工程施工项目管理时的参考：

① 对建筑装饰工程施工项目中的关键工序，施工的关键施工班组要实行重奖。如一个装饰工程项目施工结束后，应对在进度和质量起主要保证作用的班组实行重奖，而且说到做到，立即兑现。这对激励职工的生产积极性，促进建筑装饰工程施工项目高速、优质、低耗有明显的效果。

② 对装饰材料操作损耗特别大的工序，可由生产班组直接承包。例如：玻璃易碎，马赛克容易脱胶等，在采购、保管和施工过程中，往往会超过定额规定的损耗系数，甚至超出许多。如果将采购的玻璃、马赛克直接交生产班组进行验收、保管和使用，并按规定的损耗率由生产班组承包，并发给奖金。这样，节约效果相当显著。

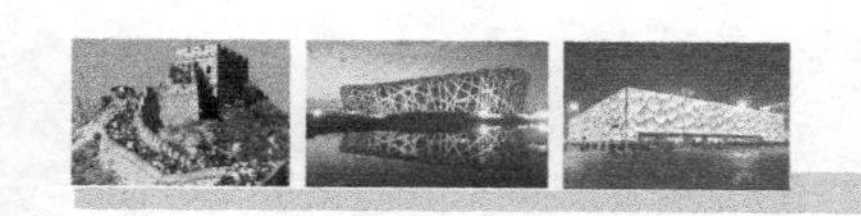

实训指导 成本目标的设定

1．成本总目标的设定思路

要针对施工项目成本的合同要求，依据公司自身的实力，设定成本总目标。

如××公司在××工程项目中设定的成本总目标是：

成本目标：做好合同管理工作，加强生产成本控制，确保工程造价不超过合同价。

2．成本分目标的设定思路

（1）按各单位工程、分部工程和分项工程工作量，将成本总目标层层分解。

（2）按各专业班组各阶段的任务（工作量），设定成本分目标。

3．成本保证计划编制的思路

（1）确定工程施工需要的人力资源；

（2）确定组织形式、岗位和各专业班组；

（3）成本分目标的设定；

（4）分析、确认实现成本分目标所需采取的措施、方法和手段；

（5）将已确认的措施、方法和手段，转化为各岗位和各专业班组针对控制工程成本的、按照一定顺序进行的各阶段工作任务。

思考题 2

1．施工项目安全管理的概念是什么？

2．安全管理应坚持哪些基本原则？

3．在施工项目安全管理中应采取哪些措施？

4．安全检查常用的形式有哪几种？

5．施工质量管理的重要性是什么？

6．工程质量、工序质量、工作质量的含义是什么？

7．影响施工项目质量的因素有哪几个方面？

8．施工项目进度管理的基本概念和任务是什么？

9．施工项目进度管理可采取哪些措施？

10．影响施工项目进度的因素有哪些？

11．网络计划方法的基本原理是什么？

12．试分析比较横道计划与网络计划的优缺点。

13．简述施工项目成本的含义。

14．施工项目成本的基本形式有哪几种？

15．施工项目成本管理包括哪些内容？

16．有哪些途径可以降低施工项目成本？

第3章 建筑装饰工程施工项目合同管理

教学导航

教	内容提要	主要阐述建筑装饰工程施工项目合同、建筑装饰工程担保类型、施工合同实施过程的管理，介绍了工程的索赔类型、索赔证据和索赔的解决方式
	知识重点	建筑装饰工程施工项目合同实施过程的管理
	知识难点	工程索赔和反索赔的处理
	推荐教学方式	采用案例教学结合课堂讲授、合同评审实训结合互动式讨论的教学方式
	建议学时	6～8学时
学	学习要求	要求熟悉建筑装饰工程施工项目合同的主要内容，掌握施工合同实施的管理和工程索赔，了解建筑装饰工程的担保
	推荐学习方法	结合案例认真学习合同文本的具体内容，通过合同评审实训，掌握合同管理相关知识
	必须掌握的理论知识	合同的订立、实施和控制等工作的相关知识
	必须掌握的技能	合同评审
做	任务7	施工项目合同评审

任务 7 施工项目合同评审

1．任务目的

通过合同评审，促进学生对施工项目合同管理意义和内容的更深刻地理解，并掌握相应的管理技能。

2．任务要求

以某一施工项目合同为实例，通过课本和相关规范的学习，对拟签合同进行审查、认定和评价。应认真研究合同文件和发包人所提供的信息，确保合同要求得以实现。

3．任务要点

（1）招标内容和合同的合法性审查；
（2）招标文件和合同条款的合法性和完备性审查；
（3）合同双方责任、权益和项目范围认定；
（4）与产品或过程有关要求的评审；
（5）合同风险评估。

小知识 合同评审应在合同签订之前进行，主要是对招标文件和合同提交进行审查、认定和评价。

4．任务实施

（1）由老师提供一个工程案例或由学生自主选择案例；
（2）学生初步编写合同评审报告；
（3）通过学习了解任务相关知识；
（4）学习过程中不断完善该任务；
（5）能对已完成任务的内容做出全面解释；
（6）完成本任务的实训报告。

3.1 施工合同的主要内容

建筑装饰工程施工合同是建筑装饰工程发包方和承包方为完成商定的建筑装饰工程施工，明确双方权利、义务的协议。建筑装饰工程施工合同一旦签订，发包方和承包方都应严格依照合同各项条款的规定全面履行各自的义务，完成建筑装饰工程的施工任务，同时享有相应的权利。

3.1.1 《建筑装饰工程施工合同》示范文本

《建筑装饰工程施工合同》示范文本，是继建设部、国家工商行政管理局联合制定颁发《建设工程施工合同》示范文本之后，又一部有关建筑工程范畴之内的经济合同文本。

不同的建筑装饰工程，其工程规模、建筑装饰标准和装修范围相差很大。为了使合同

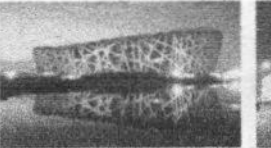

文本能适用于不同工程规模、不同建筑装饰标准、不同装修范围的建筑装饰工程，这套合同示范文本分为“甲种本”（GF-1996-0205）和“乙种本”（GF-1996-0206）两个版本。

“甲种本”要在《建设工程施工合同》示范文本（GF-2013-0201）的基础上，结合建筑装饰工程特点来制定合同文本，由合同条件和协议条款两部分组成，条款较多，文本内容比较详尽，涉及范围较广，适用于工程规模大、结构复杂、建筑装饰标准较高的建筑装饰工程。

“乙种本”所含内容相对比较简单，仍然采用了我们过去通常使用的填空式的合同文本形式，适用于工程量较小、工期较短的建筑装饰工程或私人住宅的建筑装饰工程。

3.1.2　《建筑装饰工程施工合同》“甲种本”主要内容和使用方法

《建筑装饰工程施工合同》“甲种本”由“合同条件”和“协议条款”两大部分组成。

“合同条件”包括“词语含义及合同条件”，“双方一般责任”，“施工组织设计和工期”，“质量与检验”，“合同价款及支付方式”，“材料供应”，“设计变更”，“竣工与结算”，“争议、违约和索赔”和“其他”十个部分，共 44 条 138 款。这些条款是针对工程承发包双方权利和义务的通用条款，一经商定，双方都必须严格履行。

“协议条款”的各项条款都是空白的。为了便于施工合同的使用，“协议条款”除第一条与“合同条件”第一条不对应外，其余各条的编号和内容都与“合同条件”相对应。甲乙双方结合工程具体情况，将协商一致的意见写入“协议条款”中相应的条款之内，作为对“合同条件”中通用条款的补充、修改和删节。

对一些不需采用的“合同条件”条款，针对不需采用条款数量的多少，在“协议条款”内可采用两种方法来分别进行处理。一种方法是，不采用的条款较多时，将不采用的条款略去，其他条款在“协议条款”中按条款编号顺序写出。另一种方法是，不采用的条款较少时，可按“合同条件”的条款顺序将其一一列入“协议条款”中，在条款内注明“无协议约定内容”或“不采用”字样。对合同条件内条款不包括的内容，甲乙双方协商约定需要增加的条款，可以在协议条款内增加。

3.1.3　《建筑装饰工程施工合同》“乙种本”主要内容和使用方法

《建筑装饰工程施工合同》“乙种本”包括“工程概况”、“甲方工作”、“乙方工作”、“关于工期的约定”、“关于工程质量及验收的约定”、“关于工程价款及结算的约定”、“关于材料供应的约定”、“有关安全生产和防火的约定”、“奖励和违约责任”、“争议或纠纷处理”、“其他约定”、“附则”12 条，共 54 款。

《建筑装饰工程施工合同》“乙种本”适用于工程量较小、工期较短、施工工艺较为简单的建筑装饰工程的需要，便于甲乙双方在实际工作中使用。乙种本采取以填空式为主，将合同双方的权利和义务，与应协商的内容混合在一起。在实际的使用过程中，若甲乙双方发现合同条款不符合工程实际情况，或对条款有不同意见时，双方通过协商一致，可另行商定新的条款。对双方一致同意不采纳或需要修改的条款，可以注明“取消”，或在合同中填写修改内容。

3.1.4 《建筑装饰工程施工合同》"甲种本"示范文本

建筑装饰工程施工合同

（甲种本）

第一部分　合同条件

一、词语含义及合同文件

第一条　词语含义。在本合同中，下列词语除协议条款另有约定外，应具有本条所赋予的含义。

1．合同：是指为实施工程，发包方和承包方之间达成的明确相互权利和义务关系的协议，包括合同条件、协议条款以及双方协商同意的与合同有关的全部文件。

2．协议条款：是指结合具体工程，除合同条件外，经发包方和承包方协商达成一致意见的条款。

3．发包方（简称甲方）：协议条款约定的具有工程发包主体资格和支付工程价款能力的当事人。

甲方的具体身份、发包范围、权限、性质均需在协议条款内约定。

4．承包方（简称乙方）：协议条款约定的具有工程承包主体资格并被甲方接受的当事人。

5．甲方驻工地代表（简称甲方代表）：甲方在协议条款内指定的履行合同的负责人。

6．乙方驻工地代表（简称乙方代表）：乙方在协议条款内指定的履行合同的负责人。

7．社会监理：甲方委托具备法定资格的工程建设监理单位对工程进行的监理。

8．总监理工程师：工程建设监理单位委派的监理总负责人。

9．设计单位：甲方委托的具备与工程相应资质等级的设计单位。本合同工程的装饰或二次及以上的装饰，甲方委托乙方部分或全部设计，且乙方具备相应设计资质，甲、乙双方另行签订设计合同。

10．工程：是指为使建筑物、构筑物内、外空间达到一定的环境质量要求，使用装饰装修材料，对建筑物、构筑物外表和内部进行修饰处理的工程。包括对旧有建筑物及其设施表面的装饰处理。

11．工程造价管理部门：各级建设行政主管部门或其授权的建设工程造价管理部门。

12．工程质量监督部门：各级建设行政主管部门或其授权的建设工程质量监督机构。

13．合同价款：甲、乙双方在协议条款内约定的、用以支付乙方按照合同要求完成全部工程内容的价款总额。招标工程的合同价款为中标价格。

14．追加合同价款：在施工中发生的、经甲方确认后按计算合同价款的方法增加的合同价款。

15．费用：甲方在合同价款之外需要直接支付的开支或乙方应承担的开支。

16．工期：协议条款约定的、按总日历天数（包括一切法定节假日在内）计算的工期天数。

17．开工日期：协议条款约定的绝对或相对的工程开工日期。

18．竣工日期：协议条款约定的绝对或相对的工程竣工日期。

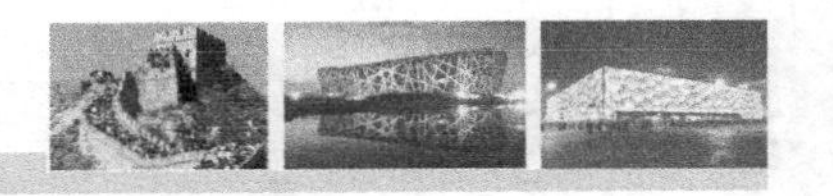

19．图纸：由甲方提供或乙方提供经甲方代表批准，乙方用以施工的所有图纸（包括配套说明和有关资料）。

20．分段或分部工程：协议条款约定构成全部工程的任何分段或分部工程。

21．施工场地：由甲方提供，并在协议条款内约定，供乙方施工、操作、运输、堆放材料的场地及乙方施工涉及的周围场地（包括一切通道）。

22．施工设备和设施：按协议条款约定，由甲方提供给乙方施工和管理使用的设备或设施。

23．工程量清单：发包方在招标文件中提供的、按法定的工程量计算方法（规则）计算的全部工程的分部分项工程量明细清单。

24．书面形式：根据合同发生的手写、打印、复写、印刷的各种通知、证明、证书、签证、协议、函件及经过确认的会议纪要、电报、电传等。

25．不可抗力：指因战争、动乱、空中飞行物坠落或其他非甲乙方责任造成的爆炸、火灾，以及协议条款约定的自然灾害等。

第二条　合同文件及解释顺序。合同文件应能互相解释，互为说明。除合同另有约定外，其组成和解释顺序如下：

1．协议条款；

2．合同条件；

3．洽商、变更等明确双方权利、义务的纪要、协议；

4．建设工程施工合同；

5．监理合同；

6．招标发包工程的招标文件、投标书和中标通知书；

7．工程量清单或确定工程造价的工程预算书和图纸；

8．标准、规范和其他有关的技术经济资料、要求。当合同文件出现含糊不清或不一致时，由双方协商解决也协商不成时，按协议条款第三十五条约定的办法解决。

第三条　合同文件使用的语言文字、标准和适用法律。合同文件使用汉语或协议条款约定的少数民族语言书写、解释和说明。

施工中必须使用协议条款约定的国家标准、规范；没有国家标准、规范时，有行业标准、规范的，使用行业标准、规范；有国家和行业规范的，使用地方的标准、规范。甲方应按协议条款约定的时间向乙方提供一式两份约定的标准、规范。

国内没有相应标准、规范时，乙方应按协议条款约定的时间和要求提出施工工艺，经甲方代表和设计单位批准后执行。甲方要求使用国外标准、规范的，应负责提供中文译本。本条所发生购买、翻译和制定标准、规范的费用，均由甲方承担。

适用于合同文件的法律是国家的法律、法规（含地方法规），及协议条款约定的规章。

第四条　图纸。甲方在开工日期 7 天之前按协议条款约定的日期和份数，向乙方提供完整的施工图纸。乙方需要超过协议条款双方约定的图纸份数，甲方应代为复制，复制费用由乙方承担。

使用国外或境外图纸，不能满足施工需要时，双方在协议条款内约定复制、重新绘制、翻译、购买标准图纸等的责任和费用承担。

二、双方一般责任

第五条　甲方代表。甲方代表按照以下要求，行使合同约定的权利，履行合同约定的义务：

1．甲方代表可委派有关具体管理人员，行使自己部分权利和职责，并可在任何时候撤回这种委派。委派和撤回均应提前 7 天通知乙方。

2．甲方代表的指令、通知由其本人签字后，以书面形式交给乙方代表，乙方代表在回执上签署姓名和收到时间后生效。确有必要时，甲方代表可发出口头指令，并在 48 小时内给予书面确认，乙方对甲方代表的指令应予执行。甲方代表不能及时给予书面确认，乙方应于甲方代表发出口头指令后 7 天内提出书面确认要求，甲方代表在乙方提出确认要求 24 小时后不予答复，视为乙方要求已被确认。乙方认为甲方代表指令不合理，应在收到指令后 24 小时内提出书面申告，甲方代表在收到乙方申告后 24 小时内做出修改指令或继续执行原指令的决定，并以书面形式通知乙方。紧急情况下，甲方代表要求乙方立即执行的指令或乙方虽有异议，但甲方代表决定仍继续执行的指令，乙方应予执行。因指令错误而发生的追加合同价款和对乙方造成的损失由甲方承担，延误的工期相应顺延。

3．甲方代表应按合同约定，及时向乙方提供所需指令、批准、图纸并履行其他约定的义务。否则乙方在约定时间后 24 小时内将具体要求、需要的理由和迟误的后果通知甲方代表，甲方代表收到通知后 48 小时内不予答复，应承担由此造成的追加合同价款，并赔偿乙方的有关损失，延误的工期相应顺延。

甲方代表易人，甲方应于易人前 7 天通知乙方，后任继续履行合同文件约定的前任的权利和义务。

第六条　委托监理。本工程甲方委托监理，应与监理单位签订监理合同。并在本合同协议条款内明确监理单位、总监理工程师及其应履行的职责。本合同中总监理工程师和甲方代表的职责不能相互交叉。非经甲方同意，总监理工程师及其代表无权解除本合同中乙方的任何义务。

合同履行中，发生影响甲、乙双方权利和义务的事件时，总监理工程师应做出公正的处理。

为保证施工正常进行，甲乙双方应尊重总监理工程师的决定。对总监理工程师的决定有异议时，按协议条款的约定处理。

总监理工程师易人，甲方接到监理单位通知后应同时通知乙方，后任继续履行赋予前任的权利和义务。

第七条　乙方驻工地代表。乙方任命驻工地负责人，按以下要求行使合同约定的权利，履行合同约定的义务：

1．乙方的要求、请求和通知，以书面形式由乙方代表签字后送甲方代表，甲方代表在回执上签署姓名及收到时间后生效。

2．乙方代表按甲方代表批准的施工组织设计（或施工方案）和依据合同发出的指令、要求组织施工。在情况紧急且无法与甲方代表联系的情况下，可采取保护人员生命和工程、财产安全的紧急措施，并在采取措施后 24 小时内向甲方代表送交报告。责任在甲方，由甲方承担由此发生的追加合同价款，相应顺延工期；责任在乙方，由乙方承担费用。

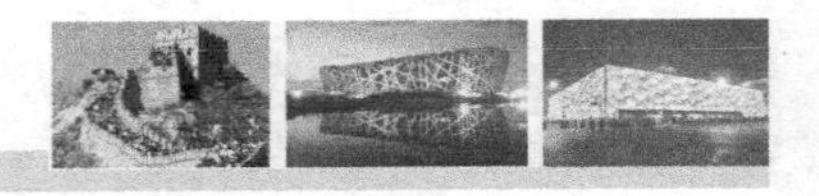

乙方代表易人，乙方应于易人前 7 天通知甲方，后任继续履行合同文件约定的前任的权利和义务。

第八条 甲方工作。甲方按协议条款约定的内容和时间，一次或分阶段完成以下工作：

1．提供施工所需的场地，并清除施工场地内一切影响乙方施工的障碍；或承担乙方在不腾空的场地内施工采取的相应措施所发生的费用，一并计入合同价款内。

2．向乙方提供施工所需水、电、热力、电信等管道线路，从施工场地外部接至协议条款约定的地点，并保证乙方施工期间的需要。

3．负责本工程涉及的市政配套部门及当地各有关部门的联系和协调工作。

4．协调施工场地内各交叉作业施工单位之间的关系，保证乙方按合同的约定顺利施工。

5．办理施工所需的有关批件、证件和临时用地等的申请报批手续。

6．组织有关单位进行图纸会审，向乙方进行设计交底。

7．向乙方有偿提供协议条款约定的施工设备和设施。

甲方不按协议条款约定的内容和时间完成以上工作，造成工期延误，承担由此造成的追加合同价款，并赔偿乙方有关损失，工期相应顺延。

第九条 乙方工作。乙方按协议条款约定的时间和要求做好以下工作：

1．在其设计资格证书允许的范围内，按协议条款的约定完成施工图设计或与工程配套的设计，经甲方代表批准后使用。

2．向甲方代表提供年、季、月度工程进度计划及相应统计报表和工程事故报告。

3．在腾空后单独由乙方施工的施工场地内，按工程和安全需要提供和维修非夜间施工使用的照明、看守、围栏和警卫。乙方未履行上述义务造成工程、财产和人身伤害，由乙方承担责任及所发生的费用。

在新建工程或不腾空的建筑物内施工时，上述设施和人员由建筑工程承包人或建筑物使用单位负责，乙方不承担任何责任和费用。

4．遵守地方政府和有关部门对施工场地交通和施工噪声等管理规定，经甲方代表同意，需办理有关手续的，由甲方承担由此发生的费用；因乙方责任造成的罚款除外。

5．遵守政府和有关部门对施工现场的一切规定和要求，承担因自身原因违反有关规定造成的损失和罚款。

6．按协议条款的约定保护好建筑物结构和相应管线、设备。

7．已竣工工程未交付甲方验收之前，负责成品保护，保护期间发生损坏，乙方自费予以修复。第三方原因造成损坏，通过甲方协调，由责任方负责修复；或乙方修复，由甲方承担追加合同价款。要求乙方采取特殊措施保护的分段和分部工程，其费用由甲方承担，并在协议条款内约定。由于乙方不履行上述义务，造成工期延误和经济损失，责任由乙方承担。

三、施工组织设计和工期

第十条 施工组织设计及进度计划。乙方应在协议条款约定的日期，将施工组织设计（或施工方案）和进度计划提交甲方代表。甲方代表应按协议条款约定的时间予以批准或提出修改意见，逾期不批复，可视为该施工组织设计（或施工方案）和进度计划已经批准。乙方必须按批准的进度计划组织施工，接受甲方代表对进度的检查、监督。工程实际进展与进度计划不符时，乙方应按甲方代表的要求提出措施，甲方代表批准后执行。

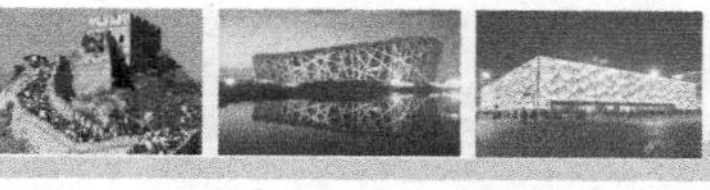

第十一条 延期开工。乙方按协议条款约定的开工日期开始施工。乙方不能按时开工，应在协议条款约定的开工日期 7 天前，向甲方代表提出延期开工的理由和要求，甲方代表在 7 天内答复乙方。甲方代表 7 天内不予答复，视为已同意乙方要求，工期相应顺延。甲方代表不同意延期要求或乙方未在规定时间内提出延期开工要求，竣工工期不予顺延。

甲方征得乙方同意并以书面形式通知乙方后，可要求推迟开工日期，承担乙方因此造成的追加合同价款，相应顺延工期。

第十二条 暂停施工。甲方代表在确有必要时，可要求乙方暂停施工，并在提出要求后 48 小时内提出处理意见。乙方应按甲方要求停止施工，并妥善保护已完工工程。乙方实施甲方代表处理意见后，可提出复工要求，甲方代表应在 48 小时内给予答复。甲方代表未能在规定时间内提出处理意见，或收到乙方复工要求后 48 小时内未予答复，乙方可自行复工。停工责任在甲方，由甲方承担追加合同价款，相应顺延工期；停工责任在乙方，由乙方承担发生的费用。因甲方代表不及时做出答复，施工无法进行，乙方可认为甲方已部分或全部取消合同，由甲方承担违约责任。

第十三条 工期延误。由于以下原因造成工期延误，经甲方代表确认，工期相应顺延。

1．甲方不能按协议条款的约定提供开工条件；
2．工程量变化和设计变更；
3．一周内，非乙方原因停水、停电、停气造成停工累计超过 8 小时；
4．工程款未按时支付；
5．不可抗力；
6．其他非乙方原因的停工。

乙方在以上情况发生后 7 天内，就延误的内容和因此发生的追加合同价款向甲方代表提出报告，甲方代表在收到报告后 7 天内予以确认、答复，逾期不予答复，乙方可视为延期及要求已被确认。

非上述原因，工程不能按合同工期竣工，乙方按协议条款约定承担违约责任。

第十四条 工期提前。施工中如需提前竣工，双方协商一致后应签订提前竣工协议。乙方按协议修订进度计划，报甲方批准。甲方应在 7 天内给予批准，并为赶工提供方便条件。提前竣工协议包括以下主要内容：

1．提前的时间；
2．乙方采取的赶工措施；
3．甲方为赶工提供的条件；
4．赶工措施的追加合同价款和承担；
5．提前竣工受益（如果有）的分享。

四、质量与检验

第十五条 工程样板。按照协议条款规定，乙方制作的样板间，经甲方代表检验合格后，由甲乙双方封存。样板间作为甲方竣工验收的实物标准。制作样板间的全部费用，由甲方承担。

第十六条 检查和返工。乙方应认真按照标准、规范、设计和样板间标准的要求以及甲方代表依据合同发出的指令施工，随时接受甲方代表及其委派人员检查检验，为检查检验提供便利条件，并按甲方代表及其委派人员的要求返工、修改，承担因自身原因导致返工、修改的费用。因甲方不正确纠正或其他原因引起的追加合同价款，由甲方承担。

以上检查检验合格后，又发现由乙方原因引起的质量问题，仍由乙方承担责任和发生的费用，赔偿甲方的有关损失，工期相应顺延。

检查检验合格后再进行检查检验应不影响施工的正常进行，如影响施工的正常进行，检查检验不合格，影响施工的费用由乙方承担。除此之外影响正常施工的追加合同价款由甲方承担，相应顺延工期。

第十七条 工程质量等级。工程质量应达到国家或专业的质量检验评定标准的合格条件。甲方要求部分或全部工程质量达到优良标准，应支付由此增加的追加合同价款，对工期有影响的应给予相应的顺延。

达不到约定条件的部分，甲方代表一经发现，可要求乙方返工，乙方应按甲方代表要求返工，直到符合约定条件。因乙方原因达不到约定条件，由乙方承担返工费用，工期不予顺延。返工后仍不能达到约定条件，乙方承担违约责任。因甲方原因达不到约定条件，由甲方承担返工的追加合同价款，工期相应顺延。

双方对工程质量有争议，请协议条款约定的质量监督部门调解，调解费用及因此造成的损失，由责任一方承担。

第十八条 隐蔽工程和中间验收。工程具备隐蔽条件或达到协议条款约定的中间验收部位，乙方自检合格后，在隐蔽和中间验收 48 小时前通知甲方代表参加。通知包括乙方自检记录、隐蔽和中间验收的内容、验收时间和地点。乙方准备验收记录。验收合格，甲方代表在验收记录上签字后，方可进行隐蔽和继续施工。验收不合格，乙方在限定时间内修改后重新验收。工程符合规范要求，验收 24 小时后，甲方代表不在验收记录上签字，可视为甲方代表已经批准，乙方可进行隐蔽或继续施工。

甲方代表不能按时参加验收，须在开始验收 24 小时之前向乙方提出延期要求，延期不能超过两天，甲方代表未能按以上时间提出延期要求或不参加验收，乙方可自行组织验收，甲方应承认验收记录。

第十九条 重新检验。无论甲方代表是否参加验收，当其提出对已经验收的隐蔽工程重新检验的要求时，乙方应按要求进行剥露，并在检验后重新隐蔽或修复后隐蔽。检验合格，甲方承担由此发生的追加合同价款，赔偿乙方损失并相应顺延工期。检验不合格，乙方承担发生的费用，工期也予顺延。

五、合同价款及支付方式

第二十条 合同价款与调整。合同价款及支付方式在协议条款内约定后，任何一方不得擅自改变。发生下列情况之一的可做调整：

1．甲方代表确认的工程量增减；

2．甲方代表确认的设计变更或工程洽商；

3．工程造价管理部门公布的价格调整；

4．一周内非乙方原因造成停水、停电、停气累计超过 8 小时；

5．协议条款约定的其他增减或调整。

双方在协议条款内约定调整合同价款的方法及范围。乙方在需要调整合同价款时，在协议条款约定的天数内，将调整的原因、金额以书面形式通知甲方代表，甲方代表批准后通知经办银行和乙方。甲方代表收到乙方通知后 7 天内不做答复，视为已经批准。

对固定价格合同，双方应在协议条款内约定甲方给予乙方的风险金额或按合同价款一定比例约定风险系数，同时双方约定乙方在固定价格内承担的风险范围。

第二十一条　工程款预付。甲方按协议条款约定的时间和数额，向乙方预付工程款，开工后按协议条款约定的时间和比例逐次扣回。甲方不按协议条款约定预付工程款，乙方在约定预付时间 7 天后向甲方发出要求预付工程款的通知，甲方在收到通知后仍不能按要求预付工程款，乙方可在发出通知 7 天后停止施工，甲方从应付之日起向乙方支付应付款的利息并承担违约责任。

第二十二条　工程量的核实确认。乙方按协议条款约定的时间，向甲方代表提交已完工程量的报告。甲方代表接到报告后 7 天内按设计图纸核实已完工程数量（以下简称计量），并提前 24 小时通知乙方。乙方为计量提供便利条件并派人参加。

乙方无正当理由不参加计量，甲方代表自行进行，计量结果视为有效，作为工程价款支付的依据。甲方代表收到乙方报告后 7 天内未进行计量，从第 8 天起，乙方报告中开列的工程量视为已被确认，作为工程款支付的依据。甲方代表不按约定时间通知乙方，使乙方不能参加计量，计量结果无效。

甲方代表对乙方超出设计图纸要求增加的工程量和自身原因造成的返工的工程量，不予计量。

第二十三条　工程款支付。甲方按协议条款约定的时间和方式，根据甲方代表确认的工程量，以构成合同价款相应项目的单价和取费标准计算出工程价款，经甲方代表签字后支付。甲方在计量结果签字后超过 7 天不予支付，乙方可向甲方发出要求付款通知，甲方在收到乙方通知后仍不能按要求支付，乙方可在发出通知 7 天后停止施工，甲方承担违约责任。

经乙方同意并签订协议，甲方可延期付款。协议需明确约定付款日期，并由甲方支付给乙方从计量结果签字后第 8 天起计算的应付工程价款利息。

六、材料供应

第二十四条　材料样品或样本。不论甲乙任何一方供应都应事先提供材料样品或样本，经双方验收后封存，作为材料供应和竣工验收的实物标准。甲方或设计单位指定的材料品种，由指定者提供指定式样、色调和规格的样品或样本。

第二十五条　甲方提供材料。甲方按照协议条款约定的材料种类、规格、数量、单价、质量等级和提供时间、地点的清单，向乙方提供材料及其产品合格证明。甲方代表在所提供材料验收 24 小时前将通知送达乙方，乙方派人与甲方一起验收。无论乙方是否派人参加验收，验收后由乙方妥善保管，甲方支付相应的保管费用。发生损坏或丢失，由乙方负责赔偿。甲方不按规定通知乙方验收，乙方不负责材料设备的保管，损坏或丢失由甲方负责。

甲方供应的材料与清单或样品不符，按下列情况分别处理：

1．材料单价与清单不符，由甲方承担所有差价；

2．材料的种类、规格、型号、质量等级与清单或样品不符，乙方可拒绝接收保管，由甲方运出施工现场并重新采购；

3．到货地点与清单不符，甲方负责倒运至约定地点；

4．供应数量少于清单约定数量时，甲方将数量补齐；多于清单数量时，甲方负责将多余部分运出施工现场；

5．供应时间早于清单约定时间，甲方承担因此发生的保管费用。

因以上原因或迟于清单约定时间供应而导致的追加合同价款，由甲方承担。发生延误，工期相应顺延，并由甲方赔偿乙方由此造成的损失。

乙方检验通过之后仍发现有与清单和样品的规格、质量等级不符的情况，甲方还应承担重新采购及返工的追加合同价款，并相应顺延工期。

第二十六条 乙方供应材料。乙方根据协议条款约定，按照设计、规范和样品的要求采购工程需要的材料，并提供产品合格证明。在材料设备到货 24 小时前通知甲方代表验收。对与设计、规范和样品要求不符的产品，甲方代表应禁止使用，由乙方按甲方代表要求的时间运出现场，重新采购符合要求的产品，承担由此发生的费用，工期不予顺延。甲方未能按时到场验收，以后发现材料不符合规范、设计和样品要求，乙方仍应拆除、修复及重新采购，并承担发生的费用。由此延误的工期相应顺延。

第二十七条 材料试验。对于必须经过试验才能使用的材料，不论甲乙双方任何一方供应，按协议条款的约定，由乙方进行防火阻燃、毒性反应等测试。不具备测试条件的，可委托专业机构进行测试，费用由甲方承担。测试结果不合格的材料，凡未采购的应停止采购，凡已采购运至现场的，应立即由采购方运出现场，因此造成的全部材料采购费用，由采购方承担。甲方或设计单位指定的材料不合格，由甲方承担全部材料采购费用。

七、设计变更

第二十八条 甲方变更设计。甲方变更设计，应在该项工程施工前 7 天通知乙方。乙方已经施工的工程，甲方变更设计应及时通知乙方，乙方在接到通知后立即停止施工。

由于设计变更造成乙方材料积压，应由甲方负责处理，并承担全部处理费用。

由于设计变更，造成乙方返工需要的全部追加合同价款和相应损失均由甲方承担，相应顺延工期。

第二十九条 乙方变更设计。乙方提出合理化建议涉及变更设计和对原定材料的换用，必须经甲方代表及有关部门批准。合理化建议节约的金额，甲乙双方协商分享。

第三十条 设计变更对工程影响。所有设计变更，双方均应办理变更洽商签证。发生设计变更后，乙方按甲方代表的要求，进行下列对工程影响的变更：

1．增减合同中约定的工程数量；

2．更改有关工程的性质、质量、规格；

3．更改有关部分的标高、基线、位置和尺寸；

4．增加工程需要的附加工作；

5．改变有关工程施工的时间和顺序。

第三十一条 确定变更合同价款及工期。发生设计变更后，在双方协商时间内，乙方按下列方法提出变更价格，送甲方代表批准后调整合同价款：

1．合同中已有适用于变更工程的价格，按合同已有的价格变更合同价款；

2．合同中只有类似于变更情况的价格，可以此作为基础确定变更价格，变更合同价款；

3．合同中没有适用的类似的价格，由乙方提出适当的变更价格，送甲方代表批准后执行。

设计变更影响到工期，由乙方提出变更工期，送甲方代表批准后调整竣工日期。

甲方代表不同意乙方提出的变更价格及工期，在乙方提出后7天内通知乙方提请工程造价管理部门或有关工期管理部门裁定，对裁定有异议，按第三十五条约定的方法解决。

八、竣工与结算

第三十二条 竣工验收。工程具备竣工验收条件，乙方按国家工程竣工验收有关规定，向甲方代表提供完整竣工资料和竣工验收报告，按协议条款约定的日期和份数向甲方提交竣工图。甲方代表收到竣工验收报告后，在协议条款约定的时间内组织有关部门验收，并在验收后7天内给予批准或提出修改意见。乙方按要求修改，并承担由自身原因造成修改的费用。

甲方代表在收到乙方送交的竣工验收报告7天内无正当理由不组织验收，或验收后7天内不予批准且不能提出修改意见，视为竣工验收报告已被批准，即可办理结算手续。

竣工日期为乙方送交竣工验收报告的日期，需修改后才能达到竣工要求的，应为乙方修改后提请甲方验收的日期。

甲方不能按协议条款约定日期组织验收，应从约定期限最后一天的次日起承担保管费用。

因特殊原因，部分工程或部位须甩项竣工时，双方订立甩项竣工协议，明确各方责任。

第三十三条 竣工结算。竣工报告批准后，乙方应按国家有关规定或协议条款约定的时间、方式向甲方代表提出结算报告，办理竣工结算。甲方代表收到结算报告后应在7天内给予批准或提出修改意见，在协议条款约定时间内将拨款通知送经办银行支付工程款，并将副本送乙方。乙方收到工程款14天内将竣工工程交付甲方。

甲方无正当理由收到竣工报告后14天内不办理结算，从第15天起按施工企业向银行同期贷款的最高利率支付工程款的利息，并承担违约责任。

第三十四条 保修。乙方按国家有关规定和协议条款约定的保修项目、内容、范围、期限及保修金额和支付办法，进行保修并支付保修金。

保修期从甲方代表在最终验收记录上签字之日算起。分单项验收的工程，按单项工程分别计算保修期。

保修期内，乙方应在接到修理通知之后7天内派人修理，否则，甲方可委托其他单位或人员修理。因乙方原因造成返修的费用，甲方在保修金内扣除，不足部分，由乙方交付。因乙方之外原因造成返修的费用，由甲方承担。

采取按合同价款约定比率，在甲方应付乙方工程款内预留保修金办法的，甲方应在保修期满后14天内结算，将剩余保修金和按协议条款约定利率计算的利息一起退还乙方。

九、争议、违约和索赔

第三十五条 争议。本合同执行过程中发生争议，由当事人双方协商解决，或请有关部门调解。当事人不愿协商、调解解决或者协商、调解不成的，双方在协议条款内约定由仲裁委员会仲裁。当事人双方未约定仲裁机构，事后又没有达成书面仲裁协议的，可向人民法院起诉。

发生争议后，除出现以下情况的，双方都应继续履行合同，保持施工连续，保护好已完工程：

1．合同确已无法履行；

2．双方协议停止施工；

3．调解要求停止施工，且为双方所接受；

4．仲裁委员会要求停止施工；

5．法院要求停止施工。

第三十六条 违约。甲方代表不能及时给出必要指令、确认、批准，不按合同约定支付款项或履行自己的其他义务及发生其他使合同无法履行的行为，应承担违约责任（包括支付因违约导致乙方增加的费用和从支付之日计算的应支付款项的利息等），相应顺延工期，按协议条款约定支付违约金，赔偿因其违约给乙方造成的窝工等损失。

乙方不能按合同工期竣工，施工质量达不到设计和规范的要求，或发生其他使合同无法履行的行为，乙方应承担违约责任，按协议条款约定向甲方支付违约金，赔偿因其违约给甲方造成的损失。

除非双方协议将合同终止或因一方违约使合同无法履行，违约方承担上述违约责任后仍应继续履行合同。

因一方违约使合同不能履行，另一方欲中止或解除全部合同，应以书面形式通知违约方，违约方必须在收到通知之日起 7 天内做出答复，超过 7 天不予答复视为同意中止或解除合同，由违约方承担违约责任。

第三十七条 索赔。甲方未能按协议条款约定提供条件、支付各种费用、顺延工期、赔偿损失，乙方可按以下规定向甲方索赔：

1．有正当索赔理由，且有索赔事件发生时的相关证据；

2．索赔事件发生后 14 天内，向甲方代表发出要求索赔的意向；

3．在发出索赔意向后 14 天内，向甲方代表提交全部和详细的索赔资料和金额；

4．甲方在接到索赔资料后 7 天内给予批准，或要求乙方进一步补充索赔理由和证据，甲方在 7 天内未做答复，视为该索赔已经批准；

5．双方协议实行一揽子索赔，索赔意向不得迟于工程竣工日期前 14 天提出。

十、其他

第三十八条 安全施工。乙方要按有关规定，采取严格的安全防护和防火措施，并承担由于自身原因造成的财产损失和伤亡事故的责任和因此发生的费用。非乙方责任造成的财产损失和伤亡事故，由责任方承担责任和有关费用。

发生重大伤亡事故，乙方应按规定立即上报有关部门并通知甲方代表。同时按政府有关部门的要求处理。甲方要为抢救提供必要条件。发生的费用由事故责任方承担。

乙方在动力设备、高电压线路、地下管道、密封防震车间、易燃易爆地段以及临时交通要道附近施工前，应向甲方代表提出安全保护措施。经甲方代表批准后实施。由甲方承担防护措施费用。

在不腾空和继续使用的建筑物内施工时，乙方应制定周密的安全保护和防火措施，确保建筑物内的财产和人员的安全，并报甲方代表批准。安全保护措施费用，由甲方承担。

在有毒有害环境中施工，甲方应按有关规定提供相应的防护措施，并承担有关费用。

第三十九条　专利技术和特殊工艺的使用。甲方要求采用专利技术和特殊工艺，须负责办理相应的申报、审批手续，承担申报、实验等费用。乙方按甲方要求使用，并负责实验等有关工作。乙方提出使用专利技术和特殊工艺，报甲方代表批准后按以上约定办理。

以上发生的费用和获得的收益，双方按协议条款约定分摊或分享。

第四十条　不可抗力。不可抗力发生后，乙方应迅速采取措施，尽量减少损失，并在 24 小时内向甲方代表通报灾害情况，按协议条款约定的时间向甲方报告情况和清理、修复的费用。灾害继续发生，乙方应每隔 7 天向甲方报告一次灾害情况，直到灾害结束。甲方应对灾害处理提供必要条件。

因不可抗力发生的费用由双方分别承担：

1．工程本身的损害由甲方承担；

2．人员伤亡由所属单位负责，并承担相应费用；

3．造成乙方设备、机械的损坏及停工等损失，由乙方承担；

4．所需清理和修复工作的责任与费用的承担，双方另签补充协议约定。

第四十一条　保险。在施工场地内，甲乙双方认为有保险的必要时，甲方按协议条款的约定，办理建筑物和施工场地内甲方人员及第三方人员生命财产保险，并支付一切费用。

乙方办理施工场地内自己人员生命财产和机械设备的保险，并支付一切费用。

当乙方为分包或在不腾空的建筑物内施工时，乙方办理自己的各类保险。

投保后发生事故，乙方应在 14 天内向甲方提供建筑工程（建筑物）损失情况和估价的报告，如损害继续发生，乙方在 14 天后每 7 天报告一次，直到损害结束。

第四十二条　工程停建或缓建。由于不可抗力及其他甲乙双方之外原因导致工程停建或缓建，使合同不能继续履行，乙方应妥善做好已完工程和已购材料、设备的保护和移交工作，按甲方要求将自有机械设备和人员撤出施工现场。甲方应为乙方撤出提供必要条件，支付以上的费用，并按合同规定支付已完工程价款和赔偿乙方有关损失。

已经定货的材料、设备由定货方负责退货，不能退还的货款和退货发生的费用，由甲方承担。但未及时退货造成的损失由责任方承担。

第四十三条　合同的生效与终止。本合同自协议条款约定的生效之日起生效。在竣工结算、甲方支付完毕，乙方将工程交付甲方后，除有关保修条款仍然生效外，其他条款即告终止，保修期满后，有关保修条款终止。

第四十四条　合同份数。合同正本两份，具有同等法律效力，由甲乙双方签字盖章后分别保存。副本份数按协议条款约定，由甲乙双方分送有关部门。

第二部分　协议条款

甲方：

乙方：

按照《中华人民共和国经济合同法》和《建筑安装工程承包合同条例》的原则，结合本工程具体情况，双方达成如下协议。

第一条　工程概况

1. 工程名称：

   工程地点：

   承包范围：

   承包方式：

2. 开工日期：

   竣工日期：

   总日历工期天数：

3. 质量等级：

4. 合同价款：

第二条　合同文件及解释顺序

第三条　合同文件使用的语言和适用标准及法律

1. 合同语言：
2. 适用标准、规范：
3. 适用法律、法规：

第四条　图纸

1. 图纸提供日期：
2. 图纸提供套数：
3. 图纸特殊保密要求和费用：

第五条　甲方代表

1. 甲方代表姓名和职称（职务）：
2. 甲方赋予甲方代表的职权：
3. 甲方代表委派人员的名单及责任范围：

第六条　监理单位及总监理工程师

1. 监理单位名称：
2. 总监理工程师姓名、职称：
3. 总监理工程师职责：

第七条　乙方驻工地代表

第八条　甲方工作

1. 提供具备开工条件施工场地的时间和要求：
2. 水、电、电讯等施工管线进入施工场地的时间、地点和供应要求：
3. 需要与有关部门联系和协调工作的内容及完成时间：
4. 需要协调各施工单位之间关系的工作内容和完成时间：

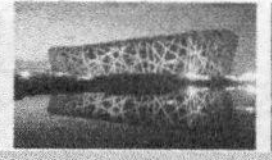

5. 办理证件、批件的名称和完成时间：
6. 会审图纸和设计交底的时间：
7. 向乙方提供的设施内容：

第九条　乙方工作

1. 施工图和配套设计名称、完成时间及要求：
2. 提供计划、报表的名称、时间和份数：
3. 施工场地防护工作的要求：
4. 施工现场交通和噪声控制的要求：
5. 符合施工场地规定的要求：
6. 保护建筑物结构及相应管线和设备的措施：
7. 建筑成品保护的措施：

第十条　进度计划

1. 乙方提供施工组织设计（或施工方案）和进度计划的时间：
2. 甲方代表批准进度计划的时间：

第十一条　延期开工

第十二条　暂停施工

第十三条　工期延误

第十四条　工期提前

第十五条　工程样板

1. 对工程样板间的要求：

第十六条　检查和返工

第十七条　工程质量等级

1. 工程质量等级要求的追加合同价款：
2. 质量评定部门名称：

第十八条　隐蔽工程和中间验收

1. 中间验收部位和时间：

第十九条　验收和重新检验

第二十条　合同价款及调整

1. 合同价款形式（固定价格加风险系数合同、可调价格合同等）：
2. 调整的方式：

第二十一条　工程预付款

1. 预付工程款总金额：
2. 预付时间和比例：
3. 扣回时间和比例：
4. 甲方不按时付款承担的违约责任：

第二十二条　工程量的核实确认

1. 乙方提交工程量报告的时间和要求：

第二十三条　工程款支付

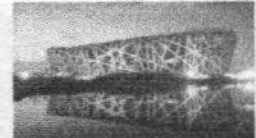

1. 工程款支付方式：
2. 工程款支付金额和时间：
3. 甲方违约的责任：

第二十四条 材料样品或样本

第二十五条 甲方供应材料设备

1. 甲方供应材料、设备的要求（附清单）：

第二十六条 乙方采购材料设备

第二十七条 材料试验

第二十八条 甲方变更设计

第二十九条 乙方变更设计

第三十条 设计变更对工程的影响

第三十一条 确定变更价款

第三十二条 竣工验收

1. 乙方提供竣工验收资料的内容：
2. 乙方提交竣工报告的时间和份数：

第三十三条 竣工结算

1. 结算方式：
2. 乙方提供结算报告的时间：
3. 甲方批准结算报告的时间：
4. 甲方将拨款通知送达经办银行的时间：
5. 甲方违约的责任：

第三十四条 保修

1. 保修内容、范围：
2. 保修期限：
3. 保修金额和支付方法：
4. 保修金利息：

第三十五条 争议

1. 争议的解决方式：本合同在履行过程中发生争议，双方应及时协商解决。协商不成时，双方同意由__________仲裁委员会仲裁（双方不在合同中约定仲裁机构，事后又没有达成书面仲裁协议的，可向人民法院起诉）。

第三十六条 违约

1. 违约的处理：
2. 违约金的数额：
3. 损失的计算方法：
4. 甲方不按时付款的利息率：

第三十七条 索赔

第三十八条 安全施工

第三十九条 专利技术和特殊工艺

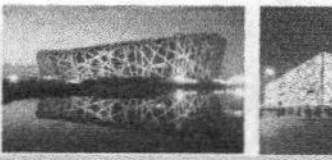

第四十条　不可抗力

1. 不可抗力的认定标准

第四十一条　保险

第四十二条　工程停建或缓建

第四十三条　合同生效与终止

1. 合同生效日期：

第四十四条　合同份数

1. 合同副本份数：
2. 合同副本的分送责任：
3. 合同制定费用：

甲方（盖章）:	乙方（盖章）:
地址:	地址:
法定代表人:	法定代表人:
代理人:	代理人:
电话:	电话:
传真:	传真:
邮政编码:	邮政编码:
开户银行:	开户银行:
账号:	账号:

合同订立时间:　　　　年　　月　　日

鉴（公）证意见:

经办人:

鉴（公）证机关（盖章）:

年　　月　　日

案例 3.1　某宾馆装饰工程施工合同分析

背景材料　某发包方采用招标方式将宾馆客房装修的工程发包，某装饰公司中标承建。甲乙双方签订了建筑装饰工程施工合同，其内容摘要如下。

（1）工程概况

工程名称：×××宾馆 5～18 层客房装修；

工程地点：××市××区；

工程内容：建筑面积为 5 500 m^2 的客房装修。

（2）工程承包范围

承包范围：某装饰设计公司设计的施工图所包括的装饰、给排水、采暖、通风空调、电气（强、弱电）等工程。

（3）合同工期

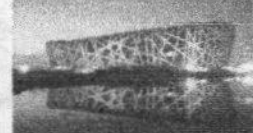

开工日期：2014年7月1日；竣工日期：2014年12月31日；

合同工期总日历天数：184天。

（4）质量标准

工程质量标准：达到甲方规定的质量标准。

（5）合同价款

合同总价为：陆佰捌拾贰万伍仟元人民币（682.5万元）。

（6）乙方承诺的质量保修期

该项目各专业保修期均为一年，在保修期内由乙方承担全部保修责任。

（7）争议

甲乙方在履行合同时发生争议，可以向约定的仲裁委员会申请仲裁。

（8）合同生效

合同订立时间：2014年6月15日；合同订立地点：×市××区××街××号。

本合同双方约定：本合同经鉴证后生效。

问题　（1）施工合同文件由哪几部分组成？

（2）上述施工合同条款中有哪些不妥？应如何修改？

案例分析　（1）从合同范本的合同条件第二条可以知道：施工合同文件包括签订合同时已形成的文件和履行过程中构成对双方有约束力的文件两大部分。

① 订立合同时已形成的文件：

协议条款；合同条件；招标发包工程的招标文件、投标书和中标通知书；工程量清单或确定工程造价的工程预算书和图纸；标准、规范和其他有关的技术经济资料、要求。

② 合同履行过程中形成的文件：

合同履行过程中，双方有关工程的“洽商、变更等明确双方权利、义务的纪要、协议”也构成对双方有约束力的合同文件，是协议书的组成部分。

（2）该合同中存在的问题及其修改

① 合同不应规定“工程质量标准：达到甲方规定的质量标准。”

建筑装饰装修工程施工合同范本的合同条件第十七条：“工程质量等级。工程质量应达到国家或专业的质量检验评定标准的合格条件。甲方要求部分或全部工程质量达到优良标准，应支付由此增加的追加合同价款，对工期有影响的应给予相应的顺延。”可见，工程质量必须满足《建筑工程施工质量验收统一标准》（GB 50300—2013）的要求，并符合《建筑装饰装修工程施工质量验收规范》（GB 50210—2011）中关于材料、施工与工程质量验收的强制性条文和有关规定。

② 质量保修期条款不妥。

建筑装饰工程施工合同范本的合同条件第三十四条：“保修。乙方按国家有关规定和协议条款约定的保修项目、内容、范围、期限及保修金额和支付办法，进行保修并支付保修金。”可见，该条款应按《建筑工程质量管理条例》的有关条款应进行修改。

案例3.2　某大楼装饰工程施工合同分析

背景材料　某大楼装饰工程项目，合同价为1 287万元人民币，工期为6个月。发包

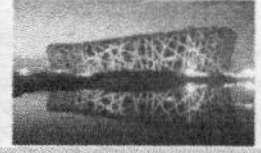
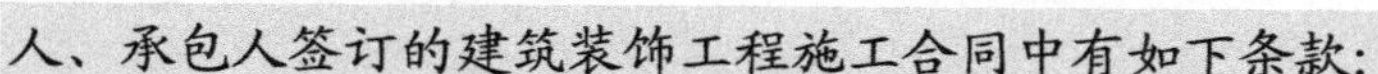

人、承包人签订的建筑装饰工程施工合同中有如下条款：

（1）承包人应当按照协议书约定的开工日期开工。承包人不能按时开工，可以以书面形式向发包人提出延期开工的理由和要求，发包人应在接到延期开工申请后的24小时内以书面形式答复承包人。发包人在接到延期开工申请后的24小时内不答复，视为同意承包人要求，工期相应顺延。

（2）承包人应按专用条款约定的时间，向发包方提交已完工程量的报告。发包方接到报告后3天按设计图纸核实已完工程量（以下称计量），作为工程价款支付的依据。

问题　请分析合同条款中存在的问题。

案例分析　（1）建筑装饰工程施工合同范本的合同条件第十一条："延期开工。乙方按协议条款约定的开工日期开始施工。乙方不能按时开工，应在协议条款约定的开工日期7天前，向甲方代表提出延期开工的理由和要求。甲方代表在7天内答复乙方。甲方代表7天内不予答复，视为已同意乙方要求，工期相应顺延。甲方代表不同意延期要求或乙方未在规定时间内提出延期开工要求，竣工工期不予顺延。"可见，合同条款应该为："承包人应当按照协议书约定的开工日期开工。承包人不能按时开工，应当不迟于协议书约定的开工日期前7天，以书面形式向监理工程师提出延期开工的理由和要求……"

（2）建筑装饰工程施工合同范本的合同条件第二十二条："工程量的核实确认。乙方按协议条款约定的时间，向甲方代表提交已完工程量的报告。甲方代表接到报告后7天内按设计图纸核实已完工程数量（以下简称计量），并提前24小时通知乙方。乙方为计量提供便利条件并派人参加。"可见，合同条款应改为"……甲方代表接到报告后7天内按核实已完工程数量（以下简称计量），作为工程价款支付的依据。"

3.2　担保的类型

3.2.1　投标担保

投标担保，或称投标保证金，是指投标人通过提交一定金额的钱（或等价票据）向招标人保证，投标被接受后的投标有效期限内，其在投标书中的承诺不得撤销或者反悔，否则，招标人有权没收这笔钱。这笔钱即为投标保证金。

投标保证金的数额一般为投标价的2%左右，但最高不得超过80万元人民币。投标保证金有效期应当超出投标有效期30天。若不按招标文件的要求提交投标保证金，投标人的投标文件将被拒绝。

提交的投标保证金有如下几种形式：

（1）现金；

（2）支票；

（3）银行汇票；

（4）银行保函；

（5）不可撤销信用证；

（6）由担保公司或保险公司出具的投标保证书。

3.2.2 履约担保

履约担保，是指发包人要求承包人提交的保证履行工程施工合同义务的担保。

履行担保一般有银行履约保函、履约担保书和保留金三种形式。

1. 银行履约保函

银行履约保函是由商业银行开具的担保证明，通常为合同金额的 10%左右。银行保函分为有条件的银行保函和无条件的银行保函。

（1）有条件的保函，是指在承包人没有履行或者没有完全履行合同义务时，发包人或监理工程师出具证明说明情况，担保人经鉴定、确认后，发包人才能收兑银行保函，得到保函中的款项。建筑行业通常采用这种形式的担保。

（2）无条件的保函，是指在承包人没有履行或者没有完全履行合同义务时，发包人不需要提交任何证据和理由，就可收兑银行保函。

2. 履约担保书

履约担保书的担保方式是：当承包人违约时，开具担保书的担保公司或保险公司用该项担保金去完成施工任务或者向发包人支付该项保证金。

3. 保留金

保留金，是指发包人根据合同的约定，每次支付工程进度款时扣除一定数目的款项作为承包人履行合同义务的保证。保留金一般为每次工程进度款的 10%，但总额一般为合同总价款的 5%。质量保修期满后 14 天内，发包人将保留金支付给承包人。

3.2.3 预付款担保

预付款担保是指承包人与发包人签订合同后，保证承包人合理使用发包人支付的预付款的担保。建设工程合同（包括建设装饰工程施工合同）签订以后，承包人的开户银行向发包人出具预付款担保，发包人预支给承包人一定比例（通常为合同金额的 10%）的预付款。

1. 预付款担保的形式

（1）银行保函：银行保函是预付款担保的主要形式。预付款担保的担保金额通常与发包人的预付款是等值的。预付款一般会逐月从工程进度款中扣回，预付款担保的应担保金额也随之逐月减少。施工期间，承包人应当定期向发包人索取“发包人同意此保函减值”的文件，并送交银行确认。预付款全部扣回后，发包人应退还预付款担保，承包人将其退回银行，解除担保责任。

（2）发包人与承包人约定的其他形式：预付款担保也可由担保公司担保，或采取抵押等担保形式。

2. 预付款担保的作用

预付款担保的主要作用是保证承包人按合同约定进行施工，偿还发包人已支付的全部预付金额。如果承包人中途毁约，中止工程，使发包人不能在规定期限内从应付工程款中

扣回全部预付款，则发包人作为保函的受益人有权凭预付款担保向银行索赔该保函的担保金额作为补偿。

3.2.4　支付担保

支付担保是指发包人应承包人的要求，向承包人提交的保证履行合同约定的工程款支付义务的担保。

1．支付担保的形式

支付担保有如下形式：

（1）银行保函；

（2）担保公司担保；

（3）履约保证金；

（4）抵押或者质押。

发包人支付担保就是金额担保。支付担保实行履约金分段滚动担保，担保额度为工程总额的 20%～25%。承包人按照合同约定完成相应工程量，发包人未能按时支付，承包人可依据担保合同暂停施工，并要求担保人承担支付责任和相应的经济损失。

2．支付担保的作用

支付担保的主要作用是通过对发包人资信状况进行严格审查并落实各项反担保措施，确保工程费用及时支付到位；一旦发包人违约，付款担保人将代为履约。

3．支付担保有关规定

（1）《建设工程合同（示范文本）》第 41 条规定了关于发包人工程款支付担保的内容。

① 发包人、承包人为了全面履行合同，应互相提供以下担保：发包人向承包人提供履约担保，按合同约定支付工程价款及履行合同约定的其他义务；承包人向发包人提供履约担保，按合同约定履行自己的各项义务。

② 一方违约后，另一方可要求提供担保的第三人承担相应责任。

③ 发包人、承包人除在专用条款中约定提供担保的内容、方式和相关责任外，被担保方与担保方还应签订担保合同，作为本合同附件。

（2）《房屋建筑和市政基础设施工程施工招标投标管理办法》关于发包人工程款支付担保的内容。

招标文件要求中标人提交履约担保的，中标人应当提交。招标人应当同时向中标人提供工程款支付担保。

3.3　施工合同实施的管理

3.3.1　施工合同分析

1．合同分析的必要性

（1）合同条文繁杂，内涵意义深刻，且不易理解；

（2）一个工程的建设过程中，往往会有多份合同交织在一起，这些合同中权利义务范围的接口关系十分复杂；

（3）合同文件和施工的具体要求（如工期、质量、费用等）之间的衔接处理，以及合同条款的具体落实；

（4）工程项目组中各工程小组、项目管理职能人员等所涉及的活动和事宜仅为合同的部分内容，是否正确、全面理解合同内容将会对合同的实施产生重大影响；

（5）工程施工合同中可能存在着一些问题和风险，包括合同审查时已经发现的风险和还可能隐藏着的尚未发现的风险；

（6）在合同实施过程中，合同双方可能产生的争议。

2. 施工合同分析的内容

1）分析合同的法律基础

承包人通过分析，了解本合同涉及的法律、法规的范围、特点等，用以指导整个合同实施和索赔工作。

承包人应重点分析合同中明示的法律。

2）分析合同约定的承包人的权利、义务和工作范围

（1）明确承包人的总任务，即合同标的。如承包人在施工、缺陷责任期维修方面的责任，施工现场的管理责任，为发包人现场代表提供生活和工作条件的责任等。

（2）明确合同中的工程量清单、图纸、工程说明、技术规范的定义。工程范围的界定清楚与否对工程变更和索赔影响很大，固定总价合同条件下更是如此。

（3）明确工程变更的补偿范围。

（4）明确工程变更的索赔有效期（合同应具体规定）。

3）分析合同约定的发包人权利、义务和工作范围

（1）发包人有权雇用监理工程师并委托他全权或部分履行发包人的合同义务。

（2）发包人和监理工程师必须划分好平行的各承包人和供应商之间的责任界限，及时对责任界限的争执做出裁决，协调好各承包人之间、承包人和供应商之间的工作，并承担因这类管理和协调工作失误造成的损失。

（3）发包人和监理工程师及时做出承包人履行合同所必需的决策，如下达指令、履行各种批准手续、答复请示、进行各种检查和验收工作等。

（4）发包人及时提供施工条件，如及时提供设计资料、图纸、施工场地、水、电、道路等。

（5）发包人按合同约定及时支付工程款。

（6）发包人及时接收已完工程等。

4）合同价格分析

（1）合同所采用的计价方法；

（2）合同价格所包括的范围；

（3）工程计量程序和工程款结算（包括进度款支付、竣工结算、最终结算）的方法

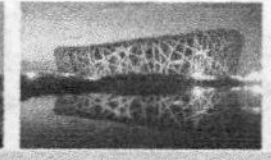

和程序；

（4）合同价格的调整，即费用索赔的条件和价格调整方法，及计价依据、索赔有效期规定。

（5）拖欠工程款的违约责任。

5）施工工期分析

工期拖延对合同当事人权利的实现影响很大，要特别重视对施工工期的分析。

6）违约责任分析

（1）承包人不能按合同约定工期完成工程的违约金或承担发包人损失的条款；

（2）由于承包人不履行或不能正确地履行合同义务，或出现严重违约时的处理规定；

（3）由于发包人不履行或不能正确地履行合同义务，或出现严重违约时的处理规定，特别是对发包人不及时支付工程款的处理规定；

（4）合同当事人由于管理上的疏忽造成对方人员和财产损失的赔偿条款；

（5）合同当事人由于预谋或故意行为造成对方损失的处罚和赔偿条款等。

7）验收、移交和保修分析

在合同分析中，针对如材料的现场验收、工序交接验收、隐蔽工程验收、竣工验收等，应着重分析合同对重要的验收要求、时间、程序以及验收所带来的法律后果所做的说明。

竣工验收合格即办理移交。移交是一个重要的合同事件，它表明了承包人施工任务的完结，和承包人保修责任的开始。

8）分析索赔程序和争议的解决

（1）分析争议的解决方式和程序；

（2）分析仲裁条款，包括仲裁所依据的法律，仲裁地点、方式和程序，仲裁结果的约束力等。

3.3.2　施工合同交底

施工合同和施工合同分析的资料是施工项目管理的依据。该工程施工合同的管理人员应向各层次管理者做“合同交底”，把履行施工合同的责任分别地、具体地落实到各层次责任人。

（1）施工合同的管理人员向项目管理人员和企业各部门相关人员进行“合同交底”，组织大家学习该施工合同和合同总体分析结果，对该施工合同的主要内容做出解释和说明。

（2）将履行施工合同各项义务的责任分解，并落实到各工程小组或分包人。

（3）在施工合同实施前与其他相关方（如发包人、监理工程师、设计方等）沟通，召开协调会议，落实各种安排。

（4）在施工合同实施过程中还必须进行经常性的检查、监督。

（5）施工合同的履行必须通过其他经济手段来保证。对分包商，主要通过分包合同确定双方的责权利关系，保证分包商能及时地按质、按量地完成合同责任。

3.3.3 施工合同实施的控制

1．施工合同控制的作用

（1）通过施工合同履行情况分析，找出偏离，以便及时采取措施，调整施工合同实施过程，达到施工合同总目标。

从这个意义上来讲，施工合同跟踪是决策的前导工作。

（2）在工程施工过程中，项目管理人员一直清楚地了解施工合同履行情况，对施工合同实施的现状、趋向和结果有一个清醒的认识。

2．施工合同控制的依据

（1）施工合同和对施工合同分析的结果，如各种计划、方案、洽商变更文件等，它们既是比较的基础，同时也是履行施工合同的目标和依据。

（2）各种实际的工程文件，如原始记录，各种工程报表、报告、验收结果、计量结果等。

（3）施工管理人员每日进行的现场书面记录。

3．施工合同的诊断

（1）分析施工合同执行差异的原因。

（2）分析施工合同差异的责任。

（3）问题的处理。

4．施工合同的控制措施

（1）组织和管理措施：提供充分的人力、物力资源，并对其实施有效的组织和管理，确保施工合同的履行。

（2）技术措施：采用新技术、新工艺，采用效率更高的技术方案，确保施工合同的履行。

（3）经济措施：合理提供资金，采用合理的奖惩办法，确保施工合同的履行。

（4）合同措施：进行合同变更、签订新的附加协议等，合理索赔并避免被索赔，确保施工合同的履行。

案例3.3　某办公楼装修工程合同纠纷

背景材料　某办公楼进行装修，发包人（甲方）、承包人（乙方）在建筑装饰工程施工合同中约定，本工程内装修所需地砖全部由甲方负责提供。

在施工过程中：

（1）乙方已按规定对外挂石材使用的膨胀螺栓进行了拉拔试验并向监理方监理工程师要求乙方对螺栓再次进行拉拔试验，乙方以“进行过拉拔试验，并提交过试验报告”为由拒绝再次进行拉拔试验。

（2）甲方供应的地砖提前进场，甲、乙双方派人共同对地砖进行验收，结果发现部分地砖规格偏差超过允许偏差，乙方不予接收，同时乙方要求甲方支付合格地砖提前进场的保管费。

问题　（1）乙方拒绝甲方“再次进行螺栓拉拔试验”的要求是否合适？为什么？若螺栓重新检验合格，再次检验的费用及给乙方造成的窝工损失由哪方承担？

（2）乙方是否可以要求甲方支付合格地砖提前进场保管费？不合格地砖应如何处理？

案例分析　（1）乙方拒绝甲方再次检验要求的做法是错误的。按甲方要求配合甲方重新进行检验工作是乙方必须尽的义务。若重新检验合格，则由甲方承担检验的费用，并赔偿因重新检验给乙方造成的窝工损失，同时工期予以顺延。

（2）乙方的要求合理。甲方所供材料提前进场，甲方应支付材料提前进场的保管费；进场的不合格地砖，由甲方运出施工现场，并重新采购。

3.3.4　施工合同文件资料的档案管理

1．合同文件、资料种类

合同文件、资料涉及的内容很多，形式多样，主要有：

（1）合同文件，如施工合同文本、中标通知书、投标书、图纸、技术规范、工程量清单、工程报价单或预算书等；

（2）合同分析资料，如合同总体分析、网络图、成本分析等；

（3）工程施工中产生的文件、资料，如发包人和监理工程师签发的工作指令和变更指令、签证、信函，会议纪要和其他协议，变更记录，各种检查验收报告、鉴定报告；

（4）建设行政主管部门或机构发出的各种文件、批件；

（5）工程施工中的各种记录，如施工日记等；

（6）反映工程施工情况的报表、报告、图片等。

2．合同文件、资料文档管理的内容

（1）合同资料的收集：合同包括许多资料、文件；合同分析又产生许多分析文件；在合同实施中每天又产生许多资料，如记工单、领料单、图纸、报告、指令、信件等。

（2）资料整理：原始资料必须经过信息加工才能成为可供决策的信息，成为工程报表或报告文件。

（3）资料的归档：所有施工合同管理中涉及的资料不仅目前使用，而且必须保存，直到合同结束。为了查找和使用方便必须建立资料的文档系统。

（4）资料的使用：施工合同的管理人员有责任向项目经理、发包人做工程实施情况报告；向各职能人员和各工程小组、分包商提供资料；为工程的各种验收、索赔和反索赔提供资料和证据。

3.3.5　施工合同实施保证体系

前面所述“施工合同分析”、“施工合同交底”、“施工合同实施的控制”和“施工合同的档案管理”，必须通过建立施工合同实施保证体系才能得以落实。下面将介绍在施工合同实施保证体系下，“施工合同分析”、“施工合同交底”、“施工合同实施的控制”和“施工合同的档案管理”的具体应用。

1．落实合同责任，实行目标管理

1）组织项目经理部和有关工种负责人学习施工合同文件

对施工合同总体进行分析研究，对施工合同的具体内容、各种管理程序、各项权利义务、工程范围、各种行为的法律后果等有清楚的认识，树立全局观念，工作协商配合，避

免在执行施工合同过程中的违约行为。

2）将履行合同的责任具体分解落实到班组或个人

通过建立和实施项目经理责任制、工程施工项目组的各岗位责任制和工程项目组的经济责任制，明确责任界限，建立一套经济奖罚制度，落实工期、质量、成本消耗、安全、环境保护、职业安全与健康等目标的实现与工程施工项目组各成员经济利益之间的关系，以保证建筑装饰工程施工合同的履行，从而保证建筑装饰工程施工项目目标的实现。

3）在施工合同的实施过程中经常对照合同检查、分析、监督

有力的合同管理，即在施工中，对照合同检查和分析每天的施工情况、每周的施工情况，以及每个月的施工情况，定期、不定期对合同执行情况进行监督，随时发现偏差，并及时采取措施消除偏差，从而增加了索赔几率，减少甚至消除了被索赔几率。有力的合同管理是使工程结算盈利的可靠保证。

2．建立施工合同管理工作程序

在施工合同实施过程中，为了确保各方面工作的协调，应根据发包方和监理工程师的管理工作特点和要求，订立相应的合同管理工作程序，确保施工合同实施过程中的管理工作程序化、规范化。

1）定期的例会制度和不定期的专项会议制度

在施工合同实施过程中，发包人和监理工程师与承包人、总承包单位与分包单位、项目经理部的职能管理人员与各施工班组负责人之间，都应有定期的例会和不定期的专项会议。一般通过例会和专项会议来解决以下问题：

（1）检查施工进度和计划落实情况；

（2）协调各单位、各班组之间的工作，对后续工作做出具体安排或调整；

（3）分析目前已经发生的问题，预测以后可能发生的问题，提出相应的纠正措施和预防措施，并形成决议；

（4）研究合同变更事宜，形成合同变更决议，落实变更措施，确定合同变更后的工期补偿和费用补偿等。

发包人和监理工程师与承包人、总包与分包之间在例会和专项会议中的重大议题和决议，应以例会纪要和专项会议纪要的形式明确记录下来并签发。各方签署的会议纪要，构成合同文件的组成部分，具有法律效力。

2）建立经常性工作的工作程序，做到各项工作有章可循

建立经常性工作的工作程序，例如图纸审批程序，工程变更程序，分包单位的索赔和账单审查程序，对材料、设备、隐蔽工程、工程竣工等进行检查、验收的工作程序，工程进度款的审批程序，以及各项事宜的请示报告程序等，保证施工合同在实施过程中能得到有效控制。

3．各阶段的施工合同管理

1）施工合同签订前的合同管理

施工合同签订前的合同管理，主要是施工单位的决策层和合同管理人员对发包方进行了解，对施工合同可行性进行研究。其研究了解的主要内容如下：

（1）是否有满足施工需要的设计文件，设计文件是否由具备相应资质的设计单位设计；

（2）施工所需的资金是否已经落实；

（3）施工所需的报建手续是否已经办好；

（4）施工现场是否已经办妥“三通”（水、电和道路），是否已清理完毕，基本具备建筑装饰工程施工条件；

（5）由发包方提供的装饰材料和设备是否已经落实。

对上述条件未了解清楚之前，不能轻易投标，更不能洽谈施工合同的实质性条款。尤其是资金不落实的建筑装饰工程，不要轻易带资承包，以免发包人拖欠工程款，甚至投标虚假工程而受骗。

2）施工合同洽商时的合同管理

承包商中标后，对发包方提出的建筑装饰工程施工合同条款，诸如工期要求、质量要求、工程款的支付、样板间的制作、装饰材料供应、成品保护、噪声控制等，需要进行具体洽商。签订合同前，要依据《建筑装饰工程施工合同》示范文本的合同条件，结合协议条款，对合同中的条款逐条加以谈判，提出合理修改要求；协议条款中的内容要具体，责任要明确，双方达成一致意见的内容，要用准确的文字记载。当合同中的所有条款达成一致意见后，即可正式签订合同文书。

3）施工合同履行中的合同管理

施工合同一经签订生效，施工企业就要按施工合同的约定行使权利、履行义务，保证施工合同的实施。具体履行中的管理内容如下：

（1）按施工合同约定的总工期，编制施工总进度计划以及月进度和季进度计划，按进度计划组织施工。施工过程中，应定期、不定期对施工进度执行情况进行检查，当可能发生进度滞后时，积极采取措施，确保合同工期。因发包方原因，造成工程延期，应及时办理签证，以便调整合同工期和进度计划。

（2）参加图纸交底，贯彻施工方案。根据施工合同约定的施工及施工验收规范，自检工程质量，接受发包方和监理工程师的质量检验，确保工程质量。根据设计变更，办理变更签证。

（3）根据建筑装饰工程施工合同约定，保质、保量、如期供应由承包方提供的材料、设备；及时检查、验收、保管发包方供应的装饰材料、设备。若发包方的装饰材料、设备供应时间滞后于施工合同约定的时间，应及时办理签证，以便修订合同竣工日期。

（4）及时组织施工所需技术力量和劳动力，保证合同工期。

（5）按建筑装饰工程施工进度计划安排，安排好施工机具设备，满足施工需要。

（6）按合同约定收取工程预付款及进度款；根据设计变更签证，及时编制并提交增减预算书；按合同约定和有关政策、法律、法规，及时调整工程造价；按合同约定办理竣工结算。

（7）按照施工合同约定，提供完整的竣工资料、竣工验收报告，参加竣工验收。对由承包方造成的验收不合格部位，负责返工。

（8）按合同约定，履行保修期内的各项义务。

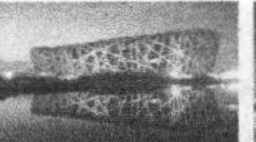

以上每一项工作，施工企业都要妥善安排，严格管理，各职能部门、各施工班组和各岗位员工严格遵循各项制度，照章办事，否则容易引起合同纠纷，甚至导致施工企业在经济上和信誉上的巨大损失。

为了使施工合同的谈判、签订、履行各阶段的工作具有科学性、系统性和规范性，施工企业必须加强工程施工项目管理，建立一套完整的施工合同管理制度。不断提高合同履约率，提高施工企业的经济效益和社会信誉，增强市场竞争力。

案例3.4　某大楼装修工程合同分析

背景材料　甲乙双方就某大楼装修工程签订了建筑装饰工程施工合同。在合同履行过程中发生以下事件。

事件一：甲方供应的部分石材厚度不满足设计要求。乙方要求甲方更换石材，赔偿乙方停工待料的损失，并相应顺延工期。

事件二：由于乙方原因造成墙面贴瓷砖大面积空鼓，甲方要求乙方进行返工处理。

事件三：工程具备验收条件后，乙方向甲方送交了竣工验收报告，但由于甲方的原因，在收到乙方的竣工验收报告后未能在约定日期内组织竣工验收。

问题：

针对事件一，乙方的要求合理吗？

针对事件二，乙方是否应返工？发生的费用及拖延的工期是否应得到补偿？

针对事件三，乙方送交的竣工报告是否应被认可？

案例分析：

针对事件一：乙方的要求合理，甲方应负责将不合格材料运出施工场地并重新采购，并赔偿乙方由此造成的损失，相应顺延工期。

针对事件二：乙方应对墙面不合格瓷砖进行返工，并承担全部费用。甲方不同意，则工期不予顺延。

针对事件三：验收报告应被认可。甲方收到乙方送交的竣工验收报告后在约定日期内不组织竣工验收，视为验收报告已被认可。

案例3.5　某商场装饰工程合同分析

背景材料　发包人、承包人就某商住楼的商场装修工程签订了建筑装饰工程施工合同。工程竣工后，施工单位向发包人提交了竣工报告，但发包人未及时组织竣工验收，且安排商场如期开业。三个月后，发包人发现装修存在质量问题，要求承包人进行修理。承包人认为工程未经竣工验收发包人就提前使用，承包人不应承担质量问题的责任。

问题　（1）工程未经验收，发包人提前使用，应怎样计算工程实际竣工日期？

（2）因发包人提前使用工程，承包人是否可以不承担质量问题的责任？

案例分析：

（1）可视为发包人已接收该工程，工程实际竣工日期为施工单位提交竣工报告的日期。

（2）不可以。承包人对保修期内的工程必须按合同的相关约定和《建设工程质量管理条例》中有关工程保修的规定对工程实施保修。

3.4　施工项目索赔的内容与程序

3.4.1　施工项目索赔的起因和分类

索赔是指在合同的实施过程中，合同一方因对方不履行或未能正确履行合同约定的义务而遭受损失后，向对方提出的补偿要求。

1. 施工项目索赔的起因

（1）发包人违约，例如发包人和工程师没有履行合同义务，没有正确地行使合同赋予的权力，工程管理失误，不按合同支付工程款等。

（2）合同错误，例如合同条文不全、表述错误或有二义性、条款之间有矛盾，设计图纸有错误、技术规范采用错误等。

（3）合同变更，例如双方签订新的变更协议，变更签证，发包人、监理工程师下达的工程变更指令等。

（4）工程环境变化，包括国家政策、法律、法规、部门规章、地方政府法规等的变化，以及市场物价、货币兑换率、自然条件的变化等。

（5）不可抗力因素，例如恶劣的气候条件、地震、洪水、战争状态、禁运等。

2. 索赔的分类

索赔可按索赔当事人、索赔事件的性质、索赔要求、索赔所依据的理由和索赔的处理方式分类，具体内容如下。

1）按索赔当事人分类划分

（1）发包人与承包人之间的索赔；

（2）总承包单位与分包单位之间的索赔；

（3）承包人与供货人之间的索赔；

（4）承包人与保险人之间的索赔。

2）按索赔事件的性质分类划分

（1）工期拖延索赔。由于发包人未能按合同约定提供施工条件，如未及时交付设计图纸和技术资料、场地、水、电、道路等；或非承包人原因发包人指令工程停工；或其他不可抗力因素作用等原因，造成工程施工中断，或造成工程施工进度缓慢，致使工期拖延。承包人因此提出索赔。

（2）不可预见的外部障碍或条件索赔。如果在施工期间，承包人在现场遇到有经验的承包人通常不能预见到的外界障碍或条件，例如实际地质情况与发包人提供的资料所描述的情况不同，出现未预见到的岩石、淤泥或地下水等。承包人因此提出索赔。

（3）工程变更索赔。由于发包人或监理工程师指令修改设计、增加或减少工程量、增加或删除部分工程、修改实施计划、变更施工次序，造成工期延长和费用增加。承包人因此提出索赔。

（4）工程终止索赔。由于不可抗力因素影响、发包人违约等原因，使工程被迫在竣工

前终止施工，使承包人蒙受经济损失；承包人因此提出索赔。

（5）其他索赔。如政策法令变化、货币贬值、汇率变化、物价和工资上涨、发包人推迟支付工程款等。承包人因此提出索赔。

3）按索赔要求分类划分

（1）工期索赔，即要求发包人延长工期，推迟竣工日期。

（2）费用索赔，即要求发包人补偿因费用增加导致的损失，调整合同价格。

4）按索赔所依据的理由分类划分

（1）合同内索赔，即索赔以施工合同条文作为依据，发生了合同约定给承包人以补偿的干扰事件，承包人根据合同约定提出索赔要求。这是最常见的索赔。

（2）合同外索赔，指工程施工过程中发生的干扰事件的性质已经超过施工合同范围，即在施工合同中找不出具体的依据，一般必须根据适用于合同关系的法律解决索赔问题。

（3）道义索赔指由于承包人失误（如报价失误、环境调查失误等），或发生承包人应负责的风险而造成承包人重大的损失。

5）按索赔的处理方式分类划分

（1）单项索赔。单项索赔是针对某一干扰事件提出的。合同实施过程中，发生干扰事件时，或发生干扰事件后，立即进行索赔处理。该项工作由合同管理人员进行，并在合同约定的索赔有效期内向发包人提交索赔意向书和索赔报告。

（2）总索赔。总索赔又叫一揽子索赔或综合索赔。这是在国标工程中经常采用的索赔处理和解决方法。在工程竣工前，承包人将工程过程中（曾经在有效期内向发包人提交过索赔意向书和索赔报告）未解决的单项索赔集中起来，提出一份总索赔报告。合同双方在工程交付前或交付后进行最终谈判，以一揽子方案解决索赔问题。

案例3.6　某商住楼装修工程施工项目索赔

背景材料　发包人、承包人就某商住楼装修工程签订了建筑装饰工程施工合同。承包人与发包人签订的施工合同中说明：建筑面积13 225 m^2，施工工期为153天，即2013年7月1日开工，2013年11月30日竣工。合同在履行过程中发生以下事件。

事件一：承包人于6月25日进场，进行开工前的准备工作，原定7月1日开工，因发包人未能交付施工场地而延误至7月6日才开工。

事件二：施工过程中，现场周围居民称承包人施工噪声对他们造成干扰，阻止承包人的施工。为此，承包人向发包人提出工期顺延与费用补偿的要求。

事件三：施工过程中，承包人发现施工图纸有误，需设计单位进行修改，由于图纸修改造成停工8天。

问题　发包人、承包人在上述三个事件中如何恰当地承担责任，同时维护各自的权利？

案例分析：

针对事件一：因为未能及时交付施工场地属于发包人责任，承包人可以提出工期顺延5天，发包人补偿窝工费用的要求。

针对事件二：施工扰民是由承包人自身原因造成的，发包方不应给予承包人费用及工期补偿。

针对事件三：施工图纸有误是非承包人的原因造成的，承包人可以提出工期顺延 8 天和合理费用补偿的要求。

案例 3.7　某宾馆装饰工程施工项目索赔

背景材料　发包方和承包方以单价合同方式签订了某宾馆的建筑装饰工程施工合同。在施工过程中，承包方按照发包方的设计变更，陆续进行了部分工程的变更。由于工期紧、任务重，承包方忙于加快进度，未能将所有工程变更价款报告按约定的期限内报送发包方。

问题　（1）对于承包方报送的工程变更合同价款报告，发包方是否应确认？

（2）发包方应依据什么原则进行工程变更合同价款的审定？

案例分析　（1）对于承包方在工程变更发生后协议约定的期限内报送的工程变更价款报告，发包方应予以确认；对于承包方在工程变更发生后约定的期限报送的工程变更价款报告，发包方可以不予确认。

（2）发包方确认工程变更合同价款的原则是：

①合同中已有适用于变更工程单价的，按合同已有的单价计算，变更合同价款；

②合同中只有类似于变更工程的单价，可参照此单价来确定变更合同价款；

③合同中没有上述单价时，由承包人提出相应价格，经发包方确认后执行。

3.4.2　施工项目索赔成立的条件

1．施工项目索赔成立的条件

以下三个条件同时满足，则索赔成立：

（1）发生的事件已经造成了承包人工程项目成本的额外支出，或直接影响了工期；

（2）按合同约定，该事件所造成的费用增加或影响工期，不属于承包人的行为责任或风险责任范围；

（3）承包人按合同约定的程序，在有效期内提交索赔意向通知和索赔报告。

2．施工项目索赔应具备的理由

施工项目索赔应具备下列理由之一：

（1）发包人违反合同，导致承包人费用增加、工期拖延；

（2）因工程变更（含设计变更、发包人提出的工程变更、监理工程师提出的工程变更，以及承包人提出并经监理工程师批准的变更）造成的费用增加、工期拖延；

（3）由于监理工程师对合同文件的歧义解释、技术资料不确切，或由于不可抗力导致施工条件的改变，造成了费用增加，工期拖延；

（4）发包人要求提前完成工程施工，因工期缩短造成承包人的费用增加；

（5）应发包人或监理工程师要求，对合同约定以外的项目进行检验，且检验合格，或非承包人的原因导致项目缺陷的修复所发生的损失或费用；

（6）发包人延误支付期限造成承包人的损失；

（7）非承包人的原因导致工程暂时停工；

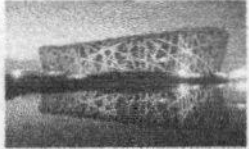

（8）国家法律法规等发生变化，物价上涨等自然灾害和不可抗力因素。

案例 3.8　某宾馆装饰工程施工项目索赔

背景材料　发包人（甲方）与承包人（乙方）签订了某宾馆的建筑装饰工程施工合同，合同工期为 180 天。在乙方进入施工现场后，甲方因无法如期支付工程款，口头要求乙方暂停施工 20 天，乙方亦口头答应。工程按合同规定期限竣工验收时，甲方发现工程质量有问题，要求返工，30 天后，乙方返工完毕。结算时甲方认为乙方迟延 30 天交付工程，应按合同约定偿付逾期 30 天的违约金。乙方则认为由于甲方要求暂停施工，导致乙方为了抢工期，加快施工进度才出现了质量问题，因此迟延交付的责任不在乙方。甲方则认为暂停施工和不顺延工期是当时乙方答应的，乙方应履行承诺，承担违约责任。

问题　合同变更应采取什么形式？如何解决上述案例中双方的合同纠纷？

案例分析　（1）合同双方当事人提出请求是合同变更的前提。

（2）根据《中华人民共和国合同法》的有关规定，建设工程合同（含建筑装饰工程施工合同）应当采取书面形式，合同变更亦应当采取书面形式。应急情况下的口头形式合同变更，事后应及时以书面形式确认。本案例中，甲、乙双方口头协议暂停施工，事后并未以书面的形式确认。在竣工结算时双方发生争议，对此只能以原书面合同规定为准。

（3）在施工期间，甲方因资金紧缺要求乙方停工 20 天，此时乙方应享有索赔权，乙方虽然未按规定程序及时提出索赔，丧失了索赔权，但是根据《民法通则》之规定，在民事权利的诉讼时效内，仍享有通过诉讼要求甲方承担违约责任的权利。甲方未能及时支付工程款，应对停工承担责任，应当赔偿乙方停工 20 天的实际经济损失，工期顺延 20 天。工程因质量问题返工，造成逾期交付，责任在乙方，故乙方应当支付逾期交工 10 天的违约金，因质量问题引起的返工费用由乙方承担。

3.4.3　常见的施工项目索赔

1．因施工合同文件引起的索赔

（1）有关施工合同文件的组成问题引起索赔；
（2）关于施工合同文件有效性引起的索赔；
（3）因施工图纸或工程量表中的错误而引起的索赔。

2．有关工程施工的索赔

（1）因地质条件变化引起的索赔；
（2）工程施工中人为障碍引起的索赔；
（3）增减工程量引起的索赔；
（4）变更工程质量引起的索赔；
（5）各种额外的试验和检查费用偿付；
（6）关于变更命令有效期引起的索赔或拒绝；
（7）指定分包商违约或延误引起的索赔；
（8）其他有关施工的索赔。

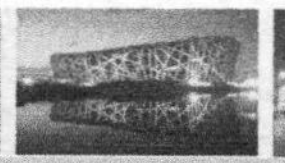
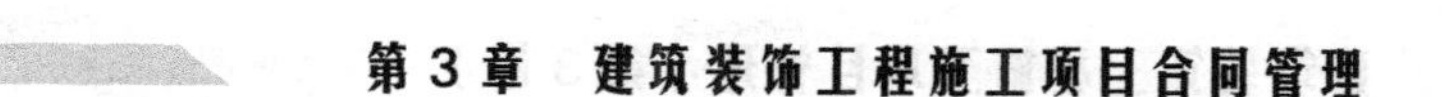
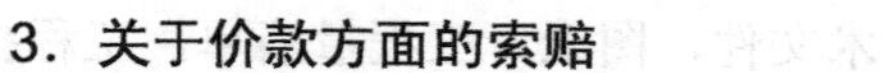

3．关于价款方面的索赔

（1）关于材料、人工价格调整引起的索赔；

（2）关于货币贬值和严重经济失调引起的索赔；

（3）拖延支付工程款引起的索赔。

4．关于工期的索赔

（1）关于延展工期的索赔；

（2）由于工期延误产生损失的索赔；

（3）赶工费用的索赔。

5．特殊风险和人力不可抗拒灾害的索赔

（1）特殊风险的索赔。特殊风险是指战争、敌对行动、入侵、叛乱、革命、暴动、军事政变或篡权、内战，以及核污染及冲击波破坏等等。

（2）人力不可抗拒灾害的索赔。人力不可抗拒灾害主要是指自然灾害，由这类灾害造成的损失应向承保的保险公司索赔。在许多施工合同中承包人以发包人和承包人共同的名义投保工程一切险，这种情况下，承包人可同发包人一起进行索赔。

6．工程暂停、中止合同的索赔

（1）施工过程中，监理工程师有权下令暂停工程施工或任何部分工程的施工。如果这种暂停命令不是因为承包人违约或其他意外风险造成的，则承包人不仅有权要求工期延展，而且可以就其停工损失要求获得合理的额外费用补偿。

（2）中止合同和暂停工程的意义是不同的。有些合同的中止是由于意外风险造成的损害十分严重而引起的；另一种合同的中止是由“错误”引起的，例如发包人认为承包人不能履约而中止合同，甚至从工地驱逐该承包人。

7．财务费用补偿的索赔

要求补偿财务费用，是指因各种非承包人造成的原因使承包人财务开支增大而导致的贷款利息等财务费用。

案例 3.9　某大厦装修施工项目索赔

背景材料　甲、乙双方就某大厦首层装修改造工程签订了装饰施工合同，合同约定工程质量标准为优良。乙方将此项目的质量目标定为“市样板工程”。在墙面干挂大理石施工时，乙方投入较大，严格筛选板材，采用新工艺精心施工，本工程最终被评为“市样板工程”。乙方由于投入较大，向甲方提出费用补偿的要求。

问题　乙方向甲方提出费用补偿的要求合理吗？为什么？

案例分析　“市样板工程”的质量目标是乙方提出的，而并非甲、乙双方合同约定。因此乙方向甲方提出费用补偿的要求不合理。为此的较大投入应由乙方承担，甲方不予补偿。

3.4.4　施工项目索赔的依据

1．建筑装饰施工合同文件

建筑装饰施工合同文件是最主要的索赔最依据，它包括：建筑装饰施工合同文本，中

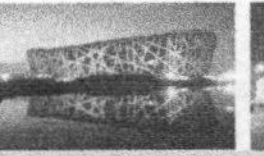

标通知书，投标书及其附件，标准、规范及有关技术文件，图纸，工程量清单，工程报价单或预算书。

施工合同履行中，发包人和承包人就工程施工的洽商、变更等的书面协议或文件均为施工合同文件的组成部分。

2. 订立合同所依据的法律、法规

1）适用的法律、法规

建筑装饰工程施工合同文件适用的国家法律、行政法规、部门规章，以及地方行政法规，需要明示的法律法规，双方应在施工合同文本中明确约定。

2）适用标准、规范

双方应在施工合同文本中明确约定适用的国家标准、规范的名称。

3. 相关证据

证据是指能够证明案件事实的一切资料、物品、人等。

（1）可以作为证据使用的材料有以下7种：

① 书证：指以其文字或数字记载的内容起证明作用的书面或其他载体形式的文件、记录等。如合同文本、财务账册、欠据、收据、往来信函以及确定有关权利的判决书、法律文件等。

② 物证：指物品以其外部特征及物质特性来证明案件事实的证据。如购销过程中封存的样品，被损坏的机械、设备，有质量问题的产品等。

③ 证人证言：指知道事实真相的人向司法机关等提供的证词。

④ 视听材料：指能够证明案件真实情况的音像资料。如录音笔、录音带、录像带等。

⑤ 被告人供述和有关当事人陈述：包括被告人、犯罪嫌疑人向司法机关所做的承认犯罪并交代犯罪事实的陈述，或否认犯罪或具有从轻、减轻、免除处罚的辩解和申诉，以及被害人、当事人就案件事实向司法机关所做的陈述。

⑥ 鉴定结论：指专业人员就案件有关情况向司法机关提供的专门性的书面鉴定意见。如损伤鉴定、质量责任鉴定等等。

⑦ 勘验、检验笔录：指司法人员或行政执法人员对与案件有关的现场物品、人身等进行勘察、试验或检查的文字记载。这项证据也具有专门性。

（2）工程施工索赔中的证据有以下10种：

① 合同文件、设计文件、计划。例如，投标文件、合同文本及附件，其他的各种签约（备忘录，修正案等），发包人认可的工程实施计划，各种工程设计文件（包括图纸修改指令），技术规范等；承包商的报价文件，各种工程预算和其他作为报价依据的资料等。

② 来往信件、会议纪要。例如，发包人的变更指令，各种认可信、通知、对承包人问题的答复信等；会议纪要，经各方签署做出的决议或决定等。

③ 施工进度计划和实际施工进度记录。

④ 施工现场的工程文件和施工记录。

⑤ 工程照片。

⑥ 气候报告。

⑦ 工程施工过程中的检查验收报告和技术鉴定报告。

⑧ 市场行情资料。

⑨ 会计核算资料。

⑩ 国家法律、法令、政策文件。

3.4.5　施工项目索赔的程序和方法

1．索赔程序

1）提出索赔要求

当出现索赔事项时，承包人以书面的索赔通知书形式，在索赔事项发生后的 14 天以内，向监理工程师正式提出索赔意向通知。

2）报送索赔报告和索赔资料

在索赔通知书发出后的 14 天内，向监理工程师提出延长工期和（或）补偿经济损失的索赔报告及有关资料。

3）监理工程师的答复

监理工程师在收到承包人送交的索赔报告及有关资料后，应于 7 天内与发包人协商一致后对承包人予以答复，或要求承包人补充索赔理由和证据。

4）监理工程师逾期答复的后果

监理工程师在收到承包人送交的索赔报告及有关资料后，于 7 天内未予答复或未对承包人提出进一步要求，即可视为该项索赔已经认可。

5）持续索赔

当索赔事件持续进行时，承包人应当阶段性向工程师发出索赔意向，在索赔事件终了后 14 天内，向工程师送交索赔的最终索赔报告和有关资料，工程师应在 14 天内给予答复，或要求承包人补充索赔理由和证据。逾期未答复，视为该项索赔成立。

6）仲裁与诉讼

监理工程师与发包人协商一致后对承包人索赔的答复，承包人不能接受，即进入仲裁或诉讼程序。

2．索赔文件的编制方法

1）索赔文件的内容

（1）总述：概述索赔事项发生的日期、起因和过程，承包人因该索赔事项的发生所遭受的各种损失以及承包人的具体索赔要求。

（2）论证：论证部分是索赔报告的关键部分，用以说明自己对此事项的索赔权。论证是否充分、明确是索赔能否成立的关键。

（3）索赔的款项（或工期）计算

（4）证据：要注意引用的每个证据的效力或可信程度，重要的证据资料最好附以文字说明，或附以确认件。

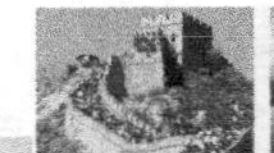
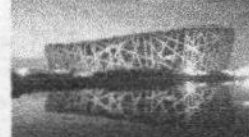

2）索赔报告编制的要求

（1）事件真实；证据充分、有效；

（2）对事件产生的原因、责任分析清楚、准确；

（3）索赔要求有相应合同文件支持，索赔理由充足；

（4）索赔报告应条理清楚，各种定义、结论准确，论证符合逻辑；

（5）索赔的计算项目和步骤详细，索赔值的计算数据精确。

案例 3.10　某写字楼装饰工程施工项目索赔

背景材料　发包人与承包人签订了高档写字楼的建筑装饰工程施工合同，合同工期 5 个月。承包人进入施工现场后，临建设施已搭设，材料、机具设备尚未进场。在工程正式开工之前，施工单位按合同约定对原建筑物的结构进行检查中发现，该建筑物结构需进行加固。预计结构加固施工时间为 1 个月。

承包人针对这一事件，除另外约定其工程费用外，提出以下索赔要求：

（1）将原合同工期延长为 6 个月。

（2）由于上述的工期延长，发包人应给施工单位补偿额外增加的现场费（包括临时设施费和现场管理费）。

（3）由于工期延长，发包人应按银行贷款利率计算补偿施工单位流动资金积压损失。

在该工程的施工过程中，由于设计变更，又使工期延长了两个月，并且延长的两个月正值冬期施工，比原施工计划增加了施工的难度。

针对此事件，在竣工结算时承包人向发包人提出补偿冬期施工增加费的索赔要求。

问题　试分析承包人的所赔要求是否合理？

案例分析：

（1）针对结构加固事件：结构加固施工时间延长 1 个月是非承包方原因造成的，属于工程延期。另外，现场管理费一般与工期长短有关。可见，承包方要求工期索赔和现场管理费费用索赔是合理的。

临时设施费一般与工期长短无关，施工单位不宜要求索赔。

由于材料、机具设备尚未进场，工程尚未动工，不存在资金积压问题，故承包人不应提出索赔。

（2）针对设计变更事件：在施工图预算中的其他直接费中已包括了冬、雨期施工增加费。可见，承包人索赔冬期施工增加费不合理。

另外，承包人应在事件发生后 28 天内，向监理方发出索赔意向通知，竣工结算时承包方已无权再提出索赔要求。

3.4.6　反索赔的特点和内容

反索赔是相对索赔而言，是对提出索赔一方的反驳。发包人可以针对承包人的索赔进行反索赔，承包人也可以针对发包人的索赔进行反索赔。通常的反索赔主要是指发包人向承包人的反索赔。

1. 施工反索赔的特点

（1）索赔与反索赔具有同时性。

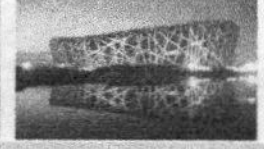

（2）技巧性强，处理不当将会引起诉讼。

（3）在反索赔时，发包人处于主动的有利地位，发包人在经监理工程师证明承包人违约后，可以直接从应付工程款中扣回款项，或从银行保函中得到补偿。

2．发包人相对承包人反索赔的内容

（1）工程质量缺陷反索赔；

（2）拖延工期反索赔；

（3）保留金的反索赔；

（4）发包人其他损失的反索赔。

案例 3.11　发包人造成承包人停窝工损失的索赔

背景介绍　A 房地产开发有限公司（以下简称 A 开发公司）对其开发建设的“××商业中心工程”进行施工招标，经评标程序，确定 B 建筑有限责任公司（以下简称 B 建筑公司）中标。该商业中心工程为地下 3 层、地上 4 层，建筑面积 112 167 m^2（后变更为地上 6 层，增加建筑面积 2 万m^2）的混凝土框架剪力墙结构，合同价格为固定总价 1.62 亿元（中标价为主体工程，不含装饰装修和设备安装工程），开工日期为 2011 年 9 月 20 日，竣工日期为 2013 年 3 月 19 日，施工总日历天数为 546 天。双方于 2011 年 9 月 10 日按照《建设工程施工合同》GF-1999-0201 范本签订了合同（以下简称《施工合同》），并于同日到建委办理了合同备案手续。

索赔事件过程　2011 年 9 月 20 日，B 建筑公司依约组织人员进场施工。在施工中出现了以下情形：

（1）由于施工现场原有住户拒绝拆迁，监理工程师下令停止土方开挖施工，直到 2012 年 6 月 10 日才具备土方开挖条件；

（2）2012 年 7 月 20 日土方开挖完毕，A 开发公司又向 B 建筑公司发出了变更设计规模和标准的通知书，将楼层增加 2 层，增加建筑面积近 2 万m^2，由于是边设计、边报批、边施工，2013 年 9 月 5 日 A 开发公司才获得变更后的《建设工程规划许可证》，同年 12 月 5 日 A 开发公司才将变更后的完整施工图纸交付给 B 建筑公司；

（3）2014 年 3 月 17 日在完成地下 2 层地板和柱施工后，A 开发公司又发出了变更指令，要求将地下 2 层以上每层高度由原来的 4.35m 变更为 4.80 m，同时发来了设计草图，并称设计变更很快会获得批准。B 建筑公司为了不耽误工程进度，就根据变更指令和设计草图将地下 2 层顶板按照 4.8 m 进行了模板支护和钢筋绑扎，监理工程师也予以隐蔽工程验收，但由于没有合法的设计变更图纸，为了慎重起见，B 建筑公司拒绝浇筑混凝土，工程被迫于 2014 年 4 月 20 日停工。

由于 A 开发公司迟迟不能提供建筑层高变更的合法设计图纸和变更规划批准文件，B 建筑公司见复工遥遥无期，且停工造成的损失还在不断扩大，就提出了多项停窝工索赔。A 开发公司对 B 建筑公司的索赔不予确认，为此，B 建筑公司于 2014 年 7 月 22 日按照合同约定的仲裁争议条款向某仲裁委员会申请仲裁。

在仲裁请求事项中，B 建筑公司提出了以下索赔事项：要求 A 开发公司支付不能按时提供施工场地、不能按时提供变更图纸等给 B 建筑公司造成的停窝工损失 5141 余万元，同时请求工期相应顺延（为了节省篇幅，B 建筑公司的其他仲裁请求，以及 A 开发公司的仲

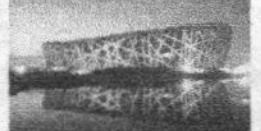

裁反请求均在此省略）。

仲裁案件庭审情况 B建筑公司在仲裁申请书及代理意见中称，其在三个阶段发生的停窝工损失，都是由于A开发公司过错造成的：

第一阶段是A开发公司拖延提供施工场地导致开工延期。B建筑公司从2011年9月20日就组织人员、机械设备和物资材料进场施工，因场地拆迁受阻，直到2012年6月10日才具备全面土方开挖条件，导致停窝工近9个月，为此计算停窝工损失费合计1 079余万元。

第二阶段是A开发公司延期提供完整施工图纸导致停窝工。B建筑公司从2012年7月20日土方开挖完毕起，因A开发公司发生增加楼层和建筑面积等重大设计变更，直到2013年9月5日才获得变更后的《建设工程规划许可证》，2013年12月5日A开发公司才将变更后的完整施工图纸交给B建筑公司，导致B建筑公司不能按照合同约定的进度计划正常组织施工，停窝工达16个半月，为此计算停窝工损失费合计2 609余万元。

第三阶段是A开发公司不能提供变更楼层高度的合法图纸导致停工。B建筑公司从2014年4月20日全面停工起至申请仲裁之日的2014年7月23日止，停工达3个月，计算停窝工损失费合计1 453余万元。而且仲裁期间若不能恢复施工，停工损失将继续扩大。

A开发公司答辩称：本案工程虽然局部拆迁滞后，但大部分场地已经平整完毕，基槽开挖没有受到太大影响；本案工程虽然发生了增加面积的设计变更，但报批期间也陆续提供了设计草图给B建筑公司指导施工，工程也没有实际停工；A开发公司下发变更建筑层高的指令后，B建筑公司也已经完成了模板支护和钢筋绑扎，并经过隐蔽工程验收，可以进行浇筑混凝土的施工。所以B建筑公司没有完全停工，而且在此期间B建筑公司从来没有提交过停工报告、索赔报告及相关资料，因此不存在停工和费用索赔问题。

仲裁案件审理结果 本案索赔争议的焦点问题在于：停窝工的原因和责任在谁；如何确定和计算B建筑公司停窝工损失及费用。

仲裁庭经过审理后认为，本案工程停窝工的原因和责任是比较清楚的，B建筑公司提供的证据充分证明A开发公司确实存在施工现场移交迟延、重大设计变更后的施工图纸交付延迟、缺乏合法依据强令变更建筑层高等行为，该行为必然导致工程停滞及窝工，所以A开发公司应当对本案工程的停窝工损失承担责任。

但是，仲裁庭在认定B建筑公司提出的停窝工损失计算方面，却出现了困难：

第一，由于每一次出现停窝工情形时，B建筑公司并没有按照合同约定的程序提交停、复工报告，其在仲裁申请书中提出的停、复工的日期都是事后推导出来的，而且相关施工资料还显示其间仍有施工活动，所以仲裁庭无法准确计算每次停窝工的实际天数；

第二，由于B建筑公司每次停窝工时都没有提交和留存相关索赔证据，其作为计算停窝工损失的现场人员、架模具及大中型施工机具设备数量的索赔清单都是事后编制的，缺乏真实性和有效性，而且A开发公司对该损失不予认可。所以，直接采用B建筑公司事后编制的索赔清单来计算停窝工损失的依据，尚缺乏合理性与有效性。

最终，鉴于A开发公司在工程基槽开挖现场移交迟延、施工图纸交付延迟、缺乏合法依据强令变更建筑层高等行为，确实影响了B建筑公司的施工进度和必然会造成停窝工损失等情形，仲裁庭是按照自由裁量的原则酌情支持了B建筑公司的部分停窝工损失及调价请求。

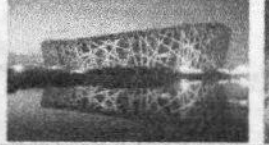

案件问题分析　虽然仲裁庭基于 A 开发公司明显的违约事实，裁决支持了 B 建筑公司的部分停窝工损失，但相比照 B 建筑公司的请求数额以及实际损失而言还有相当大的差距。仲裁裁决结果没有达到 B 建筑公司的预期目的，究其原因，主要是 B 建筑公司在索赔情形出现时出现了下列错误，导致索赔证据不足：

（1）没有及时固定索赔证据。本案在施工过程中，发生了三次因 A 开发公司的原因严重影响施工进度的事件，即：因拆迁受阻，导致在合同约定开工期限后近 9 个月才将全部施工场地移交给 B 建筑公司；因增加楼层和建筑面积等重大设计变更，导致 B 建筑公司直到 16 个半月后才拿到完整施工图纸；因 A 开发公司变更楼层高度却不能提供合法图纸，最终导致停工。

按照施工合同约定，“因发包人原因造成停工的，由发包人承担所发生的追加合同价款，赔偿承包人由此造成的损失，相应顺延工期”；“因发包人原因不能按照协议书约定的开工日期开工，工程师应以书面形式通知承包人，推迟开工日期。发包人赔偿承包人因延期开工造成的损失，并相应顺延工期”；“因变更导致合同价款的增减及造成的承包人损失，由发包人承担，延误的工期相应顺延”。由此可以看出，施工合同中对于发包人义务及其违约责任的约定是十分清楚的。所以，在 A 开发公司的违约事实清楚的情况下，B 建筑公司具备了提出索赔的条件。

根据施工合同约定，当一方向另一方提出索赔时，要有正当索赔理由，且有索赔事件发生时的有效证据。但是，在上述三个严重影响施工进度的事件发生期间，B 建筑公司并非始终处于全面停工状态，而是出于边施工边等待图纸和施工条件的时断时续的窝工状态。而当每次出现不能正常施工的情形时，B 建筑公司都没有采取措施将停工、复工的日期固定下来，也没有收集和申报现场实际停窝工的人员、机具数量等原始证据，使得其事后编制的停窝工损失清单缺乏真实性。

（2）没有按照约定的程序提出索赔。按照本案施工合同约定，因发包人的责任造成工期延误和（或）承包人不能及时得到合同价款及承包人的其他经济损失时，承包人可按下列程序向发包人提出索赔：

① 在索赔事件发生后 28 天内，向工程师发出书面索赔意向通知；

② 在发出索赔意向通知后 28 天内，向工程师提出延长工期和（或）补偿经济损失的索赔报告及有关资料；

③ 按照工程师的要求，进一步补充索赔理由和证据；

④ 工程师在收到承包人送交的索赔报告和有关资料后 28 天内未予答复或未对承包人做进一步要求，视为该项索赔已经认可；

⑤ 当该索赔事件持续进行时，承包人应当阶段性向工程师发出索赔意向，在索赔事件终了后 28 天内，向工程师送交索赔的有关资料和最终索赔报告。

但是，由于 B 建筑公司在上述三个索赔事件发生后，并没有按照约定的程序提出索赔主张，使得其在事后单方面编制的索赔资料得不到 A 开发公司的承认。正是由于 B 建筑公司在索赔事件发生后没有固定索赔证据，没有按照约定程序提出索赔，使得曾经对 B 建筑公司有利的索赔条件丧失殆尽，最终导致索赔没有达到预期目的，B 建筑公司对此只能自吞苦果。

对承包人索赔的建议　（1）牢固树立和强化索赔意识。当前许多案例表明，承包人在工程索赔方面往往以失败告终，究其根源，主要是在发生索赔事件时索赔意识不高，不敢索赔，不会索赔，总担心一旦主动提出索赔就会得罪发包人，给今后在竣工验收、最终结算或者承揽新工程时带来困难。殊不知，承包人合理、合法、及时提出索赔，不仅能够获得在合同履行过程中以及竣工结算谈判时的主动权，还可以弥补在投标报价、人工材料涨价以及施工管理过程中造成的损失，同时也能促使发包人更加自觉履行合同。所以，树立和强化索赔意识，敢于和善于索赔，是承包人管理科学化、规范化的具体体现，最终会得到发包人和社会各界的尊重和赏识。

（2）及时进行索赔。在建设工程施工合同中，往往都有索赔条款，其中约定了具体的索赔事项、索赔程序和索赔时限等内容，一旦发生索赔事件，承包人就应当及时按照合同约定提出索赔，并办理相关资料的签证，避免因超出约定时限而丧失索赔权利。

当前建筑行业使用的《建设工程建筑合同》（示范文本）GF-2013-0201 中，虽然规定了索赔程序及索赔期限，但是对于承包人未在索赔事件发生后 28 天内向工程师发出书面索赔意向通知、未提出延长工期和（或）补偿经济损失的索赔报告及有关资料，其是否丧失索赔权力没有明确的规定。因此，若承包人超过期限提出索赔请求，不一定绝对丧失索赔权力。

但是，在 2007 年版《建筑招标文件》“通用合同条件”（也是 2010 年版《房屋建筑和市政工程标准施工招标文件》的通用合同条款）中，对于索赔的期限及其后果作了严格的规定。例如:

第 23 条第 23.1 款（1）项写明：“承包人应当在知道或者应当知道索赔事件发生后 28 天内，向监理人递交索赔意向通知书，并说明发生索赔事件的事由。承包人未在前述 28 天内发出索赔意向通知书的，丧失要求追加付款和（或）延长工期的权利。”

第 23.3 款 23.3.1 项写明：“承包人按第 17.5 款的约定接受了竣工付款证书后，应被认为已无权再提出在合同工程接收证书颁发前所发生的任何索赔”。

所以在今后的合同条款中，对于承包人的索赔期限会更加严格，承包人如果不能及时提出索赔，将会给自己造成不可挽回的损失。

案例 3.12　以“农民工讨薪”名义向施工企业索赔劳务费

案例背景　2011 年 4 月，C 建筑公司承包了 8 栋住宅楼工程的施工任务。C 建筑公司项目经理找到与之长期合作的包工头刘某，将 8 栋住宅楼工程的主体结构的劳务作业任务分包给了刘某，双方以每栋楼为一个计量单位签订了 8 份劳务分包合同，合同总额 547 万元。刘某签订合同后，又将其中编号为 1 号、2 号、3 号楼（合同总额 235 万元）劳务合同的作业内容以 3 份《施工任务书》形式转包给了王某，但该 3 份《施工任务书》的劳务费总额只有 96 万元。王某获得三份《施工任务书》后，又将其分别转包给三个施工班长。该三个施工班长获得的三份《施工任务书》的劳务费总额只剩下 76 万元。

在施工过程中，刘某以王某组织施工不力为由，中途解除了与王某签订的《施工任务书》，将已完成劳务作业量的劳务费用合计 52 万余元结算给了王某，王某在签署结算单和收款收条后离开了工地。随后，刘某又将该三份尚未完成的《施工任务书》直接交给了王某原来带领的三个施工班长继续施工。在 1 号、2 号、3 号楼主体结构工程完工后，刘某与三个施工班长分别办理了合计 36 万元的劳务结算书，三个施工班长也签署了收款收条。至

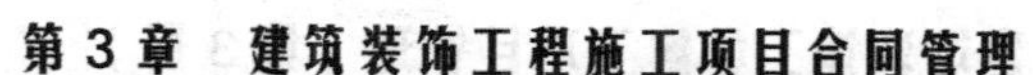

此，刘某累计向王某和三个施工班长实际支付劳务费合计 88 万余元。

在其余住宅楼工程还在进行主体结构施工时，C 公司项目经理接到上级通知：要求项目经理部做好各项准备工作，迎接当地建委组织的安全文明施工大检查。C 公司项目经理因担心违法使用劳务队伍的事情暴露，就让刘某找一个有资质的劳务公司来完善原先签订的劳务合同。

刘某找到 D 劳务公司，双方签订了内部承包合同，其中约定：D 劳务公司从每份劳务合同中提取 8%的管理费后，其余费用都由刘某支配，劳务作业人员全部由刘某自行组织。随后，刘某以 D 劳务公司的名义与 C 建筑公司又补签了 8 份劳务作业分包合同，新补签的合同在承包内容及合同金额上都与原先合同一致，并在建设行政主管部门进行了备案。刘某也被 D 劳务公司任命为派驻该施工项目的施工负责人，全权负责该 8 份劳务合同的履行。

索赔事件过程　2012 年 11 月，本案 8 栋住宅楼工程竣工验收后，C 建筑公司与 D 劳务公司就总额为 547 万元的 8 份劳务分包合同进行了全额结算，双方对结算金额无异议。同时，C 建筑公司和 D 劳务公司还签署了《合同履行终止协议》，其中载明：“双方所签 8 份合同权利义务已履行完毕。合同终止”。C 建筑公司、D 劳务公司及刘某都在结算书和协议书上签字、盖章。

工程竣工不久，王某获得了刘某属于挂靠在 D 劳务公司名下承揽工程的证据，就带领三个施工班长找到刘某，表示原先按《施工任务书》支付的劳务费太低，要求按照 1 号、2 号、3 号楼三份劳务合同价格即 235 万元的标准补偿劳务费。在遭到刘某的拒绝后，王某就带领 100 余名农民工到政府相关部门集会，并扬言要游行。在有关部门多次协调不成的情况下，王某拿着有 167 名农民工（包括其本人及上述三个施工班长）签名并公证的公证书，于 2013 年 3 月以 167 名农民工的名义，将 C 建筑公司、D 劳务公司及刘某等一并起诉到某基层人民法院，要求前述三个被告人按照 1 号、2 号、3 号楼三份劳务合同价格即 235 万元的标准支付被拖欠的“农民工薪金”劳务费合计 147 万余元及逾期付款利息。

案件审理及判决情况　王某等 167 人的起诉理由是：第一，刘某是挂靠在 D 劳务公司名下与 C 建筑公司签订的劳务合同，根据我国《建筑法》的规定，该挂靠及借用资质行为签订的合同无效；第二，刘某以《施工任务书》形式将劳务分包合同再次转包给王某及其三个班长行为无效，该《施工任务书》不能作为结算劳务价款的依据；第三，1 号、2 号、3 号楼三份劳务合同都是王某及其雇佣人员实际完成的，因此该三份合同总额 235 万元的劳务合同才是与王某等 167 人进行结算劳务费用的依据；第四，刘某收取劳务结算价款后，仅支付了 88 万元劳务费，拖欠“农民工薪金”劳务费合计 147 万余元（235 万元-88 万元=147 万元）；第五，C 建筑公司和 D 劳务公司在劳务分包过程中均有过错，应当对刘某拖欠劳务费的行为承担连带责任。

刘某辩称：刘某与王某及其三个施工班长之间签订的《施工任务书》是有效的，已经履行和结算完毕，也按照约定全额支付了劳务费，不存在拖欠劳务费问题。劳务作业人员是王某自己雇用的，工资问题应当由王某自行解决。

D 劳务公司辩称：D 劳务公司收到 C 建筑公司支付的全部款项并按照内部承包协议扣除管理费后，其余款项都付给了刘某，不存在拖欠和克扣农民工工资问题。工程所需劳务人员都是刘某自己找的，与 D 劳务公司没有劳动合同关系。

C 建筑公司辩称：C 建筑公司与 D 劳务公司签订的劳务合同是经过备案的有效合同，而且 C 建筑公司按照劳务分包合同全额支付了劳务费，不存在拖欠款问题，不应当对刘某与王某等 167 人之间的劳务费争议承担任何责任。

本案历时一年多，经历了一审判决、二审发回重审、一审再判决、二审终审判决等程序，于 2014 年 9 月作出二审终审判决。二审法院认为：刘某挂靠在 D 劳务公司名下承揽劳务工程的行为属于借用资质承揽工程的行为，依法认定无效；王某等 167 人是该 1 号、2 号、3 号楼三份劳务合同的实际施工人，因此 D 劳务公司应当按照该三份合同总价款 235 万元对王某等 167 人进行结算，减去已支付的 88 万元，尚欠 147 万余元；C 建筑公司和 D 劳务公司允许刘某借用资质挂靠承揽工程，违反《建筑法》的强制性规定，且未能保证刘某将劳务费余款支付给王某等 167 人，应当对刘某拖欠劳务费行为承担连带责任。二审法院终审判决要点为：第一，刘某以 D 劳务公司名义与 C 建筑公司签订的劳务合同无效；第二，刘某应向王某等 167 人支付剩余劳务费 147 万元；第三，C 建筑公司和 D 劳务公司对刘某拖欠款行为承担连带责任。

终审判决生效后，王某等人申请强制执行。因刘某和 D 劳务公司没有可供执行的财产，法院就直接从 C 建筑公司账上划走了 147 万元。本案给 C 建筑公司造成了巨大损失，C 建筑公司正在进行艰难申诉。

问题分析　在此对 C 建筑公司以及 D 劳务公司在已付清全部劳务费之后仍然还要承担付款连带责任的深层原因进行剖析。

（1）C 建筑公司在劳务分包方面存在错误，是导致其承担法律责任的根源。根据我国《建筑法》的规定，从事建筑活动的主体只能是依法取得相应资质等级证书的企业或者单位，我国法律是禁止以个人（自然人）名义从事建筑活动的。C 建筑公司的项目经理明知相关法律规定却仍然与刘某签订劳务分包合同的行为，以及刘某又将劳务合同以《施工任务书》的形式层层转包，劳务费用被层层克扣的事实，才导致本案纠纷的发生。我国《建筑法》第二十九条第三款规定：“禁止总承包单位将工程分包给不具备相应资质条件的单位”。因此，C 建筑公司违反法律强制性规定与刘某签订劳务分包合同的行为，是导致其承担法律责任的根本原因。

（2）C 建筑公司疏于对劳务作业人员进行管理，是导致其承担法律责任的直接原因。刘某先前是以个人名义与 C 建筑公司签订的劳务分包合同，并非代表 D 劳务公司。因此，C 建筑公司与刘某签订非法劳务分包合同及其实施劳务作业的行为，可以视为 C 建筑公司与刘某及其带领的众多农民工之间形成了事实上的劳动关系。但是，由于 C 建筑公司对劳务队伍疏于管理，没有发现劳务分包合同被层层转包、劳务费用被层层克扣的情形，也没有与农民工签订劳动合同，因此在诉讼中，C 建筑公司无法说明以低于劳务分包合同价格 139 万元（235−96=139）的差价签订三份《施工任务书》的合理性，也无法证明每一名农民工的工资标准是多少，更无法证明是否拖欠每一名农民工的工资。在这种情形下，根据王某及其三个施工班长只领到 88 万元的事实，法院参照 C 建筑公司与 D 劳务公司签订的劳务分包合同（也是与刘某签订的合同）的价格来处理王某等 167 人提出的工资或劳务费用争议具有其合理性。因此，法院判决 C 建筑公司对付款承担连带责任也就成为必然。

（3）D 劳务公司允许刘某挂靠，是导致其承担法律责任的根本原因。根据我国《建筑

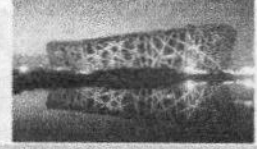

业企业资质管理规定》，只有取得劳务分包资质的企业才能承接施工总承包企业或者专业承包企业分包的劳务作业，禁止以个人名义承揽劳务作业任务。但是，当前许多劳务公司为了减少自身管理成本，并不会常年雇用大量工人，往往都是在接到任务后临时招聘工人，或者接受具有一定规模的包工头的挂靠完成劳务作业。因此，劳务公司出借资质、允许挂靠的情形就不可避免。我国《建筑法》第二十六条第二款规定："……禁止建筑施工企业以任何形式允许其他单位或者个人使用本企业的资质证书、营业执照，以本企业的名义承揽工程。"《最高人民法院关于审理建设工程施工合同纠纷案件适用法律问题的解释》第一条规定：当建筑工程施工合同中存在没有资质的实际施工人借用有资质的建筑施工企业名义时，应当根据《合同法》第五十二条第五款的规定认定无效。因此，劳务公司出借资质、允许挂靠的行为一旦被发现，就会被认定是违法分包，必然导致合同无效。而且该行为也将被视为与全体农民工之间形成了事实上的劳动关系。在D劳务公司疏于劳资管理，不能证明已经向每一名工人发放工资，不能证明每一名工人都得到了合理报酬的情况下，法院判决D劳务公司对于付款承担连带责任也就成为必然。

建议 （1）合法订立劳务分包合同。施工企业在签订劳务分包合同之前，应当严格审查劳务公司的资质，根据劳务资质类别和等级签订相应的劳务分包合同，防止因无效合同而导致的索赔事件发生。

（2）对违法劳务分包合同进行合法处置。根据我国《劳动合同法》第七条的规定："用人单位自用工之日起即与劳动者建立劳动关系"。因此，若施工企业已经与包工头个人签订劳务分包合同且实施，并且仍然需要这批劳动力进行施工的，就一定要尽快对这批劳动者的劳动关系进行合法化处置：第一，尽快终止并结算违法劳务分包合同，监督并保障每一名劳动者能够全额结清工资报酬；第二，要把这些劳动者等同于本单位职工进行管理，及时与劳动者签订"以完成一定工作任务为期限的劳动合同"，并在合同中约定相应的工资标准和待遇；第三，按照规定为每一名劳动者办理相关保险；第四，切实将工资发放到每一名劳动者手中。否则，劳动者可以凭借与企业存在事实劳动关系为依据，随时以企业违反《劳动合同法》为理由提出高额索赔。

（3）建立"恶意索赔"包工头档案。"保护农民工合法利益"是构建社会主义和谐社会和解决民生的法治理念。但现实生活中，少数人恶意索赔的事件屡有发生。因此，施工企业应当加强对劳务队伍信息管理，广泛收集发生过恶意索赔的"包工头"名单，拒绝与此类人员签订合同。同时，施工企业应当严格分包合同的签订、履行和结算程序的管理，加强风险意识，避免成为"恶意索赔"的受害人。

实训指导 合同评审与风险评估

1. 招标内容和合同的合法性审查

1）招标项目的内容审查

（1）招标项目是否已经履行必须的审批手续。如：立项批准文件和固定资产投资许可证；已经办理该建设工程用地批准手续；已经取得规划许可证。

（2）工程建设资金或者资金来源已经落实。

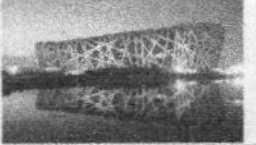

（3）有满足施工招标需要的设计文件及其他技术资料。

（4）法律法规和规章规定的其他条件。

2）合同的合法性审查

是否使用《建筑装饰工程施工合同》示范文本。

2．合同条款的合法性和完备性审查

（1）《建筑装饰工程施工合同》中各条款的内容是否符合国家相关法律法规的规定。

（2）针对项目的特点和国家相关法律法规要求，《建筑装饰工程施工合同》中的条款是否完备。

3．合同双方责任、权益和项目范围认定

（1）《建筑装饰工程施工合同》中有关合同双方权利、义务和违约责任等的条款，是否清楚、合理。

（2）《建筑装饰工程施工合同》中有关确定项目范围的条款，是否清晰、合理。

4．与产品或过程有关要求的评审

（1）《建筑装饰工程施工合同》中有关工程质量要求以及质量管理要求的条款，是否清楚、合理。

（2）《建筑装饰工程施工合同》中有关工程安全要求以及安全管理要求的条款，是否清楚、合理。

（3）《建筑装饰工程施工合同》中有关工程文明施工要求的条款，是否清楚、合理。

5．合同风险评估

针对《建筑装饰工程施工合同》履约期限，来评估履约期间是否可能发生给己方带来损失的事故，以及这种意外风险发生的可能性及其对己方可能的损害程度。

思考题3

1．建筑装饰施工合同有哪些作用和特点？

2．建筑装饰施工合同管理的任务是什么？

3．施工合同管理具有哪几个环节？

4．施工合同履行中的管理包括哪些内容？

5．简述索赔的概念、作用和原则。

6．“索赔与工程承包合同同时存在”这句话对不对？试加以说明。

7．工程索赔的分类有哪些？

8．索赔争执的解决方法有哪些？

第4章

建筑装饰工程施工项目资源管理

教学导航

教	内容提要	介绍施工项目资源的概念，资源管理的目的、内容和基本工作，系统、详细地讲解了装饰施工项目不同资源的管理方法
	知识重点	人力资源优化配置的依据、方法、组织形式，材料管理的内容和方法；如何选择机械并制定使用计划；项目资金收支预测；资金管理要点
	知识难点	资源计划与供应的依据；资源供应与控制的关系；资源动态控制的方法；资源管理的考核
	推荐教学方式	结合建设工程项目管理规范的内容，将理论知识条理化，并按工作过程进行剖析。通过案例教学，加深学生的理解和应用能力
	建议学时	6～7学时
学	学习要求	重点掌握人力资源优化配置的依据、方法、组织形式，熟悉动态管理，了解承包责任制。掌握材料管理的内容和方法，熟悉采购供应要求，了解材料管理分类。学会选择机械和制定使用计划，了解机械管理具体任务，熟悉机械合理使用要求。熟悉应建立的技术管理基本制度及工作内容，了解各级技术人员职责。熟悉项目资金收支预测要求，掌握项目资金管理要点
	推荐学习方法	用课内学习加课外自学及实训等的学习方法，以工作过程为主线进行学习
	必须掌握的理论知识	资源的计划管理；资源的供应管理；资源的控制管理；资源的考核管理
	必须掌握的技能	资源管理计划的制订；资源管理控制的方法
做	任务8	编制施工项目资源配置计划和供应计划

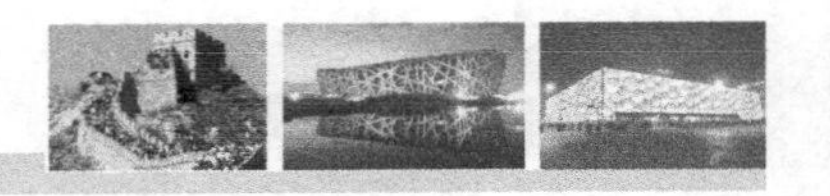

任务8　编制施工项目资源配置计划和供应计划

1. 任务目的

通过编制施工项目资源配置计划和供应计划，促进学生更好地掌握优化配置各种资源的方法，对资源供应的动态管理知识有更深刻的理解，并掌握相应的管理技能。

2. 任务要求

以某一建筑装饰工程施工项目为实例，制定资源配置计划和资源供应计划，学生在完成本实训后，能初步具备合理进行资源配置、编制资源供应计划的能力。

3. 工作过程

（1）编制资源配置计划。

（2）依据资源配置计划，编制资源的供应计划。

4. 任务要点

（1）按照施工合同要求、工程预算等，确定拟投入各种资源的数量与需投入资源的时间，编制资源配置计划。

（2）依据资源配置计划，根据各种资源的特性，充分考虑可以采取的科学措施，在时间上和空间上对资源的有效组合进行分析，使其投入较为合理，并据此编制各种资源的供应计划。

小知识　（1）资源管理计划应包括建立资源管理制度，编制资源使用计划、供应计划和处置计划，规定控制程序和责任体系。

（2）资源管理计划应依据资源供应条件、现场条件和项目管理实施规划编制。

5. 任务实施

（1）由老师提供一个工程案例或由学生自主选择案例；

（2）学生初步制定资源配置计划和资源供应计划；

（3）通过学习了解任务相关知识；

（4）学习过程中不断完善该任务；

（5）能对已完成任务的内容做出全面解释；

（6）完成本任务的是寻报告。

4.1　施工项目资源管理的工作过程

生产资源是人们制造产品所需的各种资源，即形成生产力的各种要素。

和制造其他工业产品一样，在装饰工程施工中，需投入下面的生产资源，即：劳动的主体——人；劳动对象——材料及半成品；劳动手段——机具、设备、工具；劳动方法——技术、工艺；以及工程施工过程中所需要的资金信息等。从而实现我们的目标产品：装饰工程。因此我们把劳动力、材料、机械设备、技术和资金称为施工项目的资源。资源管理的工作过程如下。

资源管理	1．人力资源管理	（1）人力资源的管理计划； （3）人力资源的管理控制；	（2）人力资源的供应管理； （4）人力资源的管理考核
	2．材料管理	（1）材料的管理计划； （3）材料的管理控制；	（2）材料的供应管理； （4）材料的管理考核
	3．机械设备管理	（1）机械设备的管理计划； （3）机械设备的管理控制；	（2）机械设备的供应管理； （4）机械设备的管理考核
	4．技术管理	（1）技术的管理计划； （3）技术的管理控制；	（2）技术的供应管理； （4）技术的管理考核
	5．资金管理	（1）资金的管理计划； （3）资金的管理控制；	（2）资金的供应管理； （4）资金的管理考核

4.2 施工项目资源管理的内容和基本工作

施工项目管理就是要对资源进行市场调查研究、合理配置、强化管理，用较小的投入，按要求完成好项目的工程施工任务，取得良好的经济效益。

4.2.1 施工项目资源管理的内容

1．人力资源管理

人是施工管理的主体。施工人力资源管理包括技术人员、管理人员的配备和生产队伍的组织。目前，施工企业可采用多种形式的用工制度，并引入竞争机制，在施工过程中，可随施工任务的多少选择不同数量的工人，避免窝工，改善队伍结构，加强施工一线的用工，使劳动生产率得到提高，适应建筑施工用工流动性和弹性的要求，减轻企业的负担。

企业的发展提高要依靠大批各级各类人才，施工项目中人力资源的使用，关键在于调动职工的劳动积极性，提高工作质量和工作效率，要从劳动者个人的需求和行为科学的观点出发，使责、权、利相结合，多采用激励机制，在使用中要重视对他们的培训，提高他们的综合素质。

2．材料管理

建筑装饰材料可按其在生产中的作用分类，也可按其自然属性分类。

建筑装饰材料按其在生产中的作用不同可分为主要材料、辅助材料和其他材料。主要材料指在施工中被直接加工，构成工程实体的各种材料，如钢材、水泥、砂子、红砖、各类面砖等，辅助材料指在施工中有助于产品的形成，但不构成工程实体的材料，如外加剂、脱模剂等；其他材料指不构成工程实体，但又是施工中必须使用的材料，如燃料、砂纸等。另外，周转材料、工具、预制构配件等，因在施工中有独特作用而自成一类，其管理方式与材料基本相同。

建筑装饰材料还可以按其自然属性分类：如金属材料、硅酸盐材料、电器材料、化工材料等，它们的保管和运输各有不同要求。

在一般工程中，建筑装饰材料占工程造价的70%左右，因此材料管理十分重要，材料管理在现场、使用中和核算方面，应加强控制。

3．机械设备管理

施工项目的机械设备，主要指作为大型工具使用的大、中、小型机械，它们既是固定资产，又是劳动手段。

机械设备管理主要有选择、使用、保养、维修、改造、更新等环节。管理的目的就是提高机械的使用效率。提高机械的使用效率需要提高机械的利用率和完好率，这就需要在管理中采取有效措施，尽量达到这一要求。

4．技术管理

技术是指人们在生产和科学实践中积累的知识、技能、经验及体现它们的劳动资料。施工项目技术包括操作技能、劳动手段、生产工艺、检验试验手段、管理程序和方法等。施工项目的生产活动是建立在一定的技术基础上的，同时又是在一定技术要求和技术标准的控制下进行的。

由于施工项目的复杂性，使得技术的作用尤为重要。施工项目技术管理就是对各项技术工作要素和技术活动过程进行的管理。技术工作要素包括技术人才、技术装备、技术规程、技术资料等；技术活动过程包括技术计划、技术运用、技术评价等。技术作用的发挥，除取决于技术本身的水平外，很大程度上依赖于技术管理水平。只有完善的技术管理，才能使先进的技术发挥作用。

施工项目技术管理的任务是：正确贯彻国家的技术政策，贯彻上级对技术工作的指示与决定；研究、认识和利用技术规律，科学的组织各项技术工作，充分发挥技术的作用；确立正常的生产技术秩序，进行文明施工，确保工程质量；努力提高技术工作的经济效果，使技术与经济有机地结合起来。

5．资金管理

资金是工程建设的基本保证。项目的资金从流动过程来讲，首先是投入，即将筹集到的资金投入到施工项目上；其次是使用，就是支付在施工过程中的各项支出。资金管理也称财务管理，主要有以下环节：编制资金计划、筹集资金、投入资金、资金使用、资金核算与分析。资金管理的目的就是要保证收入、节约支出、防范风险。资金管理的重点是收入与支出问题，收支之差涉及成本核算及企业效益等问题。

4.2.2 施工项目资源管理的基本工作

1．编制计划

资源管理的首要工作是编制资源计划，包括所有计划、供应计划和处置计划。按照施工的需要和合同要求、目标和工作范围对各种资源的投入时间和投入量做出合理安排，以满足施工项目实施的需要。计划是优化配置和组合资源的手段。

2. 资源供应

资源供应是按照编制的计划，从资源来源到资源投入，做好各种资源的供应工作。再到施工项目各阶段进行全面管理，使计划得以实现，施工需求得以满足。

3. 节约使用资源

根据每种资源的特性，设计出科学的措施、方法进行动态配置和组合，协调投入，合理使用，不断预测出可能的偏差，及时发现偏差并不断修正偏差，在满足工期的前提下以尽可能少的资源量满足项目的需求，达到节约资源，降低成本的目的。

4. 对资源使用效果进行分析

对资源投入和使用情况定期分析，从两个方面对资源使用效果进行分析：一是对管理效果进行总结，找出经验和问题，进行正确的评价，持续改进；二是收集和储备有关经验资料，为以后的管理提供反馈信息，并指导今后的管理工作。

4.3 施工项目人力资源管理

4.3.1 人力资源的管理计划

项目经理部应根据项目进度计划和作业特点优化配置人力资源，制定人力需求计划，报企业人力资源管理部门批准，企业人力资源管理部门与劳务分包公司签订劳务分包合同。远离企业本部的项目经理部，可在企业法定代表人授权下与劳务分包公司签订劳务分包合同。

1. 人力资源管理制度

企业人力资源管理部门应建立并持续改进项目人力资源管理体系，完善人力资源管理制度、明确管理责任、规范管理程序。才能有效的完成好力资源管理的任务。

2. 人力资源管理计划的依据与形式

1）劳动力计划的依据

（1）对施工项目而言，劳动力配置的依据是工程量、劳动生产率和施工进度计划。劳动力需要量计划要紧紧围绕施工项目总进度计划的实施进行编制。总进度计划决定了各个单项（位）工程的施工顺序及延续时间和人数，劳动需要量计划则要反映计划期内应调入、补充、调出的各种人员的变化，将进度计划表内所列各施工过程每天（或旬、月）所需工人人数按工种汇总得到需要量计划，如表 4.1 所示。

表 4.1　劳动力需要量计划表

序号	工 程 名 称	人数	月			月			备注
			上旬	中旬	下旬	上旬	中旬	下旬	

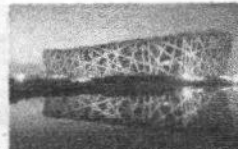

劳动生产率反映了在生产中的劳动消耗，提高劳动生产率，就是以较少的劳动消耗生产出相同数量的产品。提高劳动生产率主要应通过技术进步，即采用新技术、新工艺、先进机具设备、科学的管理方法来实现。其次应完善劳动组织，建立严格的岗位责任制，提高职工的科学文化水平和技术熟练程度，贯彻按劳分配，调动职工积极性，同时建立各档次技术工人组成的班组。在编制劳动需要量计划和劳动生产率计划时则要详细考虑近期劳动生产率实际达到的水平，分析劳动定额完成的情况，总结经验教训，提出整改措施，运用上述途径，挖掘潜力，科学预计劳动生产力增长速度，实事求是地编制劳动生产率计划。

（2）对企业来讲，企业劳动管理部门应综合各项目劳动力需求计划，对劳动力进行平衡、调配，并不断完善不同项目的劳动力需求资料，为今后劳动力的合理配置提供依据。

2）劳动力的组织形式

项目经理部接收到派遣的作业人员后，应根据工程需要，或保持原建制不变，或对有关工种工人重新进行组合，劳动组合的形式有以下几种：

（1）专业班组：由同一工种（专业）的工人组成的班组。专业班组只完成其专业范围内的施工过程。该组织形式有利于专业化施工，提高劳动熟练程度和劳动效率，但对工种之间的相互协作配合不利。

（2）混合班组：由相互联系的多工种工人组成的班组，工人可以集中在一个集体中进行混合作业，以本工种为主兼作其他工作。这种班组对工种之间的协作有利，工序衔接紧凑，但不利于专业工人技能和熟练程度的提高。

（3）大包队：大包队是扩大的专业班组和混合班组，适用单位工程和分部工程的综合作业承包，队伍内部还可以再划分专业班组分工种施工，它们的优点是独立施工能力强，能单独承担并完成独立的装饰项目，有利于相互协作配合，简化了项目经理部的管理工作。

4.3.2 人力资源的供应管理

1．人力资源的供应调配

企业劳动管理部门首先审核项目的施工进度计划和各工种需要量计划，然后与企业内部劳务队伍或外部劳务市场的劳务分包企业签订分包合同，进行劳动力配置。施工项目劳动力分配总量要按企业的建筑安装工人劳动生产率控制，项目经理部可在企业法人授权下与劳务分包企业签订分包合同。

2．配置时要做好以下几方面的工作

（1）配置时应在人力资源需求计划的基础上进一步具体化，编制工种需求计划，考查是否漏配，必要时根据实际需要调整人力资源需求计划。

（2）配置劳动力时要尽量使用自有资源，做到恰到好处，既不能浪费又不能压力过大，让工人有超额完成任务的可能，以获得超额奖励，激发工人的工作热情。

（3）尽量使在作业层上的劳动力和劳动组织保持稳定，防止频繁调动，不利于施工。当正在使用的劳动组织不适应任务要求时，应坚决进行调整，要敢于打乱原建制进行优化组合。

（4）为保证作业的需要，工种的组合，能力搭配应适当，技工与小工的比例必须适

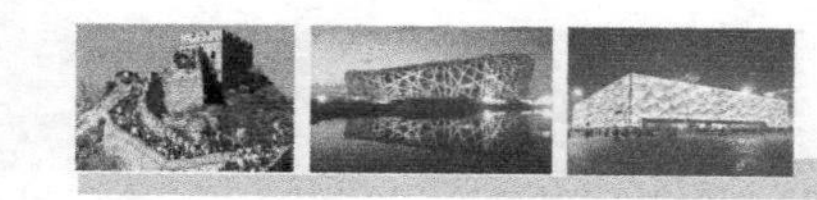

当、配套。

（5）尽量使劳动力均衡配置，以便于管理。使劳动力资源强度适当，以达到节约的目的。

4.3.3　人力资源的管理控制

劳动力动态管理是根据施工生产任务和条件发生的变化对劳动力进行跟踪观察、协调平衡，以解决劳务失衡、劳务与施工生产要求脱节问题的动态过程，从而实现劳动力的动态的优化组合。

1．人力资源的选择调整

根据项目需求确定人力资源性质、数量、标准：

（1）通过对项目目标的分析，把项目的总体目标分解为各个具体的子目标，以便于了解项目所需人力资源的总体情况。

（2）工作分解结构确定了完成项目目标所必须进行的各项具体活动，根据工作分解结构的结果可以估算出完成各项活动所需的人力资源的数量、工种和具体要求等信息。

（3）项目进度计划提供了项目的各项活动何时需要相应的人力资源以及占用这些资源的时间，据此，可以合理地配置项目所需的人力资源。

（4）在进行人力资源计划时，应充分考虑各类制约因素，如项目的组织结构、资源供应条件等。

（5）人力资源计划可以借鉴类似项目的成功经验，以便于项目资源计划的顺利完成，既可节约时间又可降低风险。

2．订立劳务分包合同

力资源管理部、项目经理部与人力资源供应单位（或部门）订立不同层次的劳务分包合同，劳动承包责任制

1）施工项目劳务分包合同

劳务分包合同是劳动任务委托和承接的法律依据，对工程的顺利实施起着十分关键的作用。合同中对工程涉及的各种问题进行了详细具体的说明，规定双方都要遵照执行，并以此作为解决双方争执的依据。

劳务合同内容一般包括：工程名称，劳务分包工作内容及范围，提供劳务人员的数量，合同工期，合同价款及其确定原则，合同款的结算与支付，安全施工，重大伤亡及其他安全事故的处理，工程质量，验收与保修，工期延误，文明施工，材料机具供应，文物保护，双方权利义务，违约责任等。

2）劳动承包责任制

劳动承包责任制是企业劳务管理部门与项目经理部签订劳务承包合同承包劳务，按合同派遣作业队完成承包任务。作业队到达施工现场后，要服从项目经理部安排，按任务书的要求施工。

（1）企业劳务管理部门和项目经理部门签订的劳务合同应包括以下内容：

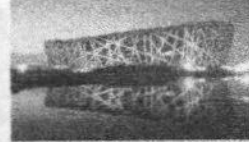

① 作业任务及应提供的计划工作日数和劳动力人数；
② 进度要求及进退场时间；
③ 双方的管理责任；
④ 劳务费计取及结算方式；
⑤ 奖励与惩罚。

（2）在管理责任方面，劳务管理部门应负责包任务量完成，包进度，包质量，包安全，包节约，包文明施工，包劳务费用。

（3）项目经理部应负责以下工程项目的施工：
① 施工任务的饱满和生产的连续性、均衡性；
② 物资供应和机械配套；
③ 各项质量，安全防护措施的落实；
④ 技术资料及时供应；
⑤ 文明施工所需的一切费用和设施。

（4）劳务管理部门向作业队下达的劳务承包责任状有以下内容：
① 作业队承包的任务内容及计划安排；
② 对作业队的进度、质量、安全、节约、协作、文明施工的要求；
③ 考核标准及作业队应得的报酬，上缴任务；
④ 对作业队的奖罚规定。

3．教育培训和考核

对拟使用的人力资源进行岗前教育和业务培训，对人力资源的使用情况进行考核评价。

人力资源的培训与考核是指为提高员工技能和知识，增进员工工作能力，从而促进员工现在和未来工作中达到工作要求。其中，培训要集中于现在的工作需要，并要经过严格的考核达标才能上岗工作。教育培训和考核在整个人力资源管理过程中起重要作用。如果在专业技术或其他素质上现有人员或新招收人员不能满足要求时，应提前进行培训，再上岗作业。培训任务主要由企业劳务部门承担，项目经理部只能进行辅助培训，如临时性的操作训练或试验性操作练兵进行劳动纪律、工艺纪律及安全作业教育等，培训前，企业劳务部门、项目经理部要制订符合实际的人力资源培训计划。

其次，还要根据项目实施进度及时对人力资源的使用情况进行考核评价。人力资源考核工作主要加强人力资源的教育培训和思想管理，加强对人力资源业务质量和效率的检查。

4.3.4 人力资源的管理考核

人力资源管理考核应以有关管理目标或约定为依据，对人力资源管理方法、组织规划、制度建设、团队建设、使用效率和成本管理等进行分析和评价，不断总结经验，改正不足之处，更好地完成以后的人力资源的管理工作。

案例 4.1　某办公楼改造工程人力资源配置

背景材料　某办公楼进行地面改造，建筑面积 9 086 m^2，地下 1 层，地上 11 层，工期两个月，其地面采用湿贴莱州芝麻白石材。根据设计要求，该卫生间地面防水施工采用新材料 JS 防水涂料，该材料为绿色产品，无毒无味，防水效果较好。由于石材地面施工面积大，为保证工程质量，施工单位制定了专项施工方案指导施工。

问题 根据工程特点和方案所述内容，请合理配备劳动力。

案例分析 劳动力：石材地面铺贴按平均 4 m^2/人·日考虑。每个铺设小组 13 人，其中高级工以上 1 人，机械操作手 2 人，专业铺贴人员 7 人，辅助工人 3 人。共 4 组 52 人。

4.4 施工项目材料管理

4.4.1 材料的管理制度与计划

1. 材料资源管理制度

企业管理部门应建立并持续改进项目材料资源管理体系，完善材料资源管理制度、明确管理责任、规范管理程序。才能有效地完成好材料资源管理的任务。项目经理在现场材料管理方面负有全面领导责任。施工项目的材料管理，必须相应建立一套完整的材料管理制度，包括材料目标管理制度，材料供应和使用制度。以便组织材料的采购、加工、运输、供应、回收和废物利用，并进行有效地控制、监督和考核，以保证顺利实现承包任务和材料使用过程的效益。

2. 材料资源管理计划

项目经理部门要及时向物资供应部门提交材料需用计划，计划包括以下两类：

（1）单位工程（或整个项目）材料需要计划。此计划根据施工组织设计和施工预算做出，于开工前提出，作为备料依据，其编制方法是将施工进度计划表中各施工过程的工程量，按其包含材料的名称、规格、数量、使用时间计算汇总，汇总结果如表 4.2 和表 4.3 所示。

表 4.2 主要材料需要量计划表

序 号	材 料 名 称	规 格	需 要 量		供 应 时 间	备 注
			单 位	数 量		

表 4.3 构件、半成品需要量计划表

序号	构件、半成品名称	规格	图号、型号	需 要 量		使用部位	加工单位	供应日期	备注
				单位	数量				

（2）工程材料（年、季、月）需用计划。此计划根据施工预算、生产进度、现场条件，按工程计划期提出，作为备料依据。由于工程的特点，必须考虑材料的储备问题，合

理制定材料期末储备量。计划表中应包括使用单位、品名、规格、单位、数量、交货地点、日期、材料技术准备等。

（3）材料供应的计划

施工项目的材料供应计划，又称平衡分配计划，为组织货源、订购、储备、供应提供依据，为投标提供资源条件，供应计划的编制，是在确定计划期需用量的基础上，预计各种材料的期初储存量、期末储存量，经过综合平衡后，提出供应量。其中，期末储备盘，主要由供应方式和现场条件决定。

4.4.2　材料的供应管理

材料采购供应主要集中在法人层次上，企业的材料供应部门对工程所需的主要材料、大宗材料要实行统一计划、统一采购、统一供应、统一调度和统一核算，这样的做法可以扭转企业多渠道供料，多层采购的低效、高成本状态，可以把材料管理工作贯穿于项目管理的投标报价，落实施工方案，组织项目班子，编制供料计划，组织项目材料核算，实施奖惩的全过程。有利于建立统一的企业内部建材市场，搞好材料供应的动态配置和平衡协调，有利于满足项目的施工需求。

项目经理部有部分的材料采购权，为满足施工项目特殊需要，调动施工项目管理部门的积极性，企业应给项目经理部一定的采购权，采购特殊材料和零星材料（主要是 B 类和 C 类）。项目经理部对企业材料部门的采购拥有建议权。随着建材市场的扩大和完善，项目经理部的材料采购供应权将越来越大。

施工项目材料供应管理内容包括工程所需要的全部原料、材料、燃料、工具、构件以及各种加工订货的供应与管理。对施工单位来说，材料供应管理不但包括施工过程中的材料管理，还包括投标过程中的材料供应管理，主要内容如下：

（1）根据投标文件要求，计算材料用量，确定材料价格，编制标书；

（2）确定施工项目供料和用料的目标及方式；

（3）确定材料需要量、储备量和供应量；

（4）组织施工项目材料及制品的订货、采购、运输、加工和储备；

（5）编制材料供应计划，保质、保量、按时满足施工的需求；

（6）按材料性质分类保管，合理使用，避免损坏和丢失；

（7）项目完成后应及时退料并办理结算；

（8）组织材料回收、修复和综合利用。

4.4.3　材料的管理控制

1. 供应单位的选择

在材料的企业内部市场中，企业材料部门是卖方，项目管理层是买方，各自的权限和利益由双方签订买卖合同加以明确。除了主要材料由内部材料的市场供应外，周转材料、大型工具均采用租赁方式，小型及随手工具采取支付费用方式由班组在内部市场自行采购。

材料采购和构件加工要选择质高、价低、运距短的供应（加工）单位，对到场的材料、构件要正确计量、认真验收，如遇质量差、量不足的情况，要进行索赔。切实做到既

要降低材料、构件的采购（加工）成本，又要减少采购（加工）过程中的管理损耗，为降低材料成本做好第一步。根据项目施工的计划进度，及时组织材料、构件的供应，保证施工顺利进行，防止因停工待料造成损失。

2．订立采购供应合同

材料供应合同是实行材料供应承包责任制的主要形式，是完善企业内部经营机制，加强和提高企业管理水平的主要手段。材料供应合同应具有法律效力，并受到企业内部法规的保护。合同内容如下。

（1）详细说明所供（需）材料名称、规格、质量、数量、供货起止日、供货方式、供货地点；

（2）明确材料供应的价格，料款的支付方式及结算办法；

（3）明确双方应提供的条件，承包的义务和经济责任；

（4）明确终止合同及违约的处理方法；

（5）明确执行合同的奖罚规定；

（6）对未尽事宜注明商定办法。

为确保合同的顺利执行，应建立仲裁机构，及时处理合同执行中的纠纷，维护供需双方利益。

3．出厂或进场验收

材料出厂或进场前，应根据平面布置图进行存料场地及设施的准备，材料验收时必须根据进料计划、送料凭证、质量保证书或产品合格证进行材料数量和质量的验收。验收工作要按照质量验收规范和计量检测规定进行，进入现场的材料应有生产厂家的材质证明（包括厂名、品种、出厂日期、出厂编号、试验数据）和出厂合格证。要求复检的材料要有取样、送检证明报告。新材料未经试验鉴定，不得用于项目中。现场配制的材料应经试配，使用前应经认证。验收内容包括品种、规格、型号、质量、数量、证件等。验收时要做好记录和标识，办理好验收手续。

4．存储管理、供应管理、不合格品处置

（1）材料的储存与保管。进场的材料应建立台账，记录使用和节约超限情况，进库材料应验收入库，现场材料放置要按照平面布置图做到位置正确，合乎堆放保管制度。材料保管要维护其使用价值，材料仓库的选址应有利于材料的进出和存放，确保安全、防火、防盗、防雨、防变质、防损坏，要做到日清，月结，定期盘点，账物相符。

（2）材料的发放与领用。材料的领发必须严格执行领发手续，明确领发责任。凡有定额的工程用料，都要实行限额领料，限额领料是指生产班组所使用的材料品种、数量与所承担的生产任务相符合，限额领料是现场材料管理的中心环节，是合理使用，减少损耗，避免浪费，降低成本的有效措施。限额领料单是施工任务单的组成部分，应同施工任务单同时下达和结算。对于超限额的用料，领用前要办理手续，注明超耗原因，签发批准后才可实施。

（3）材料的使用监督。材料管理人员要对材料的使用进行分工监督。检查是否认真执行领发手续，是否合理用料，是否严格执行配合比，是否做到工完料净、工完料退、场退

地清、谁用谁清，是否按规定进行用料交底和工序交接，是否按平面图堆料，是否按要求采取保护措施。检查结果要记录；出现问题要分析原因，明确职责，做好处理。

（4）材料回收。班级施工余料必须回收，及时办理退料手续，在限额领料单中登记扣除。施工设施用料，包装物及容器在使用周期结束后要组织回收，并建立回收台账。

（5）周转材料的管理。周转材料包括母模板、脚手架、卡具、附件等零配件。周转材料的特点是用量大、价值高、使用周期长，全部价值随周转使用逐步转移到使用它的每项产品成本中。对周围材料的管理要求是在保证施工生产的前提下，尽量减少占用，加速周转，延长寿命、防止损坏。项目经理部要按工程量、施工方案编报需用量计划，从企业或外部相关部门租赁周转材料。生产中则对班组实行实物损耗承包。

周转材料的储存与保管要符合施工规范，各种周转材料均应按规格分别码放，要采取安全措施防止倾斜和滚动，零配件要集中存放，用容器保管，以防散失。码放场地要垫高并有排水措施。发放使用要有一定手续。每次使用后应及时清理、除垢、洗刷保护剂，分类码放，以备再用。使用结束后按退库验收标准回收，建立维修制度，按报废规定进行报废处理。

（6）对不符合计划要求和质量不合格的材料应拒绝验收，督促清理现场，并按材料供应合同进行处理。不合格的材料应根据实际情况更换、退货或让步接收（降级使用），严禁使用不合格的材料。

4.4.4 材料的管理考核

资源管理考核应通过进行经济核算和责任考核。对材料资源投入、使用、调整以及计划与实际的对比分析，找出管理存在的问题，材料管理考核工作应对按计划保质、保量、及时供应材料进行效果评价，应对材料计划、使用、回收以及相关制度进行效果评价。通过考核能及时反馈信息，提高资金使用价值，持续改进。材料管理考核应坚持计划管理、跟踪检查、总量控制、节奖超罚的原则。

4.5 施工项目机械设备管理

施工机械设备管理是指按照机械设备特点在工程施工过程中协调人、机械设备和施工生产对象之间的关系，充分发挥机械设备的优势，争取获得最佳经济效益而做的组织、计划、指挥、监督和调节等工作。

施工机械设备管理的具体任务如下：

（1）按照技术上先进、经济上合理、施工上适用安全可靠的原则选择机械设备，为项目提供合理的技术装备；

（2）采用先进的管理方法和制度，加强保养维修工作，减轻机械设备磨损，使设备始终处于良好的技术状态；

（3）根据项目施工的需要，做好机械设备的供应、平衡、调剂、调度等工作；监督机务人员正确操作、确保安全、主动服务、方便施工；

（4）做好各项日常管理工作，如机械设备的验收、登记、保管工作，运转记录、统计报表技术档案工作，备用配件和节能工作，技术安全工作等；

（5）做好机械设备的挖潜、革新、改造和更新工作；

（6）做好机械设备的经济核算工作；

（7）做好机务人员的技术培训工作。

4.5.1 机械设备的管理制度与计划

1．机械资源管理制度

采用先进的管理方法和制度是合理使用机械设备，使设备保持在最佳状态下运行，提高使用效率，做到安全作业，延长使用机械设备寿命的重要保证。机械资源管理制度主要有如下一些内容：

（1）人机固定和操作证制度；

（2）操作人员岗位责任制度；

（3）机械设备档案管理制度；

（4）合理使用、维护机械设备制度；

（5）安全作业制度。

2．机械资源管理计划

1）机械设备的选择

机械设备的选择是机械设备管理的首要环节，施工机械设备选择的原则是：切实需要、实际可能和经济合理。选择时要全面考虑技术经济要求，综合多方面因素进行分析比较，并按以下要求进行。

（1）不同的机械设备，其技术性能指标不同，选择时要首先考虑是否满足施工的需要。

（2）选择机械设备必须考虑企业自身或可能租赁的机械装备水平，挖掘内部潜力，考虑经济效益，实际可能的选择机械设备。要尽量避免新购机械设备。对新购机械设备进行生产效率提高、能源的节约、质量的改进、繁重体力劳动的减轻等效果的计算与比较，择优购买。可用计算机械设备投资回收期的方法衡量投资效果，尽量缩短回收期。

（3）选择的机械设备要适用，系列配套，装备合理，品种数量比例适当，大中小结合。

（4）选择机械设备时要考虑零配件的来源和维修的方便性。

（5）选择机械设备要考虑其技术经济性是否先进，可以按下面几个因素进行分析比较：如生产性、可靠性、节约性、维修性、环保性、耐用性、成套性、安全性、灵活性等。可采用加权评分法按等级进行评分，取各项分值总和最高者。

2）施工机械设备使用计划

施工项目所需机械设备通常从企业的专业机械租赁公司或社会上的建筑机械设备租赁市场租用，分包工程施工队可自带施工机械设备进场作业。对施工中确实需要的新购设备，要报经主管部门审批后，方可购买。

项目经理部要根据施工要求选择合适的施工机械，由经理部机管员根据工程需要编制施工机械设备使用计划，编制依据为工程施工组织设计，根据其不同的施工方法，生产工艺及技术措施，选配不同的施工机械设备。因此，在编制施工组织设计时，就要充分考虑生产设备，做到技术先进，经济合理，有效地保证工程质量和工期，降低工程施工成本。

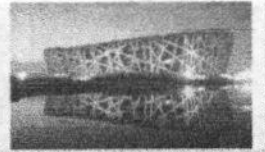

施工机械需要量计划是将单位工程施工计划表中每一个施工过程每天所需机械类型、数量和施工日期进行汇总，表格形式如表4.4所示。

表4.4 施工需要量计划表

序号	机械名称	类型、型号	需要量		货源	使用起止时间	备注
			单位	数量			

4.5.2 机械设备的供应管理

（1）企业自行装备。建筑企业根据本身的性质、任务类型、施工工艺特点和技术发展趋势购置自有机械，自行使用。自有机械应当是企业常年大量使用的机械，这样才能达到较高的机械利用率和经济效果。

（2）租赁。某些大型、专用的特殊建筑机械，一般土建企业自行装备在经济上不合理时，就由专门的机械供应站（租赁站）装备，以租赁方式供建筑企业使用。

（3）机械施工承包。某些操作复杂或要求人与机械密切配合的机械，由专业机械化施工公司装备，组织专业工程队组承包。如构件吊装、大型土方等工程。

与使用形式相对应，机械管理体制有集中、分散等几种。大型的、专门的特殊机械宜于集中使用、集中管理。中、小型常用机械宜于分散使用、分散管理。但在不同地区、不同任务分布的情况下，集中与分散的程度，集中或分散到哪一级机械，则应通过技术分析来确定，主要取决于可以达到的机械完好率、利用率和生产率提高的程度与效果。

4.5.3 机械设备的管理控制

1. 机械设备购置与租赁管理

施工项口所需用的施工机械设备通常从本企业专业机械租赁公司或从社会上的建筑机械设备租赁市场租用。分包工程任务的施工可由分包施工队伍自带施工机械设备进场。

项目经理部首先应根据施工要求选择设备技术性能适宜的施工机械，还应检查机械设备资料是否齐全。比如选择塔式起重机，如果工作幅度50m，臂端起重量2～3t能满足施工需要，就不要选用更大型号的塔式起重机。同样性能的机械应优先租用性价比较好的设备。租用机械设备，特别是大型起重机和特种设备时，应认真检查出租设备的营业执照、租赁资格、机械设备安装资质及安全使用许可证、设备安全技术定期鉴定证明、机械操作人员作业证等。

对根据施工需要新购买的施工机械设备，大型机械及特殊设备应充分进行可行性研究，报告经有关领导和专业管理部门审批后，方可购买。

2. 机械设备使用管理

1）搞好机械设备的综合利用

机械设备的综合利用就是使现场的施工机械尽量做到一机多用，因此，要按小时安排好各种机械设备的工作，充分利用时间，提高利用率。

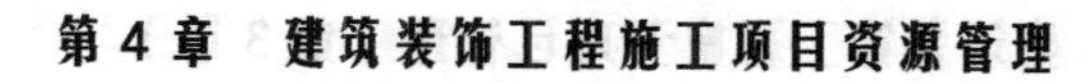

2）组织好机械设备的流水施工

当施工的推进主要靠机械而不是人力时，划分施工段的大小必须考虑机械的能力，把它作为分段的决定因素，要使机械连续作业，做到“人停机不停”，提高效率。当施工项目有多个单位工程时，要使机械设备在单位工程之间流水施工，减少进出场时间和装卸费用。

3）做好施工和机械设备使用的协调，为机械设备施工创造条件

在确定施工方案和编制施工组织设计时，要充分考虑现场施工机械设备在使用管理方面的要求，统筹安排施工顺序，创造必要的条件。如水、电、动力、照明，拆除障碍，运行路线，作业场地等。要协调好施工和机械使用管理的矛盾，向操作人员进行技术交底并提出施工要求。

3. 操作人员管理

1）实行人机固定和操作证制度

现场的各种机械设备应定机定人，实行机械使用、保养责任制。使操作人员配备合理，机械设备保持在最佳状态下运行使用。并可实行单机或机组核算，提高管理水平。同时要建立设备档案制度，使机械设备便于使用和维护。操作人员必须进行培训和统一考试，取得操作证后方可独立操作，严禁违章操作。

2）实行操作人员岗位责任制

操作人员应按规定的项目和要求对机械设备例行检查和保养，做好清洁、润滑、调整、紧固和防腐工作，保持机械良好状态，提高使用效率。同时加强维护管理，提高完好率和单机效率。

3）注意机械设备安全作业

项目经理部在机械作业前应向操作人员进行技术交底，使其清楚了解对施工要求、场地环境、气候等要素，做到安全作业。项目经理部要按机械设备的安全操作要求安排工作。机械不得违章作业，带病操作和野蛮施工。

4）遵守机械磨合期使用规定

新机械设备或大修后的机械设备需要磨合，在此期间要遵守磨合期使用规定，以防止早期磨损，延长使用寿命和修理周期。

4. 机械设备的保养、维修和报废管理

1）机械设备的保养

机械设备保养的目的是为了保持机械设备良好的技术状态，提高运行的可靠性和安全性，减少零件磨损，延长使用寿命，降低消耗，提高施工的经济效益。保养分例行保养和强制保养。例行保养为正常使用管理，由操作人员在操作运转间隙进行，主要内容为：保持机械的清洁，检查运转情况，防止机械磨蚀，按要求润滑等。强制保养是隔一定周期，占用机械设备的运转时间停工进行的保养。强制保养按一定周期和内容分级进行，保养周期根据各类机械设备的磨损规律、作业条件、操作维护水平及经济性四个主要因素确定。

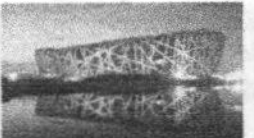

2）机械设备的修理

机械设备的修理是对机械设备的自然损耗进行修复，排除机械运行故障，对损坏的零部件进行更换修复。对机械设备的预检和修理可以保证机械的使用效率，延长其使用寿命。

机械设备修理可分为大修、中修和零星小修。大修是对机械设备进行全面的解体检查修理，保证各零部件的质量和配合要求，使其达到良好的技术状态，恢复可靠性和精度等工作性能，以延长机械使用寿命。中修是大修间隔期间对少数总成进行大修的一次性平衡修理，其他不进行大修的总成只执行检查保养。中修的目的是对不能继续使用的部分总成进行大修，使整机状态达到平衡以延长机械设备的大修周期。零星小修是一般临时安排的修理，其目的是消除操作人员无力排除的突然故障。零星小修分为零件损坏和一般事故性损坏等问题，一般都是和保养相结合，不列入修理计划之中。而大修和中修则需列入修理计划，并按计划、预检修制度执行。

3）机械设备报废

根据机械使用寿命，对机械设备的自然损耗无法修复，机械运行故障经常发生或无法排除，大部分零部件损坏严重，可通过严格的技术鉴定和成本分析给出结论，向有关部门申请报废。

4.5.4 机械设备的管理考核

机械设备管理考核应对项目机械设备的配置、使用、维护以及技术安全措施、设备使用效率和使用成本等进行分析和评价，找出管理存在的问题。改进机械设备的管理，提高管理水平。可采用如下技术经济指标考核：

（1）现场机械设备完好率；

（2）机械设备利用率；

（3）机械设备效率；

（4）机械化程度；

（5）机械技术状况和事故统计。

案例4.2　某办公楼改造工程机械设备管理

背景材料　某办公楼进行地面改造，建筑面积9 086 m^2，地下1层，地上11层，工期2个月，其地面采用湿贴莱州芝麻白石材。根据设计要求，该卫生间地面防水施工采用新材料JS防水涂料，该材料为绿色产品，无毒无味，防水效果较好。由于石材地面施工面积大，为保证工程质量，施工单位制定了专项施工方案指导施工。

1. 施工布置

（1）根据工程的工作量和工期要求，配备足够的施工机具，合理安排劳动力，准备立体交叉施工的条件。

（2）材料要求：

① 32.5级及以上普通硅酸盐水泥或矿渣硅酸盐水泥。

② 颜料和白水泥要求：颜色与饰面板相协调。

③ 黄砂要求：粒径在0.25～0.50 mm之间，含泥率在3%以内。

④ 材板块应按设计要求选择规格、品种、颜色、花样完全满足工程需要，且须经过权威检测部门认可。

2. 施工准备

（1）准备好施工用的机械。

（2）检查和验收好前道工序，必须符合和满足验收标准。

（3）在墙身弹好 50 cm 的水平线和十字线等。

（4）试铺、安排板块编号，分类堆放，绘制铺贴大样图。

3. 质量控制要点

（1）基层、地面必须清理干净，无浮浆、油斑、杂屑等。

（2）地平面铺贴应严格按照规定进行。

（3）踢脚板铺贴要平顺、垂直。

（4）石材板块擦缝和成品保护要细心。

4. 过程控制

工艺流程：电脑排版→材料准备→基层处理→弹线→铺标准行→刷胶黏剂，随铺砂浆→石材铺贴→擦缝→成品保护。

问题　根据工程特点和方案所述内容，请合理配备机械设备。

案例分析　施工机械：云石机、磨光机各 8 台，砂浆搅拌机 2 台。其他辅助工具，如橡皮锤、水平尺、铝合金靠尺、施工线等若干。

案例 4.3　机械设备综合评分

背景材料　有 4 台打磨设备的技术性能均可满足某项目，在选择时有 10 个特性可供考虑（见表 4.5 第二列）。

问题　如何进行综合评分？

案例分析　根据每个特性的重要程度给予不同的权重，综合加权评分，结果如表 4.5 所示。

表 4.5　4 台打磨设备综合评分表

序号	特　性	权　重	综合评分			
			设备 1	设备 2	设备 3	设备 4
1	工作效率	0.2	90	85	80	85
2	工作质量	0.2	85	90	80	85
3	使用费和维修费	0.1	80	90	70	80
4	能源消耗量	0.1	70	85	90	80
5	占用人员	0.05	60	90	80	80
6	安全性	0.05	80	90	70	70
7	稳定性	0.05	60	90	80	70
8	完好性和可维修性	0.05	70	90	90	80
9	使用的灵活性	0.1	60	85	80	80
10	对环境的影响	0.1	80	90	85	80
合计	—	1.0	77.5	87.5	80.5	81.0

4.6 施工项目技术管理

项目经理部应在技术管理部门的指导和参与下建立技术管理体系，具体工作包括：技术管理岗位与职责的明确、技术管理制度的制定、技术组织措施的制定和实施、施工组织设计编制及实施、技术资料和技术信息管理。

4.6.1 技术的管理制度与计划

1．技术管理制度

技术管理各项工作应严格按照技术管理制度执行。

1）图纸学习和会审制度

制定、执行图纸会审制度的目的是领会设计意图，明确技术要求，发现设计文件中的差错与问题，提出修改与洽商意见，避免技术事故或经济、质量问题。

2）施工组织设计管理制度

按企业的施工组织设计管理制度制定施工项目的实施细则，着重于单位工程施工组织设计及分部分项工程施工方案的编制与实施。

3）技术交底制度

施工项目技术系统一方面要接受企业技术负责人的技术交底，另一方面又要在项目内进行层层交底，故要编制技术交底制度，以保证技术责任制落实，技术管理体系正常运转，技术工作按标准和要求运行。

4）施工项目材料、设备检验制度

材料、设备的检验制度的宗旨是保证项目所用的材料、构件、零配件和设备的质量，进而保证工程质量。

5）工程质量检查及验收制度

制定工程质量检查验收制度的目的是加强工程施工质量的控制，避免质量差错造成永久隐患，并为质量等级评定提供数据和资料，为工程质量检查积易资料。工程质量验收制度包括工程预检制度、工程隐检制度、工程分阶段验收制度、单位工程竣工检查验收制度、分项工程交接检查验收制度等。

6）技术组织措施计划制度

制定技术组织措施计划制度的目的是为了克服施工中的薄弱环节，挖掘生产潜力，加强其计划性、预测性，保证完成施工任务，获得良好技术经济效果并提高技术水平。

7）工程施工技术资料管理制度

工程施工技术资料是施工单位根据有关管理规定，在施工过程中形成的应当归档保存的各种图纸、表格、文字、音像材料等技术文件材料的总称。

8）其他技术管理制度

除以上几项主要的技术管理制度以外，施工项目经理部还必须根据需要制定其他技术管理制度，保证有关技术管理工作正常运行。例如，土建与水电专业施工。

2. 技术管理计划

技术管理计划包括技术开发计划、设计技术计划和工艺技术计划。

如根据施工组织设计、施工方案设计的编制计划，要根据工程的特点，经过详细的技术论证，按期编制出缜密、合理的施工组织设计及各分部分项的施工方案，并经过审批后实施。又如施工实验工作计划，要根据工程情况，根据各种材料的用量、使用部位，按照有关规范材料、标准，做好实验工作计划。还有新技术、新材料、新工艺推广应用计划，要根据工程的实际情况，结合市场的调查研究，积极推广应用“三新”，达到降低工程成本的目的。

4.6.2　技术的管理内容及管理责任

1. 施工项目技术管理工作的内容

（1）技术管理的基础工作：包括实行技术岗位责任制，贯彻执行技术规范、标准与规程，建立、执行技术管理制度，开展科学研究、试验，交流技术情报、管理技术文件等。技术管理控制工作应加强技术计划地制定和过程验证管理。

（2）施工过程中的技术管理工作：施工工艺管理、材料试验与检验、计量工具与设备的技术核定、质量检查与验收、技术处理等。

（3）技术开发管理工作：包括技术培训、技术革新、技术改造、合格化建议、技术开发创新等。

2. 施工技术管理责任制

为使各级技术人员充分发挥积极性和创造性，完成好各自所担负的技术任务，使各级技术人员有一定的职责和权限，把技术管理工作和项目的其他管理工作有机地结合在一起，完成施工任务，不断提高技术水平，必须要建立技术责任制。

1）项目技术负责人的主要职责

（1）全面负责技术工作和技术管理工作；

（2）贯彻执行国家的技术政策，技术标准，技术规格，施工、验收规范和技术管理制度；

（3）组织编制技术措施纲要及技术工作总结；

（4）领导开展技术革新活动，审定重大的技术革新、技术改造和合理化建设；

（5）组织编制和实施科技发展规划、技术革新计划和技术措施计划；

（6）参加重点和大型工程三结合设计方案的讨论，组织编制和审批施工组织设计和重大施工方案，组织技术交底，参加竣工验收；

（7）主持技术会议，审定签发技术规定、技术文件，处理重大施工技术问题；

（8）领导技术培训工作，审批技术培训计划；

（9）参加引进项目的考察和谈判。

2）专业工程师的主要职责

（1）主持编制施工组织设计和施工方案，审批单位工程的施工方案；

（2）主持图纸会审和工程技术交底；

（3）组织技术人员学习和贯彻执行各项技术政策、规程、规范、标准和各项技术管理制度；

（4）组织制定保证工程质量和安全的技术措施，主持主要工程的质量检查，处理施工质量和技术问题；

（5）负责技术总结，汇总竣工资料及原始技术凭证；

（6）编制专业的技术革新计划，负责专业的科技情报、技术革新、技术改造和合理化建议，对专业的科技成果组织鉴定。

3）单位工程技术负责人的主要职责

（1）在施工队长领导下，全面负责单位工程施工技术管理工作；

（2）贯彻执行质量标准，操作规范和验收规范；

（3）参与图纸会审，施工组织设计的编制，分部分项施工方案的制定；

（4）组织好施工，搞好工序衔接和班组间的协作配合，排除施工障碍，保证施工按进度计划和作业计划控制和执行；

（5）检查各专业工长向班组进行的技术、质量安全和消耗等的交底工作情况，检查定位、定标高、抄平的交底和复核工作，做好预检和隐蔽工程的验收记录，做好施工日志，积累和提供技术档案原始资料；

（6）组织工长、班组长及质检员对分部分项工程进行质量检查和评定，参加竣工验收；

（7）负责单位工程全面质量管理。

4.6.3 技术的管理控制

1．技术开发及“三新”应用管理

技术开发管理工作包括新技术、新工艺、新材料、新设备的采用，技术攻关，技术培训、技术改造、合格化建议、技术开发创新等。

组织新技术、新材料、新工艺推广，编制应用计划，要根据工程的实际情况，结合市场的调查研究，积极推广应用“三新”，达到降低工程成本的目的。

根据技术管理责任制要求，有关人员要各负其责。项目技术负责人领导开展技术革新活动，审定重大的技术革新、技术改造和合理化建设。专业工程师编制专业的技术革新计划，负责专业的科技情报、技术革新、技术改造和合理化建议，对专业的科技成果组织鉴定。单位工程技术负责人参与新技术、新材料、新工艺推广工作，按照应用计划的内容实施具体工作，参与项目的技术攻关，组织技术培训，做好记录，及时总结经验，不断改进工作。

2．实施规划和技术方案管理

项目经理部为顺利完成工程施工任务，必须在工程开工之前编制好《施工项目管理实施规划》，该规划是由项目经理主持编制的为指导施工项目的管理，完成施工过程具体实施的规划性文件，主要说明项目经理组织是一个什么样的组织机构，在工程施工中都采取了

哪些方法和措施，确保工程按质、按量、按期完成，从而履行企业与建设单位签订的合同，同时也确定项目经理部的责任目标。《施工项目管理实施规划》主要包括项目的施工组织设计和技术组织措施计划等，它是整个工程施工管理的执行计划、管理规范和指导性文件，在执行过程中要接受企业有关职能部门的监督与跟踪，项目管理结束后要进行总结，归档保存。

《施工项目管理实施规划》的编制依据为：施工项目管理规划大纲、项目管理目标责任书、工程施工合同及有关文件，上级要求等。《施工项目管理实施规划》经会审后，报企业主管领导审批，备案，然后送达发包人及监理工程师认可，若有异议，由项目经理主持修改。执行《项目管理实施规划》时应不断检查，如发现问题和偏差，要及时调整，补充和完善，对实施规划进行动态管理。

《施工项目管理实施规划》有以下内容：工程概况、施工部署、施工方案、施工进度计划、资源供应计划、施工准备工作计划、施工平面图、技术组织措施计划、项目风险管理、信息管理、技术经济指标分析等。

采取技术措施是为了克服生产中的薄弱环节，挖掘生产潜力，保证完成生产任务及获得良好的经济效果，技术方案计划主要内容为：

（1）加快施工进度方面的技术措施；

（2）保证和提高工程质量的技术措施；

（3）节约劳动力、原材料、动力、燃料的措施；

（4）推广新技术、新工艺、新结构、新材料的措施；

（5）提高机械水平，改进机械设备管理以提高完好率和利用率的措施；

（6）改进施工工艺和操作技术以提高劳动生产率的措施；

（7）保证安全施工的措施。

3. 技术档案管理

施工技术信息和技术资料由通用信息资料（法规、部门规章、标准、材料价格表）和本工程专项信息资料（施工记录、施工技术资料等）两大部分构成，前者对项目的施工起指导性、参考性作用，后者是工程的验收和归档资料，可以给用户在使用维护、改进扩建及本企业类似工程的施工做参考。工程归档材料的主要内容有：图纸会审记录，设计变更，技术核定单，原材料、成品、半成品的合格证明及检验记录，工程质量检验记录，质量安全事故分析处理记录，隐蔽工程验收记录，还有项目施工管理实施规划，研究与开发资料，大型临时设施档案，施工日志，技术管理经验总结。

技术信息资料的形成和管理，要建立责任制，统一领导，分工负责，做到及时、准确、完整，符合法规要求，无遗留问题。

4. 测试仪器管理

测试实验工作具有统一性、法制性、准确性和社会性的特征。测试实验工作在企业管理中是一项基础性的工作，在施工技术管理中，直接关系到工程施工质量和结果。施工现场的测试实验工作应该按照统一要求，做好测试仪器管理。

（1）落实实验人员工作岗位责任制，明确现场工作标准、要求和考核办法。

（2）正确配置测试仪器，合理使用、保管、并按规定进行定期的检定，以确保仪器的

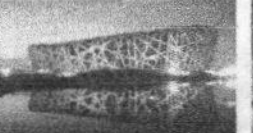

准确性。

（3）及时修理更换测试仪器，以确保测试仪器经常处于完好状态。

（4）开展经常性的测试实验工作知识教育培训，提高人员的技术业务素质及计测水平。

4.6.4 技术的管理考核

项目技术管理考核应包括对技术管理工作计划的执行，技术方案的实施，技术措施的实施，技术问题的处置，技术资料收集、整理和归档以及技术开发，新技术和新工艺应用等情况进行分析和评价。

案例 4.4 某办公楼会议室装饰工程施工项目

背景材料 某机关办公楼会议室建筑装饰工程，层高 4.5 m，吊顶高度 2.6 m，设计要求采用轻钢龙骨双层石膏板吊顶，局部木龙骨造型吊顶。该办公楼共有会议室 6 间，每间面积约为 250 m^2 左右。同时，为保证会议室的照明，还需安装多盏大型照明灯具，其技术交底如下：

1. 材料准备

轻钢龙骨、配件、吊杆、膨胀螺栓、自攻螺钉、石膏板、纸带、石膏粉等，进场检验合格且有出厂合格证及材质证明。

2. 机具准备

型材切割机、电动曲线锯、手电钻、电锤、自攻螺钉钻、手提电动砂纸机等。

3. 作业条件

（1）在所要吊顶的范围内，机电安装均已施工完毕，各种管线均已试压合格，已经过隐蔽验收。

（2）已确定灯位、通风口及各种照明孔口的位置。

（3）顶棚罩面板安装前，应做完墙、地湿作业工程项目，搭好顶棚施工操作平台架子。

（4）轻钢骨架顶棚在大面积施工前，应做样板，对顶棚的起拱度、灯槽、窗帘盒、通风口等处进行构造处理，经鉴定后再大面积施工。

4. 施工工艺

（1）工艺流程：弹线→安装主龙骨吊杆→安装主龙骨→安装边龙骨→安装次龙骨→安装石膏板→涂料→饰面清理→分项验收。

（2）弹线：根据设计标高，沿墙四周弹顶棚标高水平线，并沿顶棚的标高水平线，在墙上画好龙骨分档位置线。

（3）安装主龙骨吊杆：在弹好顶棚标高水平线及龙骨位置线后，确定吊杆下端头的标高，安装阳吊筋。吊筋安装选用膨胀螺栓固定到结构顶棚上。吊筋选用规格符合设计要求，间距小于 1 200 mm。

（4）安装主龙骨：主龙骨间距为 1 200 mm，主龙骨用与之配套的龙骨吊件与吊筋相连。

（5）安装次龙骨：次龙骨间距为 900 mm，采用次挂件与主龙骨连接。

（6）安装石膏板：石膏板与轻钢龙骨固定的方式采用自攻螺钉固定法，在已装好并经验收轻钢骨架下面（即做隐蔽验收工作）安装 9.5 mm 厚石膏板。安装石膏板用自攻螺钉固定，固定间距为 200～250 mm。

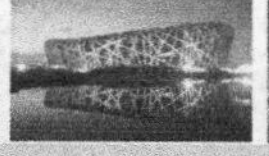

5. 质量要求

（1）主控项目

① 吊顶顶高尺寸、起拱和造型应符合设计要求；

② 饰面材料的材质、品种、规格、图案和颜色应符合设计要求；

③ 暗龙骨吊顶工程的吊杆、龙骨和饰面材料的安装必须牢固；

④ 吊杆、龙骨的材质、规格、安装间距及连接方式应符合设计要求。

（2）一般项目

① 饰面材料表面应洁净、色泽一致，不得有翘曲、裂缝及缺损；压条应平直、宽窄一致；

② 饰面板上的灯具、烟感器、喷淋头等设备的位置应合理、美观，与饰面板的交接应吻合、严密；

③ 金属吊杆、龙骨的接缝应均匀一致，角缝应吻合，表面应平整，无翘曲、锤印；木制吊杆、龙骨应顺直，无劈裂、变形；

④ 吊顶内填充吸声材料的品种和铺设厚度应符合设计要求，并应有防散落措施；

⑤ 暗龙骨吊顶工程安装的允许偏差和检验方法应符合表 4.6 所示的规定。

表 4.6　暗龙骨吊顶安装的允许偏差和检验方法

项　次	项　　目	允许偏差（mm）	检 验 方 法
1	表面平整度	3	用 2 m 靠尺和塞尺检查
2	接缝直线度	3	拉 5 m 线，不足 5 m 拉通线，用钢尺检查
3	接缝高低差	1	用钢直尺和塞尺检查

（3）成品保护

① 轻钢骨架、罩面板要求不变形、不受潮、不生锈。

② 装修吊顶用吊杆严禁挪做机电管道、线路吊挂用；机电管道、线路如位置矛盾，须经过项目技术人员同意后更改；

③ 吊顶龙骨上禁止敷设机电管道和线路；

④ 轻钢骨架及罩面板安装应注意固定在通风管道及其他设备件上；

⑤ 设专人负责成品保护工作，发现有保护设施损坏的，要及时恢复；

⑥ 工序交接全部采用书面形式，由双方签字认可，由下道工序作业人员和成品保护负责人同时签字确认，并保存工序交接书面材料。

（4）其他要求

① 现场临时水电设专人管理，不得有长流水、长明灯；

② 工人操作地点和周围必须清洁整齐，做到活完脚下清，工完场地清，制定严格的成品保护措施；

③ 实行持证上岗制，特殊工种必须持有上岗操作证，严禁无证上岗；

④ 中小型机具必须经检验合格，履行验收手续后方可使用；同时应由专门人员使用操作并负责维修保养；必须建立中小型机具的安全操作制度，并将安全操作制度牌挂在机具旁明显处；

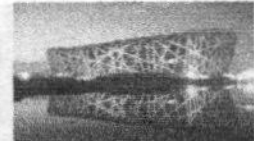

⑤ 中小型机具的安全防护装置必须齐全、完好、灵敏有效；

⑥ 使用人字梯攀高作业时只准一人使用，禁止两人同时作业。

问题　（1）结合本工程特点，你认为题中所示技术交底有无缺项？如有，请补充。

（2）龙骨架构各连接点必须牢固，拼缝严密无松动，安全可靠，起拱应小于房间短向跨度的（　　）。

A. 1/100　　B. 1/200　　C. 1/300　　D. 1/500

（3）木制吊顶造型施工中要达到哪级防火标准？采取什么技术措施？

（4）根据题意，请回答在吊顶工程中应对哪些隐蔽工程项目进行验收？

案例分析　针对问题1：

（1）缺少吊顶工程施工中照明灯具的安装要求：轻型灯具应吊在主龙骨或附加龙骨上，重型灯具（3 kg以上）或吊扇不得与吊顶龙骨联结，应另设吊钩。

（2）当吊杆长度超过1.5 m时，应按规范要求设置反支撑。

（3）吊杆距主龙骨端部距离不得大于300 mm。大于300 mm时，应增加吊杆，当吊杆与设备相连时，应调整并增设吊杆。

（4）刷防锈漆：轻钢龙骨石膏板顶棚吊杆，固定吊杆铁件在封罩面板前应刷防锈漆，安装石膏板自攻螺钉后点刷防锈漆。

（5）接缝处理：在板缝间采用粘贴纸带嵌缝膏进行嵌缝处理。

（6）安装双层石膏板时，面层板与基层板的接缝应错开，并不得在同一根龙骨上接缝。

（7）木龙骨、木吊杆应进行防腐、防火处理。

针对问题2：B。

针对问题3：木制吊顶造型施工防火等级为A级，其具体技术措施是：木材表面涂刷防火涂料，并包薄铁皮固定。

针对问题4：吊顶工程应对下列隐蔽工程项目进行验收：

（1）吊顶内管道、设备的安装及检验；

（2）木龙骨防火、防腐处理；

（3）预埋件或拉结筋；

（4）吊杆安装；

（5）龙骨安装；

（6）填充材料的设置。

4.7　施工项目资金管理

4.7.1　施工项目资金管理的目的

1. 保证收入

生产的正常进行需要一定的资金来保证。项目的资金来源包括企业拨付资金，向发包人收取的工程进度款和预付备料款，以及通过企业获取的银行贷款。

由于工程项目生产周期长，承包合同一般规定工程款按月度结算收取，因此，要抓好月度价款结算，管好资金入口，施工单位每月按规定日期报送监理工程师，会同监理工程师到现场核实工程进度，经发包方审批办理工程款拨付。

抓好工程预算结算，尽快确定工程价款总收入，是工程款收入的前提；开工后，要随着施工的进展抓紧抓好已完工程的工程量确认及变更、索赔、奖励的认定工作；及时办理工程进度款支付；在工程收尾阶段，抓好消除工程质量问题以保证工程款足额拨付；最后要注意做好工程保修工作，在保修期满后及时收回 5%的工程尾款。

2．节约支出

在施工过程中直接或间接的生产费用支出资金数额较大，因此，要精确计划，精打细算，节约使用，保证经理部有一定资金支付能力，重点在抓好人、机、料的资金投入，为此加强管理就必须加强资金支出的计划控制。各种工、料、机都有消耗定额，管理费用有开支标准。

3．防范资金风险

项目经理部要对项目资金的收入和支出做出合理的预测，对各种影响因素做出正确的评估，最大限度避免资金收入和支出的风险，比如有的项目工程款拖欠，由施工方垫付一些费用，造成了施工企业资金周转困难，效益滑坡。

4．提高经济效益

经理部在项目完成后要做出资金运用状况分析，确定项目经济效益，项目效益的好坏在一定程度上取决于资金是否能管好用好。资金的节约可以降低财务费用，减少银行贷款利息支出，在支付工、料、机生产费用上，要考虑货币的时间因素，签好有关付款协议，要货比三家，压低价格，确保合同的履行，以最终取得利润，避免发生呆坏账，使企业的再生产得以顺利进行。

4.7.2　资金的管理制度与计划

1．资金管理制度

资金管理制度主要有如下内容；

（1）资金成本管理责任制；

（2）资金管理计划编制要求；

（3）施工中实施资金控制管理的相关制度；

（4）资金成本核算制度。

为保证工程项目顺利施工，保证充分的经济支付能力，稳定队伍，提高职工生活，顺利完成各项税费基金的上缴，必须认真编制年、季、月度资金收支计划，年度资金收支计划的编制要根据施工合同工程款支付的条款和年度生产计划安排，预测年内可能达到的资金收入，再参照施工方案，安排工料机费用等资金分阶段投入，做好收入和支出在时间上的平衡。编制时，关键是摸清工程款到位情况，测算筹集资金的额度，安排资金分期支付，平衡资金，确定年度资金管理工作总体安排。

（5）资金管理考核制度等。

（6）变更、索赔、奖励制度。

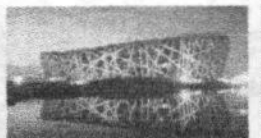

2．资金管理计划

1）资金的收入预测

项目的资金是按合同价款收取的，在实施合同的过程中，应从收取工程预付款开始，每月按进度收取工程进度款，直到最后竣工结算。要做出收入预测表，绘出资金按月收入图及施工项目资金按月累加收入图。

进行收入预测时要注意，各职能人员分工负责，加强施工的控制与管理，避免违约罚款，按合同规定的结算方法测定每月的工程进度款数额，如不能按时全额收取，要尽力缩短滞后时间。

2）资金的支出预测

项目资金支出预测是根据施工组织设计、成本控制计划、材料物资储备计划测算出实施项目施工时每月预计的人工费、材料费、施工机械使用费、物资储运费、临时设施费、其他直接费和施工管理费等支出，应绘出项目资金按月支出图和累计支出图。

支出和收入预测要注意使预测支出计划要接近实际，调整报价中的不确定因素，考虑风险及干扰，考虑资金的时间价值及合同实施过程中不同阶段资金的需要量。

通过支出和收入预测，我们形成了资金收入和支出在时间、金额上的总的概念，为我们管好资金、筹集资金、合理安排使用资金提供了依据，在收支预测的基础上要做出年、季、月度收支计划，并上报企业财务部门审批后实施，做好收入和支出在时间上的平衡。

3）收入与支出的对比

将施工项目资金收入预测累计结果和支出预测累计结果绘制在合同金额百分比和进度百分比分别为 X、Y 的坐标图上，进行对比，可计算二者在相应时间的资金差距，即应筹措的资金数量。

4）资金管理计划

（1）项目资金计划的内容：项目资金计划包括收入方和支出方两部分。收入方包括项目本期工程款等收入，向公司内部银行借款，以及月初项目的银行存款。支出方包括项目本期支付的各项工料费用，上缴利税基金及上级管理费，归还公司内部银行借款，以及月末项目银行存款。

（2）年、季、月度资金收支计划的编制：年度资金收支计划的编制要根据施工合同工程款支付的条款和年度生产计划安排，预测年内可能达到的资金收入，再参照施工方案，安排工料机费用等资金分阶段投入，做好收入和支出在时间上的平衡。编制时，关键是摸清工程款到位情况，测算筹集资金的额度，安排资金分期支付，平衡资金，确定年度资金管理工作总体安排。

季度、月度资金收支计划的编制是对年度资金收支计划的落实与调整。要结合生产计划的变化，安排好月、季度资金收支，重点是月度资金收支计划。以收定支，量入为出，根据施工月度作业计划，计算出主要工、料、机费用及分项收入，结合材料月末库存，由项目经理部各用款部门分别编制材料、人工、机械、管理费用及分包单位支出等分项用款计划，经平衡确定后报企业审批实施。月末最后5日内提出执行情况分析报告。

4.7.3　资金的供应管理

1．施工项目资金筹措的主要渠道

（1）预收工程备料款；

（2）已完工程的进度价款；

（3）企业自有资金；

（4）银行贷款；

（5）企业内其他项目资金的调剂使用。

2．施工项目资金的筹措原则

（1）充分利用自有资金，自有资金的好处是调度灵活，不需支付利息，比贷款更有保证。

（2）必须在经过收支对比后，按差额筹集资金，避免造成浪费。

（3）把利息的高低作为选择资金来源的主要标准，尽量利用低利率贷款，用自有资金时也应考虑其时间的价值。

4.7.4　资金的管理控制

1．收入与支出管理

（1）施工项目资金管理应以保证收入、节约支出、防范风险和提高经济效益为目的。

（2）承包人应在财务部门设立项目专用账号进行项目资金收支预测，统一对外收支与结算。项目经理部负责项目资金的使用管理。

（3）项目经理部应编制年、季、月度资金收支计划，上报企业主管部门审批实施。

（4）项目经理部应按企业授权，配合企业财务部门及时进行资金计收。包括：

① 新开工项目按工程施工合同收取预付款或开办费。

② 根据月度统计报表编制“工程进度款结算单”，于规定日期报送监理工程师审批结算。如发包人不能按期支付工程进度款且超过合同支付的最后限期，项目经理部应向发包人出具付款违约通知书，并按银行的同期贷款利率计息。

③ 根据工程变更记录和证明发包人违约的材料，及时计算索赔金额，列人工程进度款结算单。

④ 发包人委托代购的工程设备或材料，必须签订代购合同，收取设备订货预付款或代购款。

⑤ 工程材料价差应按规定计算，及时请发包人确认，与进度款一起收取。

⑥ 工期奖、质量奖、措施奖、不可预见费及素赔欺，应根据施工合同规定，与工程进度款同时收取。

⑦ 工程尾款应根据发包人认可的工程结算金额及时回收。

（5）项目经理部应定期召开有发包人、分包、供应、加工各单位的代表碰头会，协调工程进度、配合关系、甲方供料及资金收付等事宜。

2．资金使用成本管理

（1）施工项目的资金使用成本管理工作贯穿于项目建设的全过程，项目成本控制依次

有如下工作：企业进行项目成本预测；项目经理部编制成本计划；项目经理部实施成本计划；项目经理部进行成本核算；项目经理部进行成本分析；项目成本考核等。

（2）项目资金使用成本管理，首先应建立以项目经理为中心的成本控制体系，确定项目经理是成本控制的第一责任人，然后按内部各岗位和作业层进行目标分解，明确各管理人员的成本管理责任、权限及相互关系。通常是成立由工程技术、物资采购、试验测量、质量管理、财务等部门参加的成本控制小组，定期进行项目经济活动分析，同时制定成本管理办法及奖惩办法。

（3）项目经理部应对施工过程中发生的、在项目经理部管理职责权限内能控制的各种消耗和费用进行成本控制。成本控制目标一旦确定，项目经理部的主要职责就是通过组织施工生产、加强过程控制、千方百计地确保成本目标的实现。项目经理部按公司下达的用款计划控制资金使用，以收定支，节约开支。应按会计制度规定设立财务台账记录资金支出情况，加强财务核算，及时盘点盈亏。

（4）项目的资金管理实际上反映了项目施工管理的水平，在施工项目的各个方面应努力提高管理水平，做到以较少的资金投入，创造较大的经济价值。管理是通过一定手段进行的，要合理的控制材料，资金的占用，制定出有效节约措施。

3．资金风险管理

资金管理直接关系到施工项目能否顺利进行和施工项目的经济效益。从管理的角度看，应认识和了解施工项目资金运用的影响因素，最大限度避免资金收入和支出的风险，主要影响因素如下。

（1）施工项目的投标报价和合同规定的付款方式，包括要求工期、预付备料款的比例和金额、工程款的结算方式和期限等；

（2）市场上各种材料和机械设备的价格，包括价格和租赁费用等变动因素；

（3）市场条件下量价分离后，企业内部定额是影响的重要内部因素；

（4）国家银行的贷存款利率等；

（5）施工项目施工方案、技术组织措施等直接影响着资金运用。

施工方要注意资金到位情况，按施工合同运作，明确工程款支付办法和发包方供料范围，防止发包方把属于甲方供料、甲方分包的内容转由施工方支付，关注发包方的资金动态。在发生垫资施工的情况下，适当掌握施工进度，以利于回收资金；如果工程垫资超过原计划控制幅度，考虑调整施工方案，压缩施工规模，甚至暂缓施工。

4.7.5 资金管理考核

资金管理考核应通过对资金分析工作，计划收支与实际收支对比，找出差异，分析原因，改进资金管理。在项目竣工后，应结合成本核算与分析工作进行资金收支情况和经济效益分析，并上报组织财务主管部门备案。组织应根据资金管理效果对有关部门或项目经理部进行奖惩。

案例4.5　某客房装修工程施工项目资金管理

背景材料　某客房装修工程开竣工时间分别为当年4月1日和8月30日，合同总价款为1 100万元，其中木地板为业主供料（由业主委托厂商铺装）。业主与装修公司在施工合

同中约定，开工前业主向装修公司支付合同价款 25%的预付款，预付款从第 3 个月开始等额扣还，3 个月扣完。

业主根据装修公司完成的工程量（经核实）按月支付工程款，质量保修金为装修公司合同价款的 5%，质量保修金从第一个月开始按每月产值的 10%扣除，直至扣完为止。业主每月签发的月度付款最低金额为 100 万元，装修公司各月完成产值如表 4.7 所示。

表 4.7　装修公司各月完成产值表（单位：万元）

月　　份	4 月	5 月	6 月	7 月	8 月
装修公司完成产值	130	226	185	230	153
业主供料价值		42	76	58	

问题　（1）业主支付给装修公司的预付款应为多少？

（2）4～8 月业主每月支付的工程款金额各为多少？

案例分析　（1）业主应支付的工程预付款为：

（1 100 − 4 − 2 − 76 − 58）× 25% = 231 万元

（2）工程质量保修金为：（1 100 − 42 − 76 − 58）× 5% = 46.2 万元。从第 3 个月每月应扣预付款为：231 ÷ 3 = 77 万元。

① 4 月份应支付的工程款为：130 − 130 × 10% = 117 万元。

本月应付工程款 117 万元，大于约定的最低支付金额，应予支付。

② 5 月份应支付的工程款为：226 − 226 × 10% = 203.4 万元。

本月应付工程款 203.4 万元，大于约定的最低支付金额，应予支付。

③ 6 月份应支付的工程款为：185 − 10.6 − 77 = 97.4 万元。

其中，10.6 万元为 6 月份应扣质量保修金（46.2 − 13 − 22.6 = 10.6 万元）。本月应付工程款 97.4 万元，小于约定的最低支付金额，本月不予支付。

④ 7 月份应支付的工程款为：230 − 77 = 153 万元。

由于 6 月份未支付工程款，故 7 月份应支付工程款为：153 万元 + 97.4 万元 = 250.4 万元。

⑤ 8 月份应支付的工程款为：153 − 77 = 76 万元。

案例 4.6　某图书馆装修工程施工项目资金管理

背景材料　某装饰单位承包某高校图书馆装修工程，甲、乙双方签订关于装修工程合同，部分内容如下。

（1）装饰工程合同价款为 780 万元，主要材料费占合同总价款的 60%；

（2）预付料款为合同价款的 30%，在工程最后三个月等额扣还；

（3）工程进度款按月支付；

（4）工程保修金为合同价款的 3%，从每月装饰单位完成产值中按 3%的比例扣留；在保修期满后，保修金扣除已支付费用后的剩余部分退还给装饰单位；

（5）装饰单位每月实际完成产值如表 4.8 所示。

表 4.8　某工程各月实际完成产值（单位：万元）

月　　份	1	2	3	4	5
完成产值	150	180	200	130	120

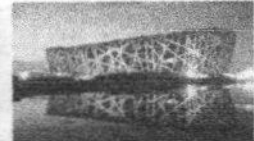

问题　（1）该工程的预付备料款为多少？

（2）工程预付备料款应从几月起扣？

（3）该工程1～5月，每月支付工程款各为多少？

案例分析　（1）预付备料款：780 × 30% = 234万元。

（2）工程预付款的起扣点计算：780 − 234 ÷ 60% = 390万元。

3月份累计产值为：150 + 180 + 200 = 530万元 ＞ 390万元，因此起扣时间为3月份。

（3）1～5月各月支付工程款如下。

1月：应支付工程款　150 ×（1 − 3%）= 145.5万元

2月：应支付工程款　180 ×（1 − 3%）= 174.6万元

3月：

应签证工程款　200 ×（1 − 3%）= 194万元

应扣除预付款　（530 − 390）× 60% = 84万元

应支付工程款　194 − 84 = 110万元

4月：

应签证工程款　130 ×（1 − 3%）= 126.1万元

应扣除预付款　130 × 60% = 78万元

应支付工程款　126.1 − 78 = 48.1万元

5月：

应签证工程款　120 ×（1 − 3%）= 116.4万元

应扣除预付款　120 × 60% = 72万元

应支付工程款　116.4 − 72 = 44.4万元

实训指导　资源配置计划和供应计划的编制

1．编制施工项目资源配置计划

（1）计算工程项目的各单位工程和各分部分项工程的工程量。

（2）（模拟）分析公司自身资源拥有情况。

（3）拟定该项目的组织机构和拟定的施工组织。

（4）计算该项目所需的人力、机械设备、资金和技术等资源量。

（5）依据进度计划，计算该项目各阶段所需的人力、机械设备、材料、资金和技术等资源量。

（6）编制施工项目资源配置计划。

2．依据进度计划编制施工项目资源供应计划

（1）确定该项目各阶段所需人员的招聘。

（2）确定该项目各阶段所需的机械设备的采购和租赁。

（3）确定该项目各阶段所需的材料、半成品和构配件的采购。

（4）确定该项目各阶段所需的施工工艺、方法和技术。

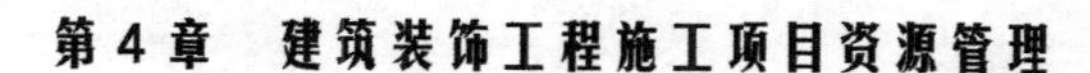

（5）确定该项目各阶段所需的资金。

（6）编制施工项目资源供应计划。

思考题 4

1．建筑装饰工程施工项目资源包括哪些内容？

2．试述建筑装饰工程施工项目资源管理的目的。

3．建筑装饰工程施工项目资源管理有哪些基本工作？

4．应该如何进行建筑装饰工程施工项目劳动力资源的动态管理？

5．建筑装饰工程施工项目机械设备管理的任务有哪些？

6．如何做好建筑装饰工程施工项目机械设备的保养和维修工作？

7．试述建筑装饰工程施工项目技术管理的内容与分工。

第5章 建筑装饰工程施工项目竣工管理

教学导航

教	内容提要	介绍建筑装饰工程施工项目竣工验收的定义、作用、条件和依据，说明了回访保修的意义。在竣工验收中首先介绍了验收的准备工作，如收尾、文件、竣工图的准备。其次介绍了自行验收和正式验收的程序。在回访保修中说明了回访的要求和保修的范围、期限及实施步骤
	知识重点	竣工验收程序、竣工验收的收尾工作、准备工作及工程档案的整理和竣工图的制作
	知识难点	竣工验收程序
	推荐教学方式	结合建设工程项目管理规范的内容，将理论知识条理化，并按工作过程进行剖析。通过案例教学，加深学生的理解和应用能力
	建议学时	3～4学时
学	学习要求	在竣工验收一节，要求掌握竣工验收程序，熟悉竣工验收的收尾工作、准备工作及工程档案和竣工图的制作等的内容，了解竣工验收要求和依据。在回访保修一节，要求掌握保修的范围、期限、实施步骤，了解回访的方法和意义
	推荐学习方法	用课内学习加课外自学及实训等的学习方法，以工作过程为主线进行学习
	必须掌握的理论知识	竣工收尾、竣工验收、竣工结算、竣工决算、回访保修、考核评价的工作内容
	必须掌握的技能	竣工收尾、竣工验收、竣工结算、竣工决算、回访保修、考核评价文件的收集、整理与制订
做	任务9	编制施工项目竣工计划

任务9　编制施工项目竣工计划

1. 任务目的

通过编制建筑装饰工程施工项目竣工计划，促进对施工项目收尾管理工作（如：竣工收尾、竣工验收、竣工结算、竣工决算、回访保修、考核评价）有更深刻的理解，并掌握相应的管理技能。

2. 任务要求

以某一建筑装饰工程施工项目为实例，编制施工项目竣工计划，学生在完成本实训后，能初步具备做好竣工收尾、竣工验收等工作的能力。

3. 任务工作过程

（1）分析项目竣工的工作程序和工作内容；

（2）编制施工项目竣工计划。

4. 任务要点

编制施工项目竣工计划前，必须明白施工合同对项目竣工验收在时间和工程质量上的具体规定，熟悉竣工项目竣工验收程序，清楚竣工项目各分部分项工程当前的质量情况，清楚竣工项目收尾工作具体内容和剩余工程量，以及竣工项目文件档案资料的整理情况。

施工项目竣工计划的编制必须充分考虑其现实可行性。

**小知识**　竣工计划应包括以下内容：

（1）竣工项目名称；　　（2）竣工项目收尾具体内容；

（3）竣工项目质量要求；　　（4）竣工项目进度计划安排；

（5）竣工项目文件档案资料整理要求。

5. 任务实施

（1）由老师提供一个工程案例或由学生自主选择案例；

（2）学生初步编制施工项目竣工计划；

（3）通过学习了解任务相关知识；

（4）学习过程中不断完善该任务；

（5）能对已完成任务的内容做出全面解释；

（6）完成本任务的实训报告。

5.1　项目竣工管理的工作过程

施工项目竣工管理就是在施工过程即将结束时承包人按照施工合同及法律法规为项目产品（资产）转移进行准备和组织的一系列活动，其工作过程如下。

竣工管理	1．项目竣工收尾	（1）编制竣工计划；	（2）组织完成收尾工作
	2．项目竣工验收	（1）自行组织检查判断评定； （3）项目竣工正式验收；	（2）做好验收准备工作； （4）文件归档、整理与移交
	3．项目竣工结算	（1）递交竣工结算报告、结算资料； （2）办理项目竣工结算；	 （3）竣工项目移交
	4．项目竣工决算	（1）收集、整理有关依据； （3）填写竣工决算报告； （5）报上级审查；	（2）清理账务、债务及结算物资； （4）编写决算说明书
	5．项目回访保修	（1）实施考核评价程序；	（2）编制项目管理总结
	6．管理考核评价修	（1）回访保修工作计划；	（2）签发保修书，回访保修

5.2 项目竣工收尾

1．编制竣工计划

项目竣工收尾是项目结束阶段管理工作的关键环节，项目经理部应全面负责项目竣工收尾工作，编制详细的竣工收尾工作计划，报上级主管部门批准后按期完成。

编制竣工计划时应包括下列内容：

（1）竣工项目名称；

（2）竣工项目收尾具体内容；

（3）竣工项目质量要求；

（4）竣工项目进度计划安排；

（5）竣工项目文件档案资料整理要求。

2．组织完成收尾工作

（1）工程进入收尾期，项目经理应组织有关人员逐层、逐段、逐部位、逐房间进行查项，检查有无丢项、漏项，一旦发现，要立即确定专人定期解决，并在事后按期进行检查。

（2）对完成的成品进行封闭和保护，已经前期完成的和查项修补完成的部位，要立即组织清理，保护好成品。按可能和需要，可以按房间和层段锁门或封闭，严禁无关人员进入（包括组织内部人员），防止损坏成品或丢失零件，尤其是高标准装修的工程，房间的装修和设备安装一旦完毕，要立即封闭，严加看管。

（3）有计划地拆除施工现场的各种临时设施和暂设工程，拆除各种临时管线，清扫施工现场，组织清运垃圾和杂物。

（4）有步骤地组织材料，机具以及各种物资的回收、退库，向其他施工现场转移和进行处理等工作。

（5）做好电气线路和各种管线的交工前检查，进行电气工程的全负荷试验。

（6）有生产工艺设备的工程项目，要进行设备的单体试车、无负荷联动试车、有负荷联动试车。

5.3 项目竣工验收

施工项目的竣工验收是施工项目管理的重要环节，也可称为初步验收和交工验收。施工项目竣工验收是指承包人按照施工合同完成了项目全部任务，经检验合格，由发包人组织验收的过程。

1．施工项目竣工验收的作用

（1）竣工验收是施工阶段的最后环节，是保证合同任务完成，提高施工质量的最后关口。通过竣工验收，可全面综合的考查施工质量，保证交工项目符合设计、标准、规范等规定的质量要求。

（2）做好施工项目竣工验收，可以促进建设项目及时投产，对发挥经济效益和积累总结投资经验具有重要作用。

（3）施工项目的竣工验收，标志着项目经理部此项施工任务的完成，可以接受新的项目施工任务。

（4）通过施工项目竣工验收整理档案资料。这些资料既可对建设过程和施工过程进行总结，以提供经验，提高管理水平；又可以为使用单位提供使用、维修和扩建的依据。

2．施工项目竣工验收的条件和要求

作为建设施工项目的承包人必须按照与委托方签订的合同约定的竣工日期或监理工程师同意顺延的工期竣工，否则要承担违约责任，承包商向委托方提出对所承包的建设施工项目进行竣工验收时，应具备下列条件：

（1）完成了工程设计和合同约定的各项施工内容；

（2）有完整的、经过核定的工程竣工资料，并符合验收规范；

（3）有勘察、设计、施工、监理等单位签署确定的工程质量合格文件；

（4）有工程使用的主要建筑材料、构配件和设备进场的证明及试验报告；

（5）有施工单位签署的质量保修证书；

（6）工程质量自检合格；

（7）设备安装经过试车、调试，具备单机试运行要求；

（8）建筑物四周规定距离以内的工地达到工完、料净、场清。

在工程竣工验收的质量标准方面，对各类工程的验收和评定都有相应的技术标准，同时必须符合工程建设强制性标准、设计文件和施工合同的规定，如《建筑工程施工质量验收统一标准》、《装饰装修工程质量验收规范》对单位工程的质量验收规定。建设项目还要能满足建成投入使用或生产的各项要求。

3．施工项目竣工验收的依据

施工项目竣工验收的依据是与该项目有关的设计文件、合同文件和相关的技术文件。这些文件对该项目的施工具有规定性和约束力，具体如下：

（1）批准的设计文件（施工图纸及设计说明书）；

（2）双方签订的施工合同；

（3）设备技术说明书；

（4）设计变更通知书；

（5）施工验收规范及质量验收标准等。

4．自行组织检查判断评定

项目完成后，承包人应按工程质量验收标准，组织专业人员进行质量检查评定，实行监理的应约请相关监理机构进行初步验收。初步验收合格后，承包人应向发包人提交工程竣工报告，约定有关项目竣工验收移交事宜。发包人应按项目竣工验收的法律、行政法规和部门规定，一次性或分阶段竣工验收。

（1）自验的标准应与正式验收一样。

（2）自验的人员应由项目经理部组织相关的项目管理人员共同参加，如有必要还可以报请所在企业组织有关人员对竣工项目进行复验。

（3）自验的方式是在工作分工负责的基础上，项目各部门人员对所承担的工作进行自查，在自查的基础上进行整体的检查验收，对查出的问题要及时修补解决，以进入正式验收。

此阶段项目经理应有意识听取工程监理人员的评价和意见，以及设计方的评价和意见，对指出的问题主动加以改进，以使正式验收工作顺利进行。

5．做好验收准备工作

（1）组织项目技术人员完成竣工图，清理和准备需向委托方移交的工程档案资料，编制工程档案资料移交清单。

（2）组织项目财务人员编制竣工结算表。

（3）准备工程竣工通知书，工程竣工报告，工程竣工验收证明，工程保修证书等必要文件。

（4）组织好工程自验（或自检），必要时报请上级部门进行竣工验收检查，对检查出的问题要及时进行处理和修补。

（5）准备好工程质量评定所需的各项资料。主要是按结构性能、使用功能、外观效果等方面，对工程的地基基础、结构、装修以及水、暖、电、卫、设备安装等各个施工阶段所有质量检查的验收资料进行系统整理。包括：各分项工程质量检验评定、各分部工程质量检验评定、单位工程质量检验评定、隐蔽工程验收记录、生产工艺设备调试及运转记录、吊装及试压记录以及工程质量事故发生情况和处理结果等方面的资料。这些资料不仅成为正式评定工程质量的资料和依据，也为技术档案资料移交归档做准备。

6．项目竣工正式验收

在自验的基础上，确认工程全部符合竣工验收标准，具备了交付使用的条件，即可开始正式的验收工作，工作如下：

（1）发出《竣工验收通知书》；

（2）配合建设单位按竣工验收程序组织验收工作；

（3）签发《竣工验收证明书》，并办理工程移交和结算；

（4）协助进行工程质量评选；

（5）办理工程档案、资料的移交工作；

（6）办理工程移交手续。

其中，发包人在收到施工单位的正式通知后，应在规定或约选的时间内组织勘察、设计、施工、监理等有关单位进行检查，做出验收结论，项目竣工验收应依据批准的建设文

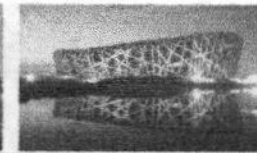

件和工程实施文件，达到国家法律、行政法规、部门规章对竣工条件的规定和合同约定的竣工验收要求，提出《工程竣工验收报告》，有关承发包当事人和项目相关组织应签署验收意见，签名并盖单位公章。

7. 文件归档、整理与移交

工程档案是建设项目的永久性技术文件，是建设单位生产（使用）、维修、改造、扩建的重要依据，也是对项目进行复查的依据。在施工项目竣工后，项目经理部必须按规定向建设单位移交档案资料。档案资料不全必须补齐。同此项目经理部自合同签订后，就应派专人收集、整理和保管档案资料，不得丢失。工程档案是在施工准备实施过程和项目管理过程中产生的各种资料，应真实、完整、有代表性，如实反映工程及施工情况。

竣工图是真实记录建筑工程情况的重要技术资料，是工程进行交工验收、维护修理、改建扩建的主要依据，是长期保存的技术档案，也是国家要保存的重要技术档案内容，因此要做到准确、完整、真实、符合长期存档要求。

工程文件的归档整理应按国家发布的现行标准、规定执行，《建设工程文件归档整理规范》GB 50328—2011、《科学技术档案案卷构成的一般要求》GB/T 11822—2008等。承包人向发包人移交工程文件档案应与编制的清单目录保持一致，须有交接签认手续，并符合移交规定。

5.4 项目竣工结算

1. 递交竣工结算报告、结算资料

项目竣工结算应由承包人编制，发包人审查，双方最终确定递交竣工结算报告、结算资料。

项目竣工结算的编制、审查、确定，按建设部令第 107 号《建筑工程施工发包与承包计价管理办法》及有关规定执行。编制项目竣工结算可依据下列资料：

（1）合同文件；

（2）竣工图纸和工程变更文件；

（3）有关技术核准资料和材料代用核准资料；

（4）工程计价文件、工程量清单、取费标准及有关调价规定；

（5）双方确认的有关签证和工程索赔资料。

2. 办理项目竣工结算

项目竣工验收后，承包人应在约定的期限内向发包人递交项目竣工结算报告及完整的结算资料，承发包双方应在规定的期限内进行竣工结算核实，若有修改意见，应及时协商沟通达成共识。对结算价款有争议的，应按约定方式处理。

3. 竣工项目移交

承包人应按照项目竣工验收程序办理项目竣工结算，并在合同约定的期限内按承包的工程项目名称和约定的交工方式，移交建设工程项目。

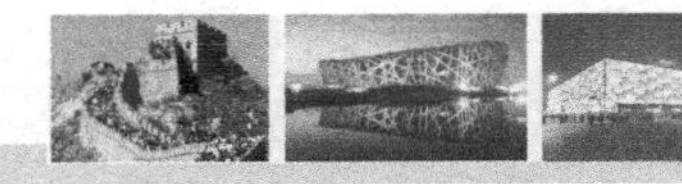

5.5 项目竣工决算

1．编制项目竣工决算应遵循下列程序

（1）收集、整理有关项目竣工决算依据；

（2）清理项目账务、债务和结算物资；

（3）填写项目竣工决算报告；

（4）编写项目竣工决算说明书；

（5）报上级审查。

2．组织进行项目竣工决算编制的主要依据

建设工程项目竣工，发包人应依据工程建设资料并按国家有关规定编制项目竣工决算，反映建设工程项目实际造价和投资效果。

（1）项目计划任务书和有关文件；

（2）项目总概算和单项工程综合概算书；

（3）项目设计图纸及说明书；

（4）设计交底、图纸会审资料；

（5）合同文件；

（6）项目竣工结算书；

（7）各种设计变更、经济签证；

（8）设备、材料调价文件及记录；

（9）竣工档案资料；

（10）相关的项目资料、财务决算及批复文件。

3．项目竣工决算应包括下列内容

项目竣工决算的内容应符合国家财政部的规定。前两款为竣工财务决算，是项目竣工决算的核心内容和重要组成部分。

（1）项目竣工财务决算说明书；

（2）项目竣工财务决算报表；

（3）项目造价分析资料表等。

案例 5.1　某办公楼装修施工项目验收

背景材料　某办公楼进行二次装修改造，重新装修改造项目包括墙、地面、暗龙骨吊顶、室内外门窗、通风与空调、综合布线、办公自动化系统等。施工单位采用总分包管理模式。

问题　（1）暗龙骨吊顶分项工程质量应如何进行验收？

（2）建筑装饰分部工程质量应如何进行验收？

（3）单位工程应如何组织竣工验收？

案例分析　（1）暗龙骨吊顶分项工程应由监理工程师（建设单位项目负责人）组织施工单位项目专业质量（技术）负责人进行验收。

（2）分部工程应由总监理工程师（建设单位项目负责人）组织施工单位项目负责人和技术、质量负责人等进行验收。

（3）该办公楼装修改造完工后，应按如下程序组织验收：

① 单位工程完工后，施工单位应自行组织有关人员进行检查评定，并向建设单位提交工程验收报告。

② 建设单位收到工程验收报告后，应由建设单位（项目）负责人组织施工（含分包单位）、设计、监理等单位（项目）负责人进行单位（子单位）工程验收。

③ 单位工程有分包施工时，分包单位对所承包的工程项目检查评定，总包派人参加，分包完成后，将资料交给总包。

④ 当参加验收各方对工程质量意见不一致时，可请当地建设行政主管部门或工程质量监督机构协调处理。

⑤ 单位工程质量验收合格后，建设单位应在规定时间内将工程竣工验收报告和有关文件报建设行政主管部门备案。

案例 5.2　某办公楼玻璃幕墙施工项目验收

背景材料　某开发区办公楼，剪力墙结构。因工程需要在其剪力墙的外侧安装点式玻璃幕墙。土建工程已经完毕，施工时没有预埋件，而且抹灰工序已经完成。现需要在该处安装后埋件，安装完毕后土建要对其进行抹灰和涂料处理。抹灰后后埋件不得外露。

施工过程中，其幕墙生产车间正在进行结构胶注胶生产工序，情况如下。

（1）室温为 25℃，相对湿度为 35%。

（2）清洁注胶基材表面的清洁溶剂为二甲苯，用白色棉布蘸入溶剂中吸取溶剂，并采用“一次擦”工艺进行清洁。

（3）清洁后的基材一般在 1 小时内注胶完毕。

（4）从注胶完毕到现场安装间隔时间为 10 天。

在玻璃幕墙与每层楼板之间填充了防火材料，并用 1.5 mm 厚的铝板固定。为了便于通风，防火材料与玻璃之间留有 5 mm 的间隙。

玻璃幕墙工程验收前，应将其表面擦洗干净。玻璃幕墙验收时施工单位提交了资料：

（1）设计图纸、计算报告、设计说明、相关设计文件。

（2）材料、配件、附件及组件的产品合格证书、质量保证书、复验报告。

（3）进口材料的检验检疫证明。

（4）隐蔽工程验收文件。

（5）幕墙物理性能检验报告。

（6）幕墙部分及分项检验记录。

（7）外观质量评定表。

（8）幕墙工程出厂合格证。

玻璃幕墙工程验收时应对玻璃幕墙安装施工项目进行隐蔽验收。

问题　（1）施工单位提供的竣工验收资料的内容是否齐全？如不齐全请补充。

（2）玻璃幕墙安装施工应对哪些项目进行隐蔽验收？

案例分析　（1）幕墙工程竣工验收资料的内容有缺项，缺少以下内容：

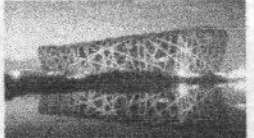

① 硅酮结构胶的认定证书、质量书、合格证书。

② 硅酮结构密封胶相容性及黏结性能检测报告。

（2）隐蔽验收项目：

① 构件与主体结构的连接节点的安装。

② 幕墙四周、幕墙内表面与主体结构之间间歇节点的安装。

③ 幕墙伸缩缝、沉降缝、防震缝及墙面转角节点的安装。

④ 幕墙防雷接地节点的安装。

案例 5.3　某装修施工项目验收

背景材料：

某装修改造工程甲乙双方签订了装修施工合同，合同中对甲、乙双方的责任进行了约定。在合同履行过程中发生以下事件。

事件 1：由于乙方原因造成墙面贴瓷砖大面积空鼓，甲方要求乙方进行返工处理。乙方是否应返工？发生的费用及拖延的工期是否应得到补偿？

事件 2：由于甲方对乙方已隐蔽的石材干挂龙骨的施工质量有怀疑，要求乙方对已隐蔽的龙骨进行重新检验。接到重新检验的通知后，乙方是否应配合甲方的要求？重新检验合格与否的责任及费用由谁承担？

事件 3：工程具备验收条件后，乙方向甲方送交了竣工验收报告，但由于甲方的原因，在收到乙方的竣工验收报告后未能在约定日期内组织竣工验收。乙方送交的竣工报告是否应被认可？

事件 4：由于乙方原因未能在工程竣工验收报告经甲方认可后 28 天内将竣工决算报告及完整的结算资料报送甲方，造成工程结算不能正常进行及工程结算款不能及时支付，责任在于哪方？如甲方要求交付工程，乙方是否应当交付？

问题：

请按要求回答以上事件中的问题。

案例分析：

事件 1：乙方应对不合格瓷砖进行返工处理，发生的费用全部由乙方承担，工期不予顺延。

事件 2：乙方应配合甲方做好重新检验工作，接到重新检验的通知后，乙方应按要求进行剥离，并在检验后重新覆盖或修复。重新检验表明质量合格，甲方承担由此发生的全部追加合同价款，赔偿乙方损失，并相应顺延工期；检验不合格，乙方承担发生的全部费用，工期不予顺延。

事件 3：验收报告应被认可。甲方收到乙方送交的竣工验收报告后 28 天内不组织验收，或验收后 14 天内不提出修改意见，视为验收报告已被认可。同时，从第 29 天起，甲方承担工程保管及一切意外责任。

事件 4：工程竣工结算不能正常进行或工程竣工结算价款不能及时支付的责任由乙方承担，如果甲方要求交付工程，乙方应当交付，甲方不要求交付工程，乙方仍应承担保管责任。

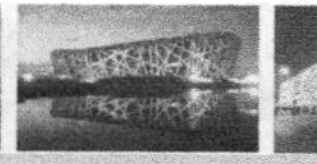

案例 5.4　某商业大厦建设工程施工项目验收

背景材料　某商业大厦建设工程项目，建设单位通过招标选定某施工单位承担该建设工程项目的施工任务。工程竣工时，施工单位经过初验，认为已按合同约定的等级完成施工，提请做竣工验收，施工单位已将全部质量保证资料复印齐全供审核。11月15日，该工程通过建设单位、监理单位、设计单位和施工单位的四方验收。

问题　(1) 请简要说明工程竣工验收的程序。

(2) 工程竣工验收备案工作应由谁负责办理？工作的时限如何？谁是备案登记机关？

(3) 工程竣工验收备案应报送哪些资料？

案例分析：

(1) 工程竣工验收应当按以下程序进行：

① 完工后，施工单位向建设单位提交工程竣工报告，申请工程竣工验收。实行监理的工程，工程竣工报告须经总监理工程师签署意见。

② 建设单位收到工程竣工报告后，对符合竣工验收要求的工程，组织勘察、设计、施工、监理等单位和其他有关方面的专家组成验收组，制定验收方案。

③ 建设单位应当在工程竣工验收5个工作日前将验收的时间、地点及验收组名单书面通知负责监督该工程的工程质量监督机构。

④ 建设单位组织工程竣工验收。

a. 建设、勘察、设计、施工、监理单位分别汇报工程合同履约情况和在工程建设各个环节执行法律、法规和工程建设强制性标准的情况。

b. 审阅建设、勘察、设计、施工、监理单位的工程档案资料。实地查验工程质量。

c. 对工程勘察、设计、施工、设备安装质量和各管理环节等方面做出全面评价，形成经验收组人员签署的工程竣工验收意见。

d. 参与工程竣工验收的建设、勘察、设计、施工、监理等各方面不能形成一致意见时，应当协商提出解决的方法，待意见一致后，重新组织工程竣工验收。

(2) 工程验收备案工作应由建设单位负责。建设单位应当自工程竣工验收合格之日起15个工作日内，依照《房屋建筑工程和市政基础设施工程竣工验收备案管理暂行办法》的规定，向工程所在地的县级以上地方人民政府建设行政主管部门备案。

(3) 报送资料为：

① 《竣工验收备案表》一式两份；

② 工程开工立项文件；

③ 工程质量监督注册表；

④ 单位工程验收记录；

⑤ 监理单位签署的《竣工移交证书》；

⑥ 公安消防部门出具的认可文件和准许使用文件；

⑦ 建筑工程室内环境竣工检测报告；

⑧ 工程质量保修书或保修合同；

⑨ 建设单位提出的《工程竣工验收报告》，设计单位提出的《工程质量检查意见》，施工单位提出的《工程报告》，监理单位提出的《工程质量评估报告》。

5.6 项目回访保修

施工项目回访保修制度是工程在竣工验收交付使用后，在一定的期限内由施工单位主动到建设单位或用户进行回访，对建筑装饰工程发生的由施工单位施工责任造成的建筑物使用功能不良或无法使用的问题，由施工单位负责修理，达到正常使用的标准。承包人应制定项目回访和保修制度并纳入质量管理体系。没有建立质量管理体系的承包人，也应进行项目回访，并按法律、法规的规定履行质量保修义务。

施工项目回访保修意义如下：

（1）促进项目经理部重视工程管理，提高工程质量，不留隐患。通过及时听取用户意见，发现问题，找到工程质量的薄弱环节和工程质量通病，不断改进施工工艺，总结施工经验，提高施工和质量管理水平，向用户提供优质工程。

（2）有利于加强施工单位同建设单位和用户的联系与沟通，及时发现工程质量缺陷，采取相应的措施进行修理，履行好保修承诺，做好回访保修记录，保证工程使用功能的正常发挥，增强建设单位和用户对施工单位的信任感，提高施工单位的社会信誉。

5.6.1 回访保修工作计划

承包人应根据合同和有关规定编制回访保修工作计划，回访保修工作计划应包括下列内容：

（1）主管回访保修的部门；

（2）执行回访保修工作的单位；

（3）回访时间及主要内容和方式。

回访可采取电话询问、登门座谈、例行回访等方式。回访应以业主对竣工项目质量的反馈及特殊工程采用的新技术、新材料、新设备、新工艺等的应用情况为重点，并根据需要及时采取改进措施。回访的主要内容有：听取用户对项目的使用情况和意见；查询和调查因自身原因造成的问题；进行原因分析和确认；商讨返修事宜；填写回访卡。回访工作必须认真，必须能解决问题，回访结束后应填写回访记录，并对质量保修进行验证。

5.6.2 签发保修书、回访保修

承包人签署工程质量保修书，其主要内容必须符合法律、行政法规和部门规章已有的规定。没有规定的，应由承包人与发包人约定，并在工程质量保修书中提示。

1. 建筑工程保修的范围和期限（其中包含建筑装饰工程部分）

1）保修的范围

各种类型的工程及工程的各个部位都应实行保修，由于承包人未按国家标准、规范和设计要求施工造成的质量缺陷，应由承包人负责修理并承担经济责任，质量缺陷一般发生在以下几个方面：

（1）屋面、地下室、外墙、阳台、厕所、浴室以及厨房等处渗水、漏水。

（2）各种通水管道（上下水、热水、污水、雨水等）漏水，各种气体管道漏气以及风

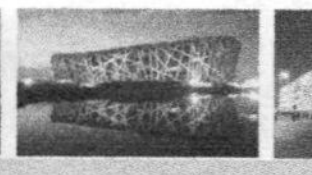

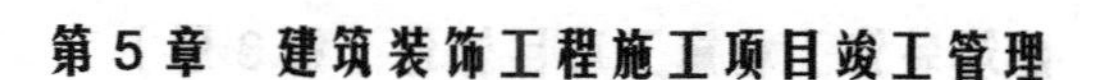

道、烟道、垃圾道不通畅。

（3）水泥砂浆地面较大面积起砂、裂缝、空鼓。

（4）内墙面较大面积裂缝、空鼓、脱落或面层起碱破皮，外墙粉刷自动脱落。

（5）供暖管线安装不良，局部不热，管线接口处及卫生器具接口处不严漏水。

（6）其他由于施工不良造成的无法使用或使用功能不能正常引起的工程质量缺陷。

凡由于设计者、发包人、使用者等方面原因造成的质量缺陷，责任不在施工方，不属于保修范围。

2）保修期限

工程的保修期为自竣工验收合格之日起算，在正常使用条件下的最低保修期，根据《建筑质量管理条例》，对保修期规定如下：

（1）基础设施工程，房屋建筑的地基基础工程和立体结构工程，设计文件规定的该工程合理使用年限。

（2）屋面防水工程，有防水要求的卫生间和外墙面的防渗漏，为 5 年。

（3）供热与供冷系统为 2 个采暖期和供冷期。

（4）电器管线、给排水管道、设备安装和装修工程，为 2 年。

（5）其他项目由承包人与发包人在工程质量保修书中具体约定。

2．建筑装饰工程保修的实施

1）发送保修证书（《房屋保修卡》）

在竣工验收的同时，由施工单位向建设单位发送《建筑装饰装修工程保修证书》。保修证书的主要内容一般包括工程简况、房屋使用管理要求、保修范围和内容、保修时间、保修说明，保修情况记录，以及保修单位的详细地址、电话、联系人等。

2）按要求检查与修理

在保修期内，建设单位或用户发现房屋使用功能不良，属于施工质量的原因，可以用口头或书面方式通知施工单位有关的保修部门，说明情况，要求派人前往检查修理，施工单位必须尽快派人前往检查，并会同建设单位和监理方共同做出鉴定，提出修理方案，尽快组织人力、物力进行修理。

3）验收

在发生问题的部位或项目修理完毕后，要在保修证书的“保修记录”栏内做好记录，并经建设单位和监理工程师验收签字，以表示修理工作完成。

发包人应在保修期满后 14 天内，将剩余保修金和利息返还承包人。

5.7　项目管理考核评价

建设单位和施工单位，应在项目结束后，站在各自组织的角度，对项目的总体和各专业进行考核评价。项目考核评价的定量指标是指反映项目实施成果，可作量化比较分析的专业技术经济指标。可包括工期、质量、成本、职业健康安全、环境保护等。项目考核评价的定性指标是指综合评价或单项评价项目管理水平的非量化指标，且有可靠的论证依据

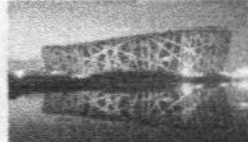

和办法，对项目实施效果做出科学评价。全面系统地反映工程项目管理的实施效果。包括经营管理理念，项目管理策划，管理制度及方法，新工艺、新技术推广，社会效益及其社会评价等。

1．实施考核评价程序

考核评价程序是指组织对项目考核评价应采取的步骤和方法，项目考核评价应按下列程序进行：

（1）制定考核评价办法；

（2）建立考核评价组织；

（3）确定考核评价方案；

（4）实施考核评价工作；

（5）提出考核评价报告。

2．编制项目管理总结

项目管理结束后，建设单位和施工单位，应站在各自组织的角度，按照下列内容编制项目管理总结。项目管理总结要实事求是、概括性强、条理清晰，全面系统地反映工程项目管理的实施效果。

（1）项目概况；

（2）组织机构、管理体系、管理控制程序；

（3）各项经济技术指标完成情况及考核评价；

（4）主要经验及问题处理；

（5）其他需要提供的资料。

项目管理总结和相关资料应及时归档和保存。

案例 5.5　某商场装修改造项目纠纷

背景材料　某装饰公司（施工单位）与某商场主管单位（建设单位）签订了商场装修改造合同，合同中明确了双方的责任。工程竣工后，施工单位向建设单位提交了竣工报告，但建设单位因忙于“国庆”开业的准备工作，未及时组织竣工验收，即允许商家入住，商场如期开业。三个月后，建设单位发现装修存在质量问题，要求施工单位进行修理。施工单位认为工程未经竣工验收，建设单位提前使用，对于出现的质量问题，施工单位不再承担责任。

问题　（1）工程未经验收，建设单位提前使用，可否视为工程已交付？工程实际竣工日期应为何时？

（2）因建设单位提前使用工程，施工单位就不承担保修责任的做法是否正确？施工单位的保修责任应如何履行？

案例分析：

（1）可视为建设单位已接收该工程。工程实际竣工日期为施工单位提交竣工报告的日期。

（2）不正确。施工单位应按《建设工程质量管理条例》中有关工程保修的规定对工程实施保修。

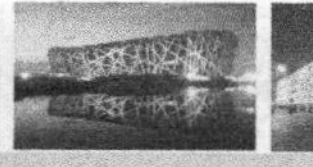
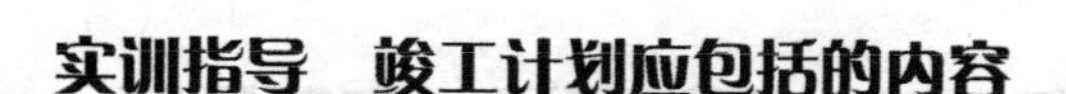

实训指导 竣工计划应包括的内容

项目竣工计划应包括下列内容。

1. 竣工项目名称

2. 竣工项目收尾具体内容

（1）列出项目各项收尾工作。
（2）预计项目各项收尾工作完成时间。

3. 竣工项目质量要求

列出或引用项目工程质量的验收标准。

4. 竣工项目进度计划安排

（1）确定项目竣工验收时间。
（2）确定参加项目竣工验收单位和专家。
（3）确定项目竣工验收的程序。
（4）确定项目竣工验收的路线。

5. 竣工项目文件档案资料整理要求

（1）明确项目文件档案资料的范围。
（2）明确项目文件档案资料的装订要求。
（3）明确项目文件档案资料的装订顺序要求。

思考题 5

1. 施工项目竣工验收有什么作用？
2. 施工项目竣工验收有哪些依据？
3. 简述建筑装饰工程施工项目竣工验收的主要工作。
4. 简述建筑装饰工程施工项目回访保修的意义。
5. 简述建筑装饰工程保修的范围和期限。

附录A　建设工程项目的信息管理、风险管理、沟通管理

一、建设工程项目的信息管理

1. 一般规定

（1）建立信息管理体系的目的是为了及时、准确、安全地获得项目所需要的信息。进行项目管理体系设计时，应同时考虑项目组织和项目启动的需要，包括信息的准备、收集、标识、分类、分发、编目、更新、归档和检索等。未经验证的口头信息不能作为项目管理中的有效信息。

（2）为了使用前核查信息的有效性和针对性，信息应包括事件发生时的条件。信息的成本指收集、获得及使用信息的成本；信息的收益指使用信息带来的收益或减少的损失。

（3）项目信息管理应随工程的进展，按照项目信息管理的要求，及时整理、录入项目信息。信息资料要真实、准确、快捷，所收到的项目信息应经项目经理部有关负责人审核签字后，方可录入计算机信息系统，以确保信息的真实性。

（4）在项目经理部中，可以在各部门中设信息管理员或兼职信息管理员，也可以在项目部中单设信息管理员或信息管理部门。项目信息管理员必须经有资质的培训单位培训并考核合格。

2. 项目信息管理计划与实施

（1）项目信息管理计划是项目管理实施规划的内容之一。

（2）信息编码是信息管理计划的重要内容。

信息编码的方法主要有：

① 顺序编码：是一种按对象出现顺序进行排列的编码方法；

② 分组编码：是在顺序编码的基础上发展起来的，先将信息进行分组，然后对每组内的信息进行顺序编码；

③ 十进制编码法：是先把编码对象分成若干大类，编以若干位十进制代码，然后将每一大类再分成若干小类，编以若干位十进制码，一次下去，直至不再分类为止；

④ 缩写编码法：是把人们惯用的缩写字母直接用做代码。

信息分类编目的原则：

① 唯一确定性，每一个代码仅表示唯一的实体属性或状态；

② 可扩充性与稳定性；

③ 标准化与通用性；

④ 逻辑性与直观性；

⑤ 精练性。

（3）项目信息管理的目的是为预测未来和正确决策提供科学依据，信息需求分析也应以此为依据。

对信息进行分类的目的是便于信息的管理，其分类可以从多个角度进行：

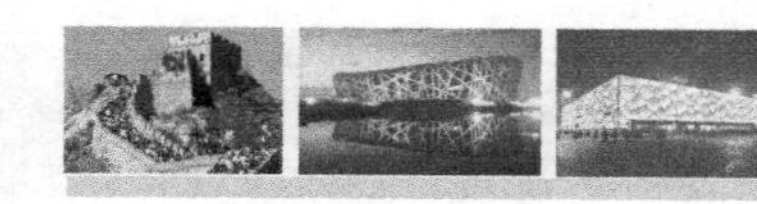

① 按信息来源划分；投资控制信息、进度控制信息、合同管理信息；

② 按信息稳定性划分：固定信息、流动信息；

③ 按信息层次划分：战略性信息、管理性信息、业务性信息；

④ 按信息性质划分；组织类信息、管理类信息、经济类信息、技术类信息；

⑤ 按信息工作流程划分：计划信息、执行信息、检查信息、反馈信息。

（4）项目信息编码系统可以作为组织信息编码系统的子系统，其编码结构应与组织信息编码一致，从而保证组织管理层和项目经理部信息共享。

（5）项目经理部负责收集、整理、管理本项目范围的信息。为了更好地进行项目信息管理，应利用计算机技术，应设项目信息管理员，使用开发项目信息管理系统。

3．项目信息安全

组织应建立系统完善的信息安全管理制度和信息保密制度，严格信息管理程序。

信息可以分类、分级进行管理。保密要求高的信息应按高级别保密要求进行防泄密管理。一般性信息可以采用相应的适宜方式进行管理。

二、建设工程项目的风险管理

1．一般规定

（1）组织建立风险管理体系应与安全管理体系及项目管理规划管理体系相配合，以安全管理部门为主管部门，以技术管理部门为强相关部门，其他部门均为相关部门，通过编制项目管理规划、项目安全技术措施计划及环境管理计划进行风险识别、风险评估、风险转移和风险控制分工，各部门按专业分工进行风险控制。

（2）项目实施全过程的风险识别、风险评估、风险响应和风险控制。既是风险管理的内容，也是风险管理的程序和主要环节。

2．项目风险识别

（1）各种风险是指影响项目目标实现的不利因素，可分为技术的、经济的、环境的及政治的、行政的、国际的和社会的等因素。

（2）风险识别程序中，收集与项目风险有关的信息是指调查、收集与上述各类风险有关的信息。对工程、工程环境、其他各类微观和宏观环境、已建类似工程等，通过调查、研究、座谈、查阅资料等手段进行分析，列出风险因素一览表。确定风险因素是在风险因素一览表草表的基础上，通过甄别、选择、确认，把重要的风险因素筛选出来加以确认，列出正式风险清单。编制项目风险识别报告是在风险清单的基础上，补充文字说明，作为风险管理的基础。

3．项目风险评估

（1）风险等级评估指通过对风险因素形成风险的概率的估计和对发生风险后可能造成的损失量的估计。

（2）风险因素发生的概率应利用已有数据资料和相关专业方法进行估计。

风险因素发生的概率应利用已有数据资料（包括历史资料和类似工程的资料）。相关专业方法主要指概率论方法和数理统计方法。

（3）风险损失量三方面的估计，主要通过分析已经得到的有关信息，结合管理人员的

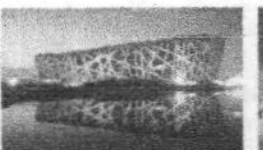

经验对损失量进行综合判断。通常采用专家预测方法、趋势外推法预测、敏感性分析和盈亏平衡分析、决策树等方法。

（4）组织进行风险分级时可使用表A-1。

表A-1　风险等级评估表

风险等级 后果 / 可能性	轻度损失	中度损失	重大损失
很　大	Ⅲ	Ⅳ	Ⅴ
中　等	Ⅱ	Ⅲ	Ⅳ
极　小	Ⅰ	Ⅱ	Ⅲ

表中：Ⅰ—可忽略风险；Ⅱ—可容许风险；Ⅲ—中度风险，Ⅳ—重大风险；Ⅴ—不容许风险。

在风险评估的基础上，自大到小排队形成风险评估一览表。

风险分类和风险排序的方法、标准等，企业在风险管理程序中进行了规定，但针对具体的项目策划时还应对其进行审查，提出要求，以适合该项目。

（5）风险评估报告是在风险识别报告，风险概率分析、风险损失量分析和风险分级的基础上，加以系统整理和综合说明而形成的。

4．项目风险响应

（1）确定针对项目风险的对策可利用表A-2的提示设计。

表A-2　风险控制对策表

风 险 等 级	控 制 对 策
Ⅰ可忽略的	不采取控制措施且不必保留文件记录
Ⅱ可容许的	不需要另外的控制措施，但应考虑效果更佳的方案或不增加额外成本的改进措施，并监视该控制措施的兑现
Ⅲ中度的	应努力降低风险，仔细测定并限定预防成本，在规定期限内实施降低风险的措施
Ⅳ重大的	直至风险降低后才能开始工作。为降低风险，有时配给大量的资源。如果风险涉及正在进行的工作时，应采取应急措施。
Ⅴ不容许的	只有当风险已经降低时，才能开始或继续工作。如果无限的投入也不能降低风险，就必须禁止工作

（2）风险规避即采取措施避开风险。方法有主动放弃或拒绝实施可能导致风险损失的方案、制定制度禁止可能导致风险的行为或事件发生等。

风险减轻可采用损失预防和损失抑制方法。

风险自留即承担风险，需要投入财力才能承担得起。

风险转移指采用合同的方法确定由对方承担风险；采用保险的方法把风险转移给保险组织，采用担保的方法把风险转移给担保组织等。

组合策略是同时采用以上两种或两种以上策略。

（3）项目风险响应的结果应形成以项目风险管理计划为代表的书面文件，其中应详细说明风险管理目标、范围、职责、对策的措施、方法、定型和定量计算，可行性以及需要的条件和环境等。

5．项目风险控制

组织进行风险控制应做好的工作包括：收集和分析与项目风险相关的各种信息，获取风险信号；预测未来的风险并提出预警。这些工作的结果应反映在项目进展报告中，构成项目进展报告内容的一部分。

组织对可能出现的风险因素进行监控依靠风险管理体系，建立责任制和风险监控信息传输体系。

应急计划也可称为应急预案，其编制要求如下。

（1）应依据政府有关文件制定：

① 中华人民共和国国务院第373号《特种设备安全监察条例》；

② 《职业健康安全管理体系要求》（GB/T 28001）；

③ 环境管理体系系列标准（GB/T 24000）；

④ 《施工企业安全生产评价标准》（JGJ/T 77）。

（2）编制程序：

① 成立预案编制小组；

② 制定编制计划；

③ 现场调查，收集资料；

④ 环境因素或危险源的辨识和风险评价；

⑤ 控制目标、能力与资源的评估；

⑥ 编制应急预案文件；

⑦ 应急预案评估；

⑧ 应急预案发布。

（3）应急预案的编写内容：

① 应急预案的目标；

② 参考文献；

③ 适用范围；

④ 组织情况说明；

⑤ 风险定义及其控制目标；

⑥ 组织职能（职责）；

⑦ 应急工作流程及其控制；

⑧ 培训；

⑨ 演练计划；

⑩ 演练总结报告。

三、建设工程项目的沟通管理

1．一般规定

（1）项目沟通与协调管理体系分为沟通计划编制、信息分发与沟通计划的实施、检查评价与调整和沟通管理计划结果四大部分。在项目实施过程中，信息沟通包括人际沟通和组织沟通与协调。项目组织应根据建立的项目沟通管理体系，建立健全各项管理制度，应当从整体利益出发，运用系统分析的思想和方法，全过程、全方位地进行有效管理。项目沟通与协调管理应贯穿于建设工程项目实施的全过程。

（2）项目沟通与协调的对象应是与项目有关的内、外部的组织和个人。

① 项目内部组织是指项目内部各部门、项目经理部、企业和班组。

项目内部个人是指项目组织成员、企业管理人员、职能部门成员和班组人员。

② 项目外部组织和个人是指建设单位及有关人员、勘察设计单位及有关人员、监理单位及有关人员、咨询服务单位及有关人员、政府监督管理部门及有关人员等。

项目组织应通过与各相关方的有效沟通与协调，取得各方的认同、配合和支持，达到解决问题、排除障碍、形成合力、确保建设工程项目管理目标实现的目的。

2．项目沟通程序和内容

（1）组织应根据项目具体情况，建立沟通管理系统，制定管理制度，并及时明确沟通与协调的内容、方式、渠道和所要达到的目标。

项目组织沟通的内容包括组织内部、外部的人际沟通和组织沟通。

人际沟通就是个体人之间的信息传递，组织沟通是指组织之间的信息传递。

沟通方式分为正式沟通和非正式沟通；上行沟通、下行沟通和平行沟通；单向沟通与双向沟通；书面沟通和口头沟通；言语沟通和体语沟通等方式。

沟通渠道是指项目成员为解决某个问题和协调某一方面的矛盾而在明确规定的系统内部进行沟通协调工作时，所选择和组建的信息沟通网络。沟通渠道分为正式沟通渠道和非正式沟通渠道两种。每一种沟通渠道都包含多种沟通模式。

（2）组织为了做好项目每个阶段的工作，以达到预期的标准和效果，应在项目部门内、部门与部门之间，以及项目与外界之间建立沟通渠道，快速、准确地传递信息和沟通信息，以使项目内务部门达到协调一致，并且使项目成员明确自己的职责，了解自己的工作对组织目标的贡献，找出项目实施的不同阶段出现的矛盾和管理问题，调整和修正沟通计划，控制评价结果。

（3）项目组织应运用各种手段，特别是计算机、互联网平台等信息技术，对项目全过程所产生的各种项目信息进行收集、汇总、处理、传输和应用，进行沟通与协调并形成完整的档案资料。

（4）沟通与协调的内容涉及与项目实施有关的所有信息，包括项目各相关方共享的核心信息以及项目内部和相关组织产生的有关信息。

① 核心信息应包括单位工程施工图纸、设备的技术文件、施工规范、与项目有关的生产计划及统计资料、工程事故报告、法规和部门规章、材料价格和材料供应商、机械设备供应商和价格信息、新技术及自然条件等。

② 取得政府主管部门对该项建设任务的批准文件、取得地质勘探资料及施工许可证、取得施工用地范围及施工用地许可证、取得施工现场附近区域内的其他许可证等。

③ 项目内部信息主要有工程概况信息、施工记录信息、施工技术资料信息、工程协调信息、工程进度及资源计划信息、成本信息、资源需要计划信息、商务信息、安全文明施工及行政管理信息、竣工验收信息等。

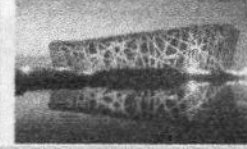

④ 监理方信息主要有项目的监理规划、监理大纲、监理实施细则等。

⑤ 相关方，包括社区居民、分承包方、媒体等提出的重要意见或观点等。

3．项目沟通计划

（1）项目沟通计划是项目管理工作中各组织和人员之间关系能否顺利协调、管理目标能否顺利实现的关键，组织应重视计划和编制工作。编制项目沟通管理计划应由项目经理组织编制。

（2）编制项目沟通管理计划包括确定项目关系人的信息和沟通需求。应主要依据下列资料进行：

① 根据建设、设计、监理单位等组织的沟通要求和规定编制。

② 根据已签订的合同文件编制。

③ 根据项目管理企业的相关制度编制。

④ 根据国家法律法规和当地政府的有关规定编制。

⑤ 根据工程的具体情况编制。

⑥ 根据项目采用的组织结构编制。

⑦ 根据与沟通方案相适用的沟通技术约束条件和假设前提编制。

（3）项目沟通管理计划应与项目管理的组织计划相协调。如应与施工进度、质量、安全、成本、资金、环保、设计变更、索赔、材料供应、设备使用、人力资源、文明工地建设、思想政治工作等组织计划相协调。

（4）项目沟通计划主要指项目的沟通管理计划，应包括下列内容：

① 信息沟通方式和途径。主要说明在项目的不同实施阶段，针对不同的项目相关组织及不同的沟通要求，拟采用的信息沟通方式和沟通途径。即说明信息（包括状态报告、数据、进度计划、技术文件等）流向何人、将采用什么方法（包括书面报告、文件、会议等）分发不同类别的信息。

② 信息收集归档格式。用于详细说明收集和储存不同类别信息的方法。应包括对先前收集和分发材料、信息的更新和纠正。

③ 信息的发布和使用权限。

④ 发布信息说明。包括格式、内容、详细程度以及应采用的准则或定义。

⑤ 信息发布时间。即用于说明每一类沟通将发生的时间，确定提供信息更新依据或修改程序，以及确定在每一类沟通之前应提供的现时信息。

⑥ 更新和修改沟通管理计划的方法。

⑦ 约束条件和假设。

（5）组织应根据项目沟通管理计划规定沟通的具体内容、对象、方式、目标、责任人、完成时间、奖罚措施等，采用定期或不定期的形式对沟通管理计划的执行情况进行检查、考核和评价，并结合实施结果进行调整，确保沟通管理计划的落实和实施。

4．项目沟通依据与方式

（1）项目内部沟通与协调可采用委派、授权、会议、文件、培训、检查、项目进展报告、思想工作、考核与激励及电子媒体等方式进行。

① 项目经理部与组织管理层之间的沟通与协调，主要依据《项目管理目标责任书》，

由组织管理层下达责任目标、指标，并实施考核、奖惩。

② 项目经理部与内部作业层之间的沟通与协调，主要依据《劳务承包合同》和项目管理实施规划。

③ 项目经理部各职能部门之间的沟通与协调，重点解决业务环节之间的矛盾，应按照各自的职责和分工，顾全大局、统筹考虑、相互支持、协调工作。特别是对人力资源、技术、材料、设备、资金等重大问题，可通过工程例会的方式研究解决。

④ 项目经理部人员之间的沟通与协调，通过做好思想政治工作，召开党小组会和职工大会，加强教育培训，提高整体素质来实现。

（2）外部沟通可采用电话、传真、交底会、协商会、协调会、例会、联合检查、项目进展报告等方式进行。

① 施工准备阶段：项目经理部应要求建设单位按规定时间履行合同约定的责任，并配合做好征地拆迁等工作，为工程顺利开工创造条件；要求设计单位提供设计图纸、进行设计交底，并搞好图纸会审；引入竞争机制，采取招标的方式，选择施工分包和材料设备供应商，签订合同。

② 施工阶段：项目经理部应按时向建设、设计、监理等单位报送施工计划、统计报表和工程事故报告等资料，接受其检查、监督和管理；对拨付工程款、设计变更、隐蔽工程签证等关键问题，应取得相关方的认同，并完善相应手续和资料。对施工单位应按月下达施工计划，定期进行检查、评比。对材料供应单位严格按合同办事，根据施工进度协商调整材料供应数量。

③ 竣工验收阶段：按照建设工程竣工验收的有关规范和要求，积极配合相关单位做好工程验收工作，及时提交有关资料，确保工程顺利移交。

（3）项目经理部应编写项目进展报告。项目进展报告应包括下列内容：

① 项目的进展情况。应包括项目目前所处的位置、进度完成情况、投资完成情况等。

② 项目实施过程中存在的主要问题以及解决情况，计划采取的措施。

③ 项目的变更。应包括项目变更申请、变更原因、变更范围及变更前后的情况、变更的批复等。

④ 项目进展预期目标。预期项目未来的状况和进度。

5．项目沟通障碍与冲突管理

（1）信息沟通过程中主要存在语义理解、知识经验水平的限制、知觉的选择性、心理因素的影响、组织结构的影响、沟通渠道的选择、信息量过大等障碍。造成项目组织内部之间、项目组织与外部组织、人与人之间沟通障碍的因素很多，在项目的沟通与协调管理中，应采取一切可能的方法消除这些障碍，使项目组织能够准确、迅速、及时地交流信息，同时保证其真实性。

（2）消除沟通障碍可采用下列方法：

① 应重视双向沟通与协调方法，尽量保持多种沟通渠道的利用、正确运用文字语言等。

② 信息沟通后必须同时设法取得反馈，以弄清沟通方是否已经了解，是否愿意遵循并采取了相应的行动等。

③ 项目经理部应自觉以法律、法规和社会公德约束自身行为，在出现矛盾和问题时，

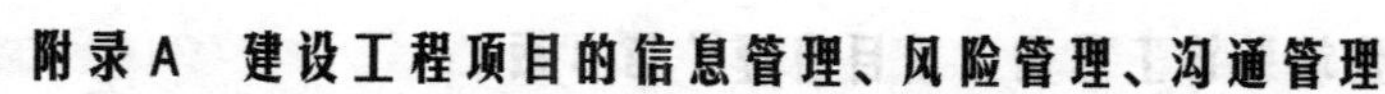

首先应取得政府部门的支持、社会各界的理解，按程序沟通解决；必要时借助社会中介组织的力量，调节矛盾、解决问题。

④ 为了消除沟通障碍，应熟悉各种沟通方式的特点，确定统一的沟通语言或文字，以便在进行沟通时能够采用恰当的交流方式。常用的沟通方式有口头沟通、书面沟通和媒体沟通等。

（3）对项目实施各阶段出现的冲突，项目经理部应根据沟通的进展情况和结果，按程序要求通过各种方式及时将信息反馈给相关各方，实现共享，提高沟通与协调效果，以便及早解决冲突。

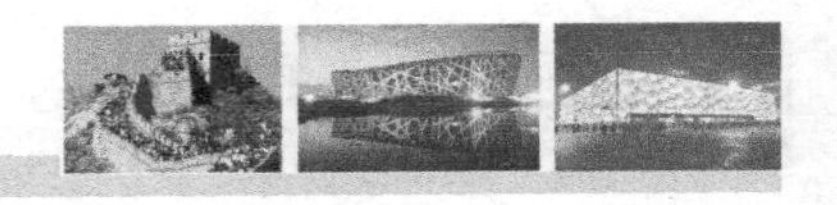

附录B　建设工程监理相关的法律、法规

一、建设工程监理相关的法律、法规以及部门规章

1. 法律

《中华人民共和国建筑法》（简称《建筑法》）。

2. 行政法规

《建设工程质量管理条例》。

3. 部门规章

（1）建设工程监理范围和规模标准规定；

（2）工程监理单位资质管理规定；

（3）监理工程师资格考试和注册试行办法。

二、《建筑法》中有关建设工程监理规定

《建筑法》的第4章，专门针对“建筑工程监理”做出了相关规定。其具体内容如下：

（1）国家推行建筑工程监理制度。国务院可以规定实行强制监理的建筑工程的范围。

（2）实行监理的建筑工程，由建设单位委托具有相应资质条件的工程监理单位监理。建设单位与其委托的工程监理单位应当订立书面委托监理合同。

（3）建筑工程监理应当依据法律、行政法规及有关的技术标准、设计文件和建筑工程承包合同，对承包单位在施工质量、建设工期和建设资金使用等方面，代表建设单位实施监督。工程监理人员认为工程施工不符合工程设计要求、施工技术标准和合同约定的，有权要求建筑施工企业改正。工程监理人员发现工程设计不符合建筑工程质量标准或者合同约定的质量要求的，应当报告建设单位要求设计单位改正。

（4）实施建筑工程监理前，建设单位应当将委托的工程监理单位、监理的内容及监理权限，书面通知被监理的建筑施工企业。

（5）工程监理单位应当在其资质等级许可的监理范围内，承担工程监理业务。工程监理单位应当根据建设单位的委托，客观、公正地执行监理任务。工程监理单位与被监理工程的承包单位以及建筑材料、建筑构配件和设备供应单位不得有隶属关系或者其他利害关系。工程监理单位不得转让工程监理业务。

（6）工程监理单位不按照委托监理合同的约定履行监理义务，对应当监督检查的项目不检查或者不按照规定检查，给建设单位造成损失的，应当承担相应的赔偿责任。工程监理单位与承包单位串通，为承包单位谋取非法利益，给建设单位造成损失的，应当与承包单位承担连带赔偿责任。

三、《建设工程质量管理条例》中有关建设工程监理规定

1.《建设工程质量管理条例》中有关“工程监理单位的质量责任和义务”的规定

《建设工程质量管理条例》的第五章中对“工程监理单位的质量责任和义务”做了明确

规定，具体内容如下：

（1）工程监理单位应当依法取得相应等级的资质证书，并在其资质等级许可的范围内承担工程监理业务。

禁止工程监理单位超越本单位资质等级许可的范围或者以其他工程监理单位的名义承担工程监理业务。禁止工程监理单位允许其他单位或者个人以本单位的名义承担工程监理业务。

工程监理单位不得转让工程监理业务。

（2）工程监理单位与被监理工程的施工承包单位以及建筑材料、建筑构配件和设备供应单位有隶属关系或者其他利害关系的，不得承担该项建设工程的监理业务。

（3）工程监理单位应当依照法律、法规以及有关技术标准、设计文件和建设工程承包合同，代表建设单位对施工质量实施监理，并对施工质量承担监理责任。

（4）工程监理单位应当选派具备相应资格的总监理工程师和（专业）监理工程师进驻施工现场。

未经监理工程师签字，建筑材料、建筑构配件和设备不得在工程上使用或安装，施工单位不得进行下一道工序的施工。未经总监理工程师签字，建设单位不拨付工程款，不进行竣工验收。

（5）监理工程师应当按照工程监理规范的要求，采用旁站、巡视和平行检验等形式，对建设工程实施监理。

2.《建设工程质量管理条例》对工程监理单位作的有关“罚则”的规定

《建设工程质量管理条例》的第八章“罚则”对工程监理单位作了如下规定：

（1）工程监理单位超越本单位资质等级承担监理业务的，责令停止违法行为，对工程监理单位处合同约定的监理酬金1倍以上2倍以下的罚款。

（2）工程监理单位允许其他单位或者个人以本单位名义承揽工程的，责令改正，没收违法所得，对工程监理单位处合同约定的监理酬金1倍以上2倍以下的罚款。

（3）工程监理单位转让工程监理业务的，责令改正，没收违法所得，对工程监理单位处合同约定的监理酬金 25%以上 50%以下的罚款；可以责令停业整顿，降低资质等级；情节严重的，吊销资质证书。

（4）工程监理单位与建设单位或施工单位串通，弄虚作假、降低工程质量的，或者将不合格的建设工程、建筑材料、建筑构配件和设备按照合格签字的，责令改正，处 50 万元以上 100 万元以下的罚款，降低资质等级或者吊销资质证书；有违法所得的，予以没收；造成损失的，承担连带责任。

（5）工程监理单位与被监理工程的施工承包单位以及建筑材料、建筑构配件和设备供应单位有隶属关系或者其他利害关系承担该项建设工程的监理业务的，责令改正，处 5 万元以上10万元以下的罚款，降低资质等级或者吊销资质证书；有违法所得的，予以没收。

（6）监理工程师（注册执业人员）因过错造成质量事故的，责令停止 1 年；造成重大质量事故的，吊销执资格证书，5年以内不予注册；情节特别恶劣的，终身不予注册。

（7）工程监理单位违反国家规定，降低工程质量标准，造成重大安全事故，构成犯罪的，对直接责任人员依法追究刑事责任。

（8）工程监理单位的工作人员因调动工作、退休等原因离开单位后，被发现在该单位

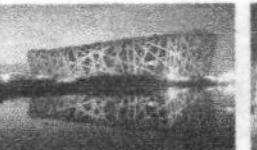

工作期间违反国家有关建设工程质量管理规定造成重大工程质量事故的，仍应当依法追究法律责任。

四、《建设工程监理规范》要点

1．建设工程监理规范对“项目监理机构”的有关规定

（1）监理单位履行施工阶段的委托监理合同时，必须在施工现场建立项目监理机构。项目监理机构在完成委托监理合同约定的监理工作后可撤离施工现场。

（2）项目监理机构的组织形式和规模，应根据委托监理合同规定的服务内容、服务期限、工程类别、规模、技术复杂程度、工程环境等因素确定。

（3）监理人员应包括总监理工程师、专业监理工程师和监理员，必要时可配备总监理工程师代表。

总监理工程师应由具有三年以上同类工程监理工作经验的人员担任；总监理工程师代表应由具有二年以上同类工程监理工作经验的人员担任；专业监理工程师应由具有一年以上同类工程监理工作经验的人员担任。

项目监理机构的监理人员应专业配套、数量满足工程项目监理工作的需要。

（4）监理单位应于委托监理合同签订后十天内将项目监理机构的组织形式、人员构成及对总监理工程师的任命书面通知建设单位。当总监理工程师需要调整时，监理单位应征得建设单位同意并书面通知建设单位；当专业监理工程师需要调整时，总监理工程师应书面通知建设单位和承包单位。

2．建设工程监理规范对“监理规划”的有关规定

（1）监理规划的编制应针对项目的实际情况，明确项目监理机构的工作目标，确定具体的监理工作制度、程序、方法和措施，并应具有可操作性。

（2）监理规划编制的程序与依据应符合下列规定：

① 监理规划应在签订委托监理合同及收到设计文件后开始编制，完成后必须经监理单位技术负责人审核批准，并应在召开第一次工地会议前报送建设单位；

② 监理规划应由总监理工程师主持、专业监理工程师参加编制；

③ 编制监理规划应依据：建设工程的相关法律、法规及项目审批文件；与建设工程项目有关的标准、设计文件、技术资料；监理大纲、委托监理合同文件以及与建设工程项目相关的合同文件。

（3）监理规划应包括以下主要内容：

① 工程项目概况；

② 监理工作范围；

③ 监理工作内容；

④ 监理工作目标；

⑤ 监理工作依据；

⑥ 项目监理机构的组织形式；项目监理机构的人员配备计划；

⑦ 项目监理机构的人员岗位职责；监理工作程序；

⑧ 监理工作方法及措施；

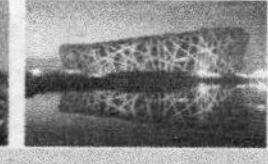

⑨ 监理工作制度；

⑩ 监理设施。

（4）在监理工作实施过程中，如实际情况或条件发生重大变化而需要调整监理规划时，应由总监理工程师组织专业监理工程师研究修改，按原报审程序经过批准后报建设单位。

3．建设工程监理规范对“监理实施细则”的有关规定

（1）对中型及以上或专业性较强的工程项目，项目监理机构应编制监理实施细则。监理实施细则应符合监理规划的要求，并应结合工程项目的专业特点，做到详细具体、具有可操作性。

（2）监理实施细则的编制程序与依据应符合下列规定：

① 监理实施细则应在相应工程施工开始前编制完成，并必须经总监理工程师批准；

② 监理实施细则应由专业监理工程师编制；

③ 编制监理实施细则的依据：已批准的监理规划；与专业工程相关的标准、设计文件和技术资料；施工组织设计。

（3）监理实施细则应包括下列主要内容：

① 专业工程的特点；

② 监理工作的流程；

③ 监理工作的控制要点及目标值；

④ 监理工作的方法及措施。

（4）在监理工作实施过程中，监理实施细则应根据实际情况进行补充、修改和完善。

4．建设工程监理规范对“施工阶段的监理工作”的有关规定

1）制定监理工作程序的一般规定

（1）制定监理工作总程序应根据专业工程特点，并按工作内容分别制定具体的监理工作程序。

（2）制定监理工作程序应体现事前控制和主动控制的要求。

（3）制定监理工作程序应结合工程项目的特点，注重监理工作的效果。监理工作程序中应明确工作内容、行为主体、考核标准、工作时限。

（4）当涉及建设单位和承包单位的工作时，监理工作程序应符合委托监理合同和施工合同的规定。

（6）在监理工作实施过程中，应根据实际情况的变化对监理工作程序进行调整和完善。

2）施工准备阶段的监理工作

（1）在设计交底前，总监理工程师应组织监理人员熟悉设计文件，并对图纸中存在的问题通过建设单位向设计单位提出书面意见和建议。

（2）项目监理人员应参加由建设单位组织的设计技术交底会，总监理工程师应对设计技术交底会议纪要进行签认。

（3）工程项目开工前，总监理工程师应组织专业监理工程师审查承包单位报送的施工组织设计（方案）报审表，提出审查意见，并经总监理工程师审核、签认后报建设单位。

（4）工程项目开工前，总监理工程师应审查承包单位现场项目管理机构的质量管理体系、技术管理体系和质量保证体系，确保工程项目施工质量时予以确认。

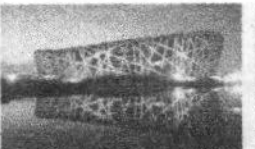

（5）分包工程开工前，专业监理工程师应审查承包单位报送的分包单位资格报审表和分包单位有关资质资料，符合有关规定后，由总监理工程师予以签认。

（6）专业监理工程师应按以下要求对承包单位报送的测量放线控制成果及保护措施进行检查，符合要求时，专业监理工程师对承包单位报送的施工测量成果报验申请表予以签认。

（7）专业监理工程师应审查承包单位报送的工程开工报审表及相关资料，具备开工条件时，由总监理工程师签发，并报建设单位。

（8）工程项目开工前，监理人员应参加由建设单位主持召开的第一次工地会议。

（9）第一次工地会议纪要应由项目监理机构负责起草，并经与会各方代表会签。

3）工地例会

（1）在施工过程中，总监理工程师应定期主持召开工地例会。会议纪要应由项目监理机构负责起草，并经与会各方代表会签。

（2）总监理工程师或专业监理工程师应根据需要及时组织专题会议，解决施工过程中的各种专项问题。

4）工程质量控制工作

（1）在施工过程中，当承包单位对已批准的施工组织设计进行调整、补充或变动时，应经专业监理工程师审查，并应由总监理工程师签认。

（2）专业监理工程师应要求承包单位报送重点部位、关键工序的施工工艺和确保工程质量的措施，审核同意后予以签认；当承包单位采用新材料、新工艺、新技术、新设备时，专业监理工程师应要求承包单位报送相应的施工工艺措施和证明材料，组织专题论证，经审定后予以签认。

（3）专业监理工程师应从以下的方面对承包单位的试验室进行考核：

试验室的资质等级及其试验范围；法定计量部门对试验设备出具的计量检定证明；试验室的管理制度；试验人员的资格证书；本工程的试验项目及其要求。

（4）专业监理工程师应对承包单位报送的拟进场工程材料、构配件和设备的工程材料/构配件/设备报审表及其质量证明资料进行审核，并对进场的实物按照委托监理合同约定或有关工程质量管理文件规定的比例采用平行检验或见证取样方式进行抽检。

对未经监理人员验收或验收不合格的工程材料、构配件、设备，监理人员应拒绝签认，并应签发监理工程师通知单，书面通知承包单位限期将不合格的工程材料、构配件、设备撤出现场。

（5）项目监理机构应对承包单位在施工过程中报送的施工测量放线成果进行复验和确认；项目监理机构应定期检查承包单位的直接影响工程质量的计量设备的技术状况。

（6）总监理工程师应安排监理人员对施工过程进行巡视和检查。对隐蔽工程的隐蔽过程、下道工序施工完成后难以检查的重点部位，专业监理工程师应安排监理员进行旁站。

（7）专业监理工程师应根据承包单位报送的隐蔽工程报验申请表和自检结果进行现场检查，符合要求予以签认。

对未经监理人员验收或验收不合格的工序，监理人员应拒绝签认，并要求承包单位严禁进行下一道工序的施工。

（8）专业监理工程师应对承包单位报送的分项工程质量验评资料进行审核，符合要求后予以签认；总监理工程师应组织监理人员对承包单位报送的分部工程和单位工程质量验评资料进行审核和现场检查，符合要求后予以签认。

（9）对施工过程中出现的质量缺陷，专业监理工程师应及时下达监理工程师通知，要求承包单位整改，并检查整改结果；监理人员发现施工存在重大质量隐患，可能造成质量事故或已经造成质量事故，应通过总监理工程师及时下达工程暂停令，要求承包单位停工整改。整改完毕并经监理人员复查，符合规定要求后，总监理工程师应及时签署工程复工报审表。总监理工程师下达工程暂停令和签署工程复工报审表，宜事先向建设单位报告。

（10）对需要返工处理或加固补强的质量事故，总监理工程师应责令承包单位报送质量事故调查报告和经设计单位等相关单位认可的处理方案，项目监理机构应对质量事故的处理过程和处理结果进行跟踪检查和验收。

总监理工程师应及时向建设单位及本监理单位提交有关质量事故的书面报告，并应将完整的质量事故处理记录整理归档。

5）工程造价控制工作

（1）项目监理机构应按下列程序进行工程计量和工程款支付工作：

承包单位统计经专业监理工程师质量验收合格的工程量，按施工合同的约定填报工程量清单和工程款支付申请表；专业监理工程师进行现场计量，按施工合同的约定审核工程量清单和工程款支付申请表，并报总监理工程师审定；总监理工程师签署工程款支付证书，并报建设单位。

（2）项目监理机构应按下列程序进行竣工结算：

承包单位按施工合同规定填报竣工结算报表；专业监理工程师审核承包单位报送的竣工结算报表；总监理工程师审定竣工结算报表，与建设单位、承包单位协商一致后，签发竣工结算文件和最终的工程款支付证书报建设单位。

（3）项目监理机构应依据施工合同有关条款、施工图，对工程项目造价目标进行风险分析，并应制定防范性对策。

（4）总监理工程师应从造价、项目的功能要求、质量和工期等方面审查工程变更的方案，并宜在工程变更实施前与建设单位、承包单位协商确定工程变更的价款。

（5）项目监理机构应按施工合同约定的工程量计算规则和支付条款进行工程量计量和工程款支付。

（6）专业监理工程师应及时建立月完成工程量和工作量统计表，对实际完成量与计划完成量进行比较、分析，制定调整措施，并应在监理月报中向建设单位报告。

（7）专业监理工程师应及时收集、整理有关的施工和监理资料，为处理费用索赔提供证据。

（8）项目监理机构应及时按施工合同的有关规定进行竣工结算，并应对竣工结算的价款总额与建设单位和承包单位进行协商。当无法协商一致时，应按“建设工程监理规范”中“合同争议的调解”的规定进行处理。

（9）未经监理人员质量验收合格的工程量，或不符合施工合同规定的工程量，监理人员应拒绝计量和该部分的工程款支付申请。

6）工程进度控制工作

（1）项目监理机构应按下列程序进行工程进度控制：

总监理工程师审批承包单位报送的施工总进度计划；总监理工程师审批承包单位编制

的年、季、月度施工进度计划；专业监理工程师对进度计划实施情况检查、分析；当实际进度符合计划进度时，应要求承包单位编制下一期进度计划；当实际进度滞后于计划进度时，专业监理工程师应书面通知承包单位采取纠偏措施并监督实施。

（2）专业监理工程师应依据施工合同有关条款、施工图及经过批准的施工组织设计制定进度控制方案，对进度目标进行风险分析，制定防范性对策，经总监理工程师审定后报送建设单位。

（3）专业监理工程师应检查进度计划的实施，并记录实际进度及其相关情况，当发现实际进度滞后于计划进度时，应签发监理工程师通知单指令承包单位采取调整措施。当实际进度严重滞后于计划进度时应及时报总监理工程师，由总监理工程师与建设单位商定采取进一步措施。

（4）总监理工程师应在监理月报中向建设单位报告工程进度和所采取进度控制措施的执行情况，并提出合理预防由建设单位原因导致的工程延期及其相关费用索赔的建议。

7）竣工验收

（1）总监理工程师应组织专业监理工程师，依据有关法律、法规、工程建设强制性标准、设计文件及施工合同，对承包单位报送的竣工资料进行审查，并对工程质量进行竣工预验收。对存在的问题，应及时要求承包单位整改。整改完毕由总监理工程师签署工程竣工报验单，并应在此基础上提出工程质量评估报告。工程质量评估报告应经总监理工程师和监理单位技术负责人审核签字。

（2）项目监理机构应参加由建设单位组织的竣工验收，并提供相关监理资料。对验收中提出的整改问题，项目监理机构应要求承包单位进行整改。工程质量符合要求，由总监理工程师会同参加验收的各方签署竣工验收报告。

8）工程质量保修期的监理工作

（1）监理单位应依据委托监理合同约定的工程质量保修期监理工作的时间、范围和内容开展工作。

（2）承担质量保修期监理工作时，监理单位应安排监理人员对建设单位提出的工程质量缺陷进行检查和记录，对承包单位进行修复的工程质量进行验收，合格后予以签认。

（3）监理人员应对工程质量缺陷原因进行调查分析并确定责任归属，对非承包单位原因造成的工程质量缺陷，监理人员应核实修复工程的费用和签署工程款支付证书，并报建设单位。

五、《房屋建筑工程施工旁站监理管理办法》的有关规定

为了提高建设工程质量，建设部于 2002 年 7 月 17 日颁布了《房屋建筑工程施工旁站监理管理办法（试行）》。该规范性文件要求建设工程监理单位在工程施工阶段实行旁站监理，并明确了旁站监理的工作程序、内容，以及旁站监理人员的职责。

1．旁站监理的概念

旁站监理是指监理人员在工程施工阶段，对建设工程的关键部位、关键工序的施工质量实施全过程现场跟班的监督管理活动。旁站监理是控制工程施工质量的重要手段之一。旁站监理产生的记录则是确认建设工程相关部位工程质量的重要依据。

在实施旁站监理工作中，建设工程的关键部位、关键工序，必须结合具体的专业工程来予以确定。如房屋建筑工程的关键部位、关键工序包括两类内容，一是基础工程类：土方回填，混凝土灌注桩浇筑，地下连续墙、土钉墙、后浇带及其他结构混凝土、防水混凝土浇筑，卷材防水层细部构造处理，钢结构安装；二是主体结构工程类：梁柱节点钢筋隐蔽过程，混凝土浇筑，预应力张拉，装配式结构安装，钢结构安装，网架结构安装，索膜安装。至于其他部位或工序是否需要旁站监理，可由建设单位与监理单位根据工程具体情况协商确定。

2．旁站监理程序

旁站监理一般按下列程序实施：

（1）监理单位制定旁站监理方案，明确旁站监理的范围、内容、程序和旁站监理人员职责，并编入监理规划中。旁站监理方案同时送建设单位、施工企业和工程所在地的建设行政主管部门或其委托的工程质量监督机构各一份。

（2）施工企业根据监理单位制定的旁站监理方案，在需要实施旁站监理的关键部位、关键工序进行施工前24小时，书面通知监理单位派驻工地的项目监理机构。

（3）项目监理机构安排旁站监理人员按照旁站监理方案实施旁站监理。

3．旁站监理人员的工作内容和职责

（1）检查施工企业现场质检人员到岗、特殊工种人员持证上岗以及施工机械、建筑材料准备情况。

（2）在现场跟班监督关键部位、关键工序的施工执行施工方案以及工程建设强制性标准情况。

（3）核查进场建筑材料、建筑构配件、设备和商品混凝土的质量检验报告等，并可在现场监督施工企业进行检验或者委托具有资格的第三方进行复验。

（4）做好旁站监理记录和监理日记，保存旁站监理原始资料。

如果旁站监理人员或施工企业现场质检人员未在旁站监理记录上签字，则施工企业不能进行下一道工序施工，监理工程师或者总监理工程师也不得在相应文件上签字。

旁站监理人员在旁站监理时，如果发现施工企业有违反工程建设强制性标准行为的，有权制止并责令施工企业立即整改；如果发现施工企业的施工活动已经或者可能危及工程质量的，应当及时向监理工程师或者总监理工程师报告，由总监理工程师下达局部暂停施工指令或者采取其他应急措施，制止危害工程质量的行为。

附录C 综合实例——某酒店装饰工程施工项目管理实施规划

第1章 工程概况及特点

1.1 工程概况

1.1.1 工程简述

本工程为某酒店7～11层客房装饰工程，建筑面积约7 500 m²。7～9、11层有：双人标准客房18间、单人客房7间、双人房两间、套房两间；10层有：双人标准客房15间、单人客房7间、豪华套房2间。

1.1.2 施工现场情况

本工程土建部分已完成。施工范围内的具体位置及交付中标单位施工安排的最终用地范围由建设单位确定，建筑轴线由建设单位提供。施工范围场外道路可通行大型车辆，可供施工设备及材料进场，建设单位提供管径为ϕ50 mm的施工用水，临时用电电源接到各楼层的配电箱，施工用电负荷为200 kW。

1.1.3 建筑及装饰

本工程建筑装饰做法如表C-1和表C-2所示。

表C-1 7～9, 11层建筑装饰做法

序号	名称	部位	做法
1	地面	客房、通道	羊毛地毯
2		电梯间、卫生间、楼梯间	大理石、花岗石
3		工具房、开水房、服务用房	耐磨砖
4		楼梯级	梯级石
5	墙面	电梯间、卫生间	大理石
6		包间	织物软包
7		大厅、包间及门	樱桃木饰面板
8		贵客大包间	真皮软包
9		屏风、包间隔扇门窗	艺术玻璃
10		窗	窗帘布
11	天花	客房、通道、电梯间	轻钢龙骨埃特板
12		客房卫生间	铝板
13		公共卫生间	复合铝板
14		客房、电梯间、通道	乳胶漆
15		大厅、包间	石膏天花角线

1.2 工程特点

（1）业主对工程施工工期的期望值比较高，施工工期较短，希望能早日竣工投入使用；

（2）工程质量要求较高，本工程合同要求的质量目标是：装饰和安装工程竣工验收总体必须达到优良工程标准。

（3）施工层段多，工程单体数量多，工作量多且分散；

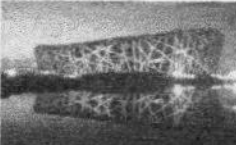

表 C-2　10层建筑装饰做法

序号	名　称	部　　位	做　　法
1	地面	客房、通道	羊毛地毯
2		电梯间、卫生间、楼梯间	大理石、花岗石
3		工具房、开水房、服务用房	耐磨砖
4		楼梯级	梯级石
5	墙面	电梯间、卫生间	大理石
6		豪华套房	织物软包
7		豪华套房	墙纸
8		豪华套房	樱桃木饰面板
9		卫生间门	艺术玻璃
10		窗	窗帘布
11	天花	豪华套房、通道、电梯间	轻钢龙骨埃特板
12		客房卫生间	铝板
13		公共卫生间	复合铝板
14		豪华套房、客房、电梯间、通道	乳胶漆
15		豪华套房	石膏天花角线

（4）水电安装工程较多，工序的交叉施工多。

1.3　自然环境

本工程位于广东省广州市，属亚热带季风性气候，一年四季温差不是很明显，年平均气温 25℃，年最高气温 38℃，最低气温 2℃；就降水而言，一年分为两季，旱季少雨，自10月份至次年3月；雨季自4～9月份，年平均降雨量为2 500 mm，雨量较大。

第2章　施工现场总平面布置图

2.1　总体规划

根据本工程现场的实际情况，将施工所需的生产及生活临时设施均安排在现场，以有利于工程施工快速、顺利地进行。施工总平面布置图如图 C-1 所示。

2.2　生产性临时设施

本工程拟建的生产性临时设施包括：水泥库、机具库、五金加工车间等，详见总平面图。

2.3　生活性临时设施

根据本工程的施工特点及施工现场的实际情况，在施工现场只设置现场办公室、材料仓库、保卫室，现场施工人员在工地附近找宿舍租住。

2.4　材料堆放

利用场地条件，水泥堆置于水泥仓库内，夹板、枋条等木作材料靠在首层临时堆放，并及时转运至各施工楼层，避免日晒雨淋。砂、砖靠近人货梯旁堆放，以取用方便为原则。

2.5　垂直运输机械

考虑到本工程建筑高度较高，并且根据现场施工场地的垂直运输配置情况，主要的垂直运输机械选用一台施工人货梯。

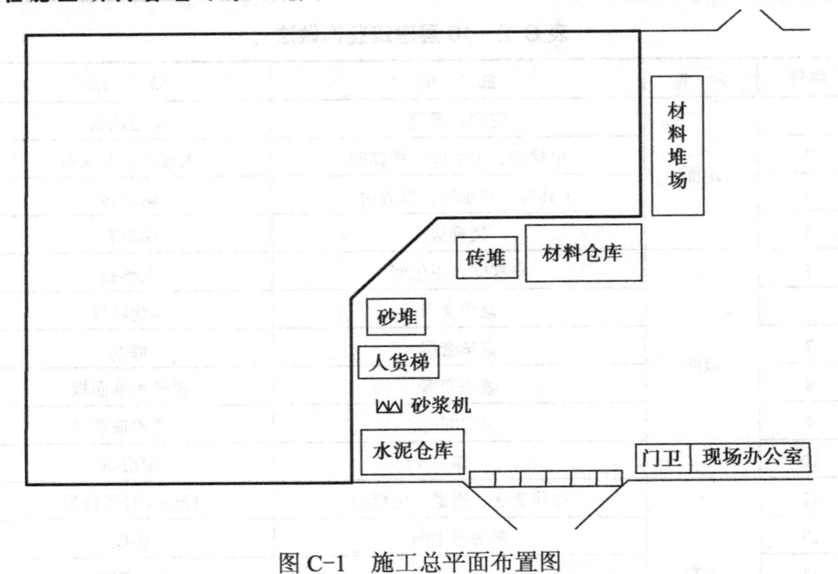

图 C-1　施工总平面布置图

第3章　施工方案

3.1　施工准备

3.1.1　施工场地准备

1．施工现场测量

根据建筑平面图的要求，按照建设单位提供的建筑物内的轴线基点，复核室内的房间尺寸，如有较大的误差，及时与甲方、土建单位沟通，确定修正方案。

2．做好场地清理工作，认真设置消防设施

按照施工总平面图布置，及时进场接通施工所需要的水、电线路，建造临时设施。及时提供建筑材料的试验申请计划，设置消防、保卫措施。

3．做好现场用电、用水、排水的布置

根据施工平面布置电线路向和施工、生活用水。把场区内的施工沉淀后排到市政下水管。

4．建造施工临时设施

按照施工平面图和施工设施需要量计划，建造各项施工临时设施为正式开工做好准备。按施工平面布置图设置各种材料堆场。

5．组织施工机具进场

根据施工机具需要量计划，组织施工机械、设备和工具进场，按规定地点和方式存放，并应进行相应的保养和试运转等工作。

6．组织建筑材料进场

根据材料、构件和制品需要量计划，组织其进场，按规定地点和方式储存或堆放。

7．拟定有关试验、试制项目计划

建筑材料进场后，应进行各项材料的试验、检验。对于新技术项目，应拟定相应试制和试验计划，并均应在开工前实施。

3.1.2　技术资料准备

（1）与甲方办理工地交接手续，现场勘察。

（2）熟悉和审查施工图纸，组织工程部、施工部、质安部进行施工图纸会审，编制施工组织设计，对重点、难点部位编制单项施工工艺方案，并向施工人员进行技术交底。施工现场各级人员必须认真学习图纸、会审记录、施工方案和施工规范等技术文件，减少和避免施工误差。

（3）及时编制施工预算、落实资金使用计划。

（4）做好编制施工进度计划，编制各项材料进场计划。

（5）做好三级安全技术交底工作。

3.1.3 物资准备

（1）组织建筑材料进场。根据材料供应计划分批组织进场，按规定地点储放，并做好遮盖保护，同时对各种进场材料进行抽检试验，对不合格品坚决退货。

（2）组织施工机具进场。按照施工设备表的设备进场时间，做好租赁和购买计划，在现场按规定地点存放和进行安装，并做好相应的保养和试运转工作，为投入使用作准备。

（3）构件和制品加工准备。做好机械进场使用前的检验维修保养和交接工作，确保运转正常。

3.1.4 施工力量的配置

（1）建立项目经理部组织机构。

（2）组织劳动力进场，按各施工阶段劳动力需要量计划，分阶段组织各工种工人进场，并安排好职工生活。

（3）做好职工进场教育工作，进行岗前培训、安全防火和文明施工教育。为落实施工计划和技术责任制，应按管理系统等级进行交底。交底内容包括：工程施工进度计划和月、旬作业计划；各项安全技术措施、质量保证措施；质量标准和验收规范要求；设计变更和技术核定事项等。必要时进行现场示范，同时健全各项规章制度，加强遵纪守法教育。

（4）主要劳动力配置一览表。主要劳动力配置如表C-3所示。

表C-3 主要劳动力配置一览表

序 号	工种名称	施工人数（人）	备 注
1	木作工	45	
2	瓦工	60	
3	油漆工	55	
4	水电安装工	30	
5	放线工	4	
6	电工	3	
7	焊工	1	
8	杂工	10	
9	保卫	6	

3.1.5 主要施工机械设备表

主要施工机械设备如表C-4所示。

表C-4 主要施工机械设备表

序号	名称	规格	单位	数量	备注
1	人货梯		座	1	
2	锯木机		台	10	
3	电焊机	21 kW	台	2	
4	砂浆搅拌机	200 L	台	2	
5	冲击钻		台	6	
6	电钻		台	6	
7	空气压缩机		台	8	
8	气割设备		套	1	
9	电动套丝机		台	1	
10	液压弯管机		台	1	
11	电动切割机		台	2	
12	电动台钻		台	1	
13	电动砂轮机		台	1	
14	拉钉钳		把	3	
15	人货车		台	1	

3.2 施工工序总体安排

3.2.1 施工总体安排

本工程是装修工程，整体工程将遵守“由上而下”的原则进行施工。

基本要求是：上道工序的完成要为下道工序创造施工条件，下道工序的施工要能够保证上道工序的成品完整不受损坏，以减少不必要的返工浪费，确保工程质量。

施工流向是对时间和空间的充分利用，特别是采用立体交叉作业时，合理的施工流向不仅是工程质量的保证，也是安全施工的保证。结合本项目各施工层段的具体情况不同，分别制定如图C-2所示的施工顺序。

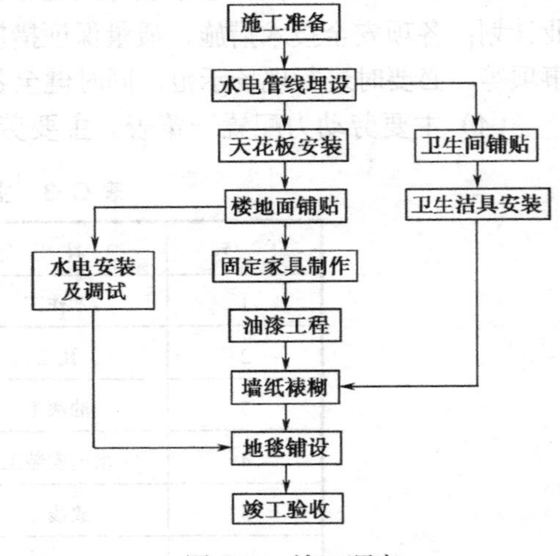

图C-2 施工顺序

3.3 木作工程的施工方法

1．施工准备

木材的木种、规格、等级应按设计图纸要求，并应符合以下规定：

（1）木龙骨一般要烘干，含水率不大于12%，厚度应根据设计要求，不得有腐朽、节疤、劈裂、扭曲等疵病，并预先经防腐处理。

（2）面板采用胶合板，厚度不小于3 mm，颜色、花纹要尽量相似且要纹理顺直、颜色均匀。

（3）辅料有防潮纸、乳胶、钉子、木螺钉、木砂纸、防火涂料、防腐剂等。

2．作业条件

（1）所有需要安装木作的位置应预埋好木砖，当设计无规定预埋时，可用膨胀螺栓安装龙骨。

（2）骨架安装应在门框安装完毕后进行，墙裙应在室内抹灰及地面完成后进行。

（3）木材的干燥应满足规定的含水率，木墙裙龙骨应在需铺贴面刨平后三面刷防腐剂。

（4）所需机具设备要在使用前安装好，接好电源并进行试运转。

（5）施工前应绘制大样图，并应先做样板，经检验合格后才能大面积进行施工。

3．操作工艺

（1）弹线。木作制品应根据设计要求先弹出安装高度的水平线。

（2）制作及安装龙骨。局部木作制品根据高度和房间大小，做成龙骨架，整体或分片安装。横龙骨间距为 300 mm，竖龙骨间距为 400 mm。安装木龙骨必须找方找直，骨架与木砖之间的空隙应垫以木垫，用钉子钉牢。

（3）安装面板。面板均应挑选颜色、花纹近似的用在同一房间内：木板的年轮凸面应向内放置，相邻面板的木纹和色泽应近似。

裁板时要略大于龙骨架的实际尺寸，大面净光，小面刨直，木纹根部向下；长度方向需要对接时，花纹应通顺，其接头位置应避开视线平视范围。

配合好的面板要刨光，经试装合适后，在板背面贴一层防潮纸，即可正式安装。接头处要涂胶黏剂钉牢，固定板钉子长度为板面厚度的2～2.5倍。

4．防止工程质量通病

（1）面层的花纹错乱、颜色不均匀、棱角不直、表面不平、接缝处有黑纹及接缝不严等：主要由于不注意挑选面料和操作粗心。应将木种、颜色、花纹一致的使用在一个房间内；在面板安装时，应先设计好分块尺寸，并将每一块找方找直后试装一次，经调整修理后正式钉装。

（2）木墙裙压顶条粗细不一、高低不平、劈裂等，主要是由于不注意挑选粗细一致和颜色近似的木压条。操作前应拉线检查墙裙顶部是否平直，如有问题及时纠正。

（3）接头不严不平或开裂：主要是由于木料含水率大，干燥后收缩造成。

（4）表面不平：不平的原因往往是由于钉子过小、钉距过大，和漏涂胶黏剂等。

3.4 工程成本的控制措施

（1）为减少材料的损耗，采用定额领料的方法。

（2）加强材料管理制度，特别是按实际进场数量验收，把好原材料质量关，材料的堆放严格按照平面图进行布置，避免二次运输。

（3）采用材料包干的形式施工，实行材料使用奖罚制度。

（4）与施工班组签订合同，实行包干，做到工完场清，减少人工的浪费。

第4章 工期及施工进度计划

4.1 工期规划及要求

本工程招标要求工期为 120 天，计划开工日期为 2013 年 6 月 1 日，我公司经认真核算后计划用 108 天（含施工准备时间）完成本次招标范围内的全部施工内容，与招标工期相比缩短施工工期 12 天。我公司将在本工程上投入足够的劳动力，确保工程按计划完成。

本工程招标文件要求工期较紧，要在保证质量和安全的基础上，确保施工进度，以总进度网络图为依据，按不同施工阶段、不同专业工种分解为不同的进度分目标，以各项技术、管理措施为保证手段，进行施工全过程的动态控制。具体详见图 C-3 所示的施工进度网络图。

4.2 确保工期采取的措施

（1）认真组织好施工前期的准备工作，为提前进入工程的施工创造条件。

① 迅速办理施工许可证、施工标牌和质监手续。

② 抓紧场地的规划，做好临时设施的搭设，迅速将施工用水、用电接至施工层段，并按要求做好水管和线路的安装和架设工作。

③ 迅速组织施工机具、机械和材料进场，并按施工要求就位和堆放。

④ 抓紧图纸会审工作。

（2）配备先进的施工设备，提高施工效率，加快施工进度。

（3）组织充足熟练的劳动力，加强劳动力组织管理，合理安排流水作业，做好各工种、各工序的搭接安排，提高施工生产效率；与班组确定层段完成时间。采取降低施工噪声的措施，每天晚上施工至10点。

（4）加强机械管理和保养工作，确保机械在施工过程中正常运转。

（5）加强计划管理工作，认真编制施工生产计划，计划确定后，必须严格按计划执行，每天检查计划的完成情况，发现问题及时采取措施抢回进度，保证计划的落实。

（6）加强技术管理工作，各关键部位要做好施工方案、做好技术交底及施工过程中各项技术检查工作，认真做好质量安全检查工作。

（7）做好各专业工种的协调工作，统筹安排，密切配合，减少中间环节，确保工程顺利完成。

（8）现场每天下班后组织各工种负责人、各施工班长开碰头会，及时解决施工中存在的问题。

第5章　质量标准、质量保证体系及技术组织措施

5.1 质量标准

本工程的质量标准是：按《建筑装饰装修工程质量验收规范》、《建筑安装工程质量检验评定标准》及有关规范的验收标准为要求，确保达到优良工程标准，争创广东省优良样板工程。

5.2 质量管理机构及主要职责

我公司将本工程作为公司的重点工程项目，组织具有多年大型工程施工经验、计划性强、质量意识强的精英力量负责本工程的施工管理，调动最好的施工队伍，投入先进的施工机械设备，实施 ISO 9001 质量管理体系，科学组织，严格管理，精心施工，做到工程质量责任到人，质量层层把关，严格按照施工图纸及施工规范施工，保证工程质量达到优良。我公司已通过 ISO 9001 质量管理体系认证，并建立有一套完善的质量管理体系。

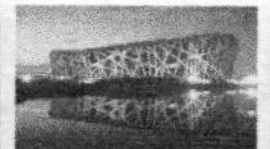

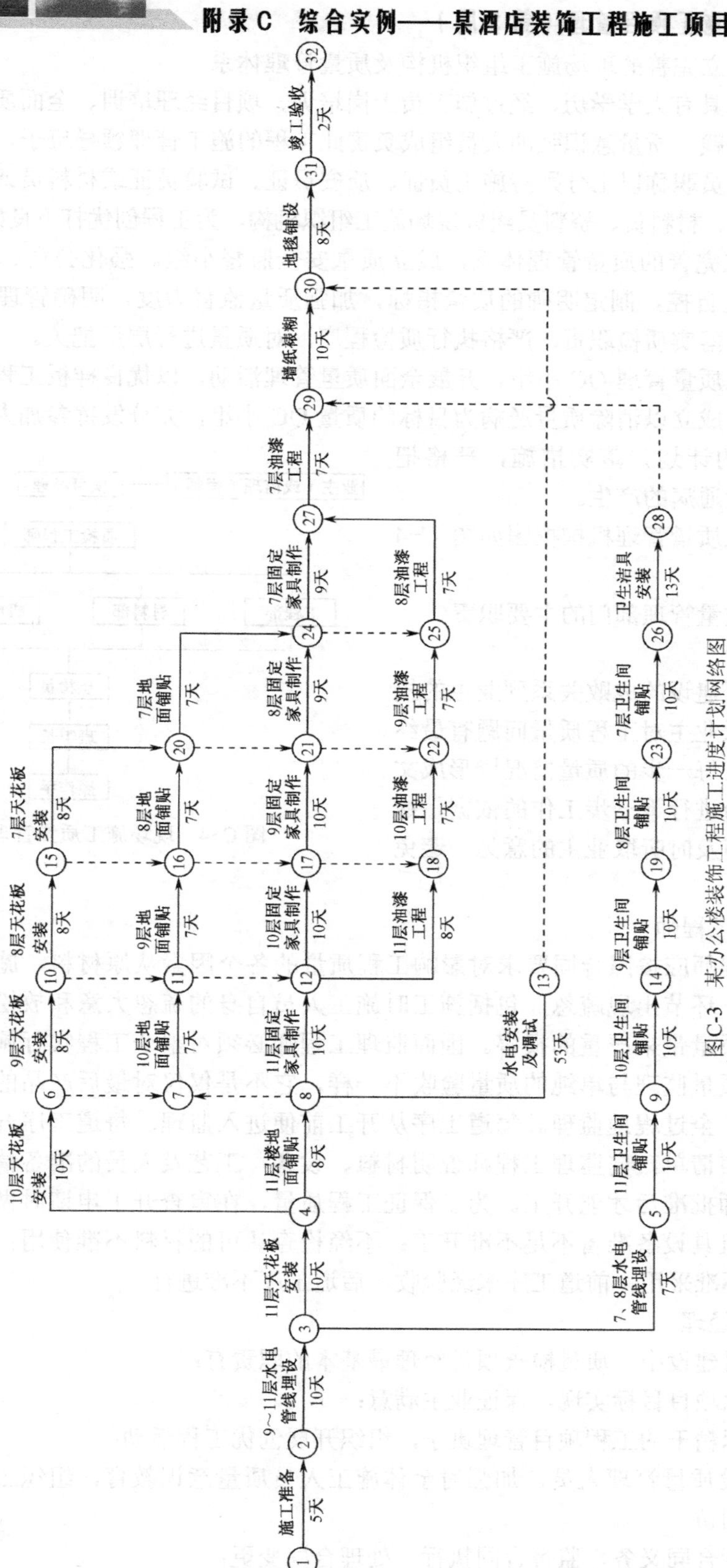

图C-3 某办公楼装饰工程施工进度计划网络图

5.2.1　建立完善的现场施工组织机构及质量管理体系

（1）选择具有大学学历，经过施工员上岗培训、项目经理培训、全面质量管理学习及具备多年施工实践、质量意识强的人员组成负责此工程的施工管理领导班子，并配备具有大中专学历、技术员职称以上分别持施工员证、质安员证、试验员证或材料员证的施工人员、质安员、试验员、材料员、资料员组成现场施工组织机构，为工程创优打下良好的基础。

（2）建立完善的质量管理体系，成立质量安全监督小组。强化公司、项目经理、施工班组三级质量自控，制定明确的质量指标，加强质量监督力度，明确管理人员与质安人员的质检权限，落实质检职责，严格执行质检程序，对质量进行层层把关。

（3）成立质量管理QC小组，开展全面质量管理活动，以优良样板工程为目标，做好创优各项工作。成立以消除质量通病为目标的质量QC小组，充分发挥参加人员的积极性。制定详细周密的计划，落实措施，严格把关，杜绝质量通病的产生。

现场施工质量管理机构框图如图C-4所示。

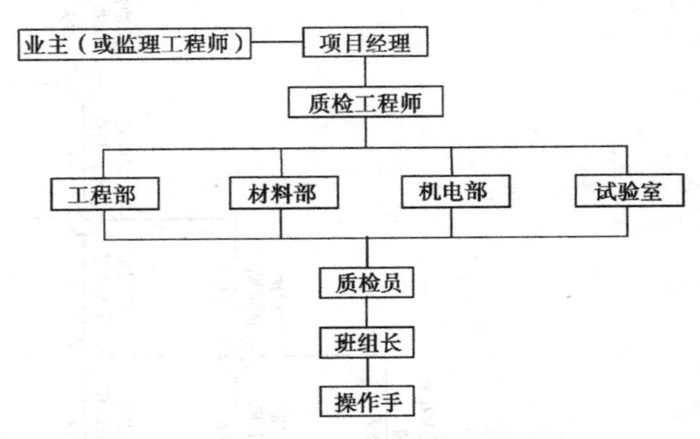

图C-4　现场施工质量管理机构框图

5.2.2　质量管理部门的主要职责

1．业主

一项工程建设的成败关系到业主的投资利益，所以业主对工程质量问题有最终决策权。施工每一步的质量情况皆形成文字资料，作为进行下一步工作的依据，这样便于承包商及时听取业主的意见，避免大量返工。

2．监理工程师

监理工程师应按照合同要求对影响工程质量的各个因素从原材料、施工工艺及成品进行控制。任一环节出现疏忽，包括施工时施工人员自身的疏忽大意和放松质量检查，都会给工程最终质量带来严重的损害。因而监理工程师必须对整个工程实行施工全过程的质量监理。工程质量监理与单纯的质量验收不一样，它不是仅仅对最后产品的检查而是对产品进行全方位、全过程地监理。每道工序从开工前便进入监理。每道工序开工前，承包商必须提出开工申请单，向监理工程师说明材料、设备、工艺及人员的准备情况，开工申请得到监理工程师批准后才能开工。为了保证工程质量，在审查开工申请时做到四个不准：人力、材料、机具设备准备不足不准开工；不经检查认可的材料不准使用；施工工艺未经批准，施工中不准采用；前道工序未经验收，后道工序不准进行。

3．项目经理

工程项目建设中，质量检查项目经理最基本的职责有：

（1）确保项目目标实现，保证业主满意；

（2）组织精干的工程项目管理班子，组织开展创优工程活动；

（3）专设质量管理人员，加强对全体施工人员质量意识教育，组织工程质量检查，组织工程质量回访；

（4）履行合同义务，监督合同执行，处理合同变更；

（5）内部职责包括施工准备、落实材料设备、监督检查、处理关键性问题。

总之，项目经理的职责和任务就是要使项目"优质、高速、低耗"，达到业主的要求。

4．质检工程师

质检工程师负责向工程项目班子所有人员介绍该工程项目的质量控制制度，负责指导和保证此项制度的实施，通过质量控制来保证工程建设满足技术规范和合同规定的质量要求。具体职责有：

研究施工对象的质量要求。

① 在研究本单位或外单位过去质量所存在的问题后，提出施工中质量管理工作的重点；

② 从质量控制的角度出发，对施工组织计划进行审查，提出实现高质量施工方案的建议；

③ 编写质量管理方面的规章制度，包括内部质量控制方面的政策、法规、技术标准、施工规范及实施细则；

④ 组织实施，报告结果；

⑤ 接受工程建设各方关于质量控制的申请和要求，包括向各有关部门传达必要的质量措施。如质检工程师有权停止分包商不符合验收标准的工作，有权决定需要进行实验室分析的项目并亲自准备样品、监督实验工作等。

5．试验室

试验室对工程原材料、半成品、水泥混凝土的内在质量的检验数据负责，包括检测项目取样方法及频度、制件方法、试验方法及原始数据的记录、计算、报告以及对试验结果的误差分析等。

（1）设计检测和试验方案，制定试验检测实施计划。按照规定的检测试验项目、频度及时完成检测试验工作；

（2）根据检测试验标准、规范，制定每一项目检测及试验的操作规程及补充细则，对观感性、描述性的项目要设计制定有效的、标准的评价方式及表达述语；

（3）调查偶然性缺陷的原因，报告调查结果，并随时采取纠正措施；

（4）对所使用的仪器、量具和设备进行计量方面的检定、校准、保养及维修，保证计量设备的计量精度，以求试验结果的正确；

（5）编制检测试验工作的总结报告。

6．机电部

机电部应对机械技术状况的完好性、附件的齐全性以及工作装置调整的正确性负责。设备应保养良好，达到能满足施工规范的技术要求。机电部主管定期向质检工程师提供有关机械完好和技术条件状况的报告。

7．材料部

材料部应对所购进材料的质量负责。所有材料应有出厂质量保证书、合格证及应有的化验报告，并应主动配合试验室进行抽检。

8．工程部

工程部是贯彻执行有关施工、质检的技术标准、规范和规程的部门。质量标准要落实到每一道工序、每个操作人员。每道工序的自检质量日报，由该工序的质检员填写，施工技术负责人审签交质检工程师汇总。工程部负责处理施工质量问题。凡经复检后质检工程师审定不合格的项目，工程技术部主管负责组织修整，直到返工，并提出各级应承担的责任以及处罚意见。工程技术部要在技术措施和工艺措施上保证工程质量，要根据施工技术规范编制操作工艺的实施细则，并在施工人员中宣讲。

9．质检员

质检员是生产班组的质量负责人。一切施工项目和所有工序，都由各质检员每天填报质量日报表。填表的原始数据必须由质检员亲自（或旁站）检测，如实记录，班、组长签认后逐级上报。检测项目和频度，由质检工程师根据施工规范规定。内部质检频度要大于规范的要求。班组长和操作手直接对其所完成的工序的质量负责。每个工人都要熟悉自身工序的施工技术要求、操作规程和验收标准。各工序完工后，由班组长填报“项目质量自检单”，对本工序的质量做出评价。由工序质检员会同试验检测人员对所完成的工作，按自检规定的检测项目和频度进行抽检，并在“项目质量自检单”上如实填写，同时对班组长自检做出评价。自检的项目及频度，由质检工程师根据规范要求及施工条件制定。自检的项目和频度一定要比上报监理工程师的报告加密加多，这是内部质量管理信息系统建立的基础工作。

上述自检单经检测人员、施工操作人员和工序质检员签字后，上报质检工程师。

5.3 质量管理的措施

5.3.1 工程的质量管理检查程序

为了使质量检查机构能够有条不紊地运转，每当一个分部、分项或单位工程完工后，承包商应请业主（或业主委托的监理工程师）对分部、分项或单位工程进行质量检验。承包商向业主（或监理工程师）提出质量检验申请，必须在24小时以内送给业主（或监理工程师）。业主（或监理工程师）必须及时转达有关信息，进行协调工作，避免影响承包商的工作进度及随之而来的索赔。质量检查程序如图C-5所示。

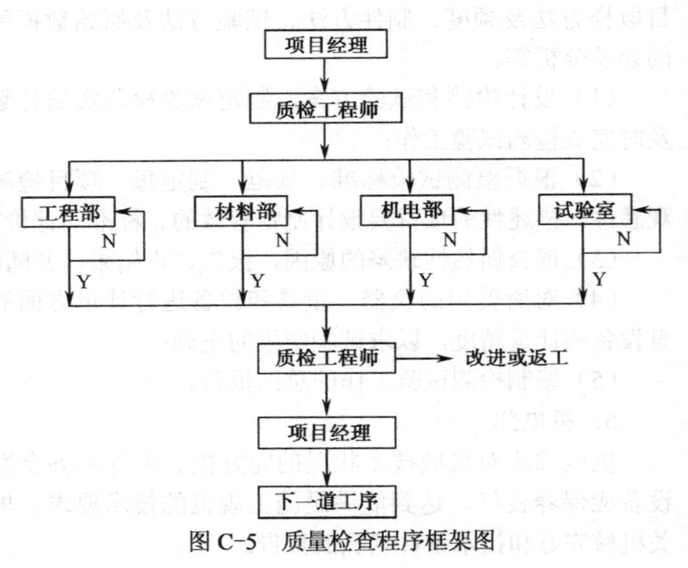

图C-5 质量检查程序框架图

5.3.2 加强技术质量管理的措施

（1）组织工程技术人员认真熟悉图纸、图纸会审记录及施工组织设计，认真学习施工规范及省、市有关消除建筑安装工程质量通病的若干规定。严格按照施工图纸及施工规范施工。

（2）加强岗前培训教育工作，并做好技术交底工作。在施工过程中认真检查执行情况，发现问题及时整改，认真做好工程质量的验收评定工作，并做好验收评定记录。

（3）做好技术交底工作。各项工程施工前，由施工员向施工班组做技术交底，讲明具体操作工艺程序、操作规程、质量要求及注意事项。各工序之间严格执行工序交接制度，做好自检、互检、交接检、部检工作。

（4）加强质量监督检验工作，加强技术复核工作。认真做好隐蔽工程的检查验收，并做好隐蔽工程验收记录，验收合格后方能进行下一道工序的施工。

（5）现场施工员、质安员每天对每个工序要严格履行验收手续。项目经理每周组织一次质量、安全、文明施工大检查，对施工质量、安全、文明施工进行检查、评比、总结、奖罚。公司每月组织一次质量安全大检查和不定期检查。

（6）严把材料质量关。凡进场的原材料、成品、半成品均要有质量合格证或质量检验报告，并按规定要求进行试验，合格后方能使用。并对其品种、规格、标牌、出厂日期、数量等做好验收记录及标识工作。

（7）装修面料均按照招标文件采用优等品，同一品种其规格必须一致，颜色均匀，无色差，必须具有合格证。采购定货时须经甲方、监理和设计单位的认可。

（8）现场施工技术员负责施工抄平、防样、测量工作。技术负责人必须亲自复查，并做好详细记录，以便整理归档，并做好其他技术资料的收集、整理、归档工作。

（9）装修工程要坚持按高标准验收，严格贯彻“把关”和“积极预防”相结合的质量管理方法。坚持预先定标准、定样板、定材料、定做法。特别要实行样板引路，发挥样板的示范作用。

（10）房间先做样板，特殊的房间及采用新材料的装修项目，皆应编制工艺卡，放大样，做好交底。统一配料，做好颜色、规格统一。

（11）砖墙灰缝要密实，竖缝砂浆须饱满。砌筑前，砌块应提前浇水（水浸入砌块体内10～15 mm 为宜。脚手架等孔洞堵塞前应充分湿润，孔底满铺砂浆，然后将水浸泡过的砌块砌入孔内，两侧立缝及上缝均需填满砂浆。

（12）内外墙各抹灰层之间、抹灰层与基层之间，必须黏结牢固，无脱层、空鼓和裂缝等缺陷。抹灰表面应平整、光滑、洁净，接槎平整，阴阳角顺直清晰。

（13）卫生间必须做闭水试验。

（14）配备专职质量检查员和试验员负责对材料、半成品、成品以及砂浆、混凝土的质量检查和试验工作。

（15）配备专职资料员，负责收集、整理、归档工程技术资料，确保工程技术资料符合标准要求。

（16）经常与建设单位、监理、质检站、设计单位等有关单位联系、沟通，共同把好质量关。

第6章 安全目标、安全保证体系及技术组织措施

6.1 安全管理目标

本工程安全目标为杜绝重大安全事故的发生，控制工伤、轻伤频率在1‰内。

6.2 安全管理组织机构及主要职责

6.2.1 安全管理组织机构框图

安全管理组织机构框图如图C-6所示。

6.2.2 安全管理部门及人员的主要职责

1．项目经理职责

（1）负责贯彻执行国家及上级有关安全生产的方针、政策、法律、法规和《建筑施工安全检查标准》及省、市有关文明施工的规定。

（2）督促本项目工程技术人员、工长及班组长在各项目的职责范围内做好安全工作，

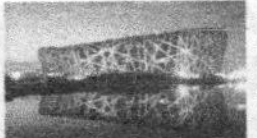

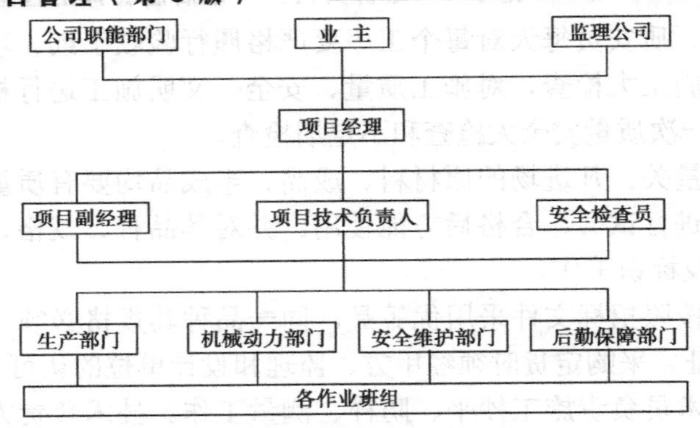

图 C-6 安全管理组织机构框图

不违章指挥。

（3）组织制定或修订项目安全管理制度和安全技术规程，编制项目安全技术措施计划并组织实施。

（4）组织项目工程业务承包，确定安全工作的管理体制，明确各业务承包人的安全责任和考核指标，支持、指导安全管理人员的工作。

（5）健全和完善用工管理手续，如确有分包项目时，必须经公司及业主、监理公司批准。认真做好专业队和上岗人员安全教育，保证他们的健康和安全。

（6）组织落实施工组织设计（或施工方案）中安全技术措施，组织并监督项目工程施工中安全技术交底制度和设备、设施验收制度的实施。

（7）领导、组织施工现场定期的安全生产检查，发现施工生产中的不安全问题，组织制定措施，及时解决，对上级提出的生产与管理方面的问题要定时、定人、定措施予以解决。

（8）用好安全防护措施费，落实安全防护措施，实行安全达标。

（9）项目经理及安全员每天亲临现场巡查工地，发现问题通过整改指令书向工长或班组长交代。

（10）定期召开工地安全工作会，当进度与安全发生矛盾时，必须服从安全。

（11）发生事故，要做好现场保护与抢救工作，及时上报，组织配合事故的调查，认真落实制定的防范措施，吸取事故教训。

2．项目副经理职责

（1）认真执行本企业的领导和安全部门在安全生产方面的指示和规定，对本项目的职工在生产中的安全健康负全面责任。

（2）在计划、布置、检查、总结和评比生产工作的同时计划、布置、检查、总结和评比安全生产工作。

（3）经常检查生产现场和建筑物、机械设备及其安全装置、钢井架、工器具、原材料、成品、工作地点以及生活设施是否符合安全卫生要求。

（4）按时提出本项目安全技术措施计划项目，经上级批准后负责对措施项目的实施。

（5）制定和修订本项目的安全制度，经质安部审查，提出意见，企业主管领导或安委会批准后执行。

（6）经常对本项目职工进行安全生产思想和技术教育，对新调入工人进行安全生产现

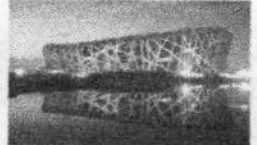

场教育；对特种作业的工作，必须严格训练，经考试合格，并持有操作合格证，方可独立操作。

（7）发生事故时，应及时向主管领导和安全部门报告，并协助企业领导、安全部门进行事故的调查、登记和分析工作。

（8）开展各项工作时，要制定具体的安全管理措施。

（9）每季度向安全第一责任人填报季度报告书。

3．项目工程技术负责人职责

（1）对工程项目生产中的安全生产负技术责任。

（2）贯彻落实安全生产方针、政策，严格执行安全技术规程、规范、标准。结合项目工程特点，主持工程项目的安全技术交底工作。

（3）在参加或组织制定施工组织设计、编制、审查施工方案时，要制定、审查安全技术措施，保证其可行性与针对性，并随时检查、监督、落实。

（4）主持制定技术措施、制定季节性施工方案的同时，制定相应的安全技术措施并监督执行，及时解决执行中出现的问题。

（5）工程项目应用新技术、新工艺、新材料时及时上报，经批准后方可实施，同时要组织上岗人员的安全技术培训、教育，认真执行相应的安全技术措施与安全操作工艺要求，预防施工中因化学物品引起的火灾、中毒或其工艺实施中可能造成的事故。

（6）主持安全防护设施和设备的验收，发现不正常情况应及时采取措施，严禁不合标准要求的防护设备、设施投入使用。

（7）参加安全生产检查，对施工中存在的不安全因素从技术方面提出整改意见和办法予以消除。

（8）参加、配合员工伤亡及重大未遂事故的调查，从技术上分析事故原因，提出防范措施、意见。

4．安全检查员职责

（1）认真执行国家有关安全生产方针、政策和企业各项规章制度。

（2）督促项目财务提出安全技术措施费，做到专款专用。

（3）每天对各施工作业点进行安全检查，掌握安全生产情况，查出事故隐患应及时提出整改意见和措施，制止违章指挥和违章作业，遇有严重险情，有权暂停生产，并报告领导处理。

（4）参加项目组织的定期安全检查，做好检查记录，及时填写隐患整改通知书，并督促认真进行整改。

（5）配合工长开展安全宣传教育活动，特别是要坚持每周一次的安全活动制度，组织班组认真学习安全操作规程。

（6）对劳动保护用品、保健食品和清凉饮料的发放使用，后勤部进行监督检查。

（7）发生因工伤亡及未遂事故要保护现场，立即上报，并如实向事故调查组反映事故情况。

5．施工员职责

（1）认真执行上级有关安全生产规定，对所管辖的班组的安全生产负直接领导责任。

（2）认真执行安全技术措施及安全操作规程，针对生产任务特点，向班组进行书面安

全技术交底，履行签认手续，并对规程、措施、交底要求执行情况经常检查，随时纠正作业违章。

（3）经常检查所辖班组作业环境及各种设备、设施的安全状况，发现问题及时纠正解决。对重点、特殊部位施工，必须检查作业人员及各种设施技术状况是否符合安全要求，严格执行安全技术交底，落实安全技术措施，并监督其执行，做到不违章指挥。

（4）定期和不定期组织所辖班组学习安全操作规程，开展安全教育活动，接受安全部门或人员的安全监督检查，及时解决提出的不安全问题。

（5）对分管工程基础上应用的新材料、新工艺、新技术严格执行申报、审批制度，发现问题，及时停止使用，并上报有关部门或领导。

（6）发生因工伤亡及未遂事故要保护现场，立即上报。

6.3 安全管理制度办法

6.3.1 现场施工安全管理制度

除认真教育工人严格执行国家及企业有关施工安全操作规程和施工安全条例外，还应采取以下措施保证安全施工：

（1）工地建立以项目经理为首的安全生产责任小组和安全检查轮值小组，负责日常的安全生产防火工作。

（2）安全宣传、安全教育、安全交底要落实到每个班组、每个人，施工现场必须按规定配有足够数量的显眼安全标志牌。严格做到安全交底在前，施工操作在后。工人进场前，必须先进行安全教育交底。

（3）落实安全“三宝”使用，凡进入施工现场的人员必须戴安全帽，一切生产人员、工作人员必须穿劳保鞋，严禁穿高跟鞋、拖鞋或赤足操作。在高空作业时必须穿防滑鞋，系安全带，挂好安全网。凡进出入口地段、地面有人员操作地段，均应挂好安全网及设置有安全挡板的施工安全通道。严禁酒后操作。

（4）做好“四口”、“五临边”的安全防护工作，施工现场的楼梯口、预留洞口、通道口、平台口必须设专人及时做好防护围栏工作。各临边靠边的地方，必须先做好安全防范工作，然后才能作业。对各种防护设施和警示、安全标志等不得任意拆除或随意挪动。

（5）管井门口全封闭，并挂安全警示标志。

（6）上下交叉作业要设安全防护。交叉作业时，施工人员应注意操作范围内他人的安全，夜间作业应有足够的照明，对坑槽位置及陡坡应有防护设施或设置警示灯。现场质安人员应经常检查督促，坚决制止一切未做安全防护工作而冒险违章作业的现象。

（7）全部供电线路必须有系统地架设（离地面 2 m 以上），不得乱拉乱接。

（8）供电线路采用“三相五线”制，铁掣箱要设在离地面 1.50 m 高，装设要牢固可靠，掣箱要防火和加锁，要做到一机一闸掣一防漏电开关，不能一掣多机，要做到每闸掣旁标上该闸掣的地段或机械设备。电器设备必须按规定接零接地，每日检查记录一次全部机械设备的接地电阻，并按要求低于 4 Ω。

（9）做好安全用电工作，施工现场的用电线路、用电设施的安装和使用必须符合有关规范和操作规程的规定，操作人员必须持证上岗。使用的电器开关必须经检验合格后方能使用，现场电源电箱及各种用电设备须严格接地接零和安装漏电保护开关。电线、电缆必

须有防磨损、防潮、防断等措施。施工用电与生活用电分开。

（10）所有机具应有防雷、防潮设施和接地接零措施，在潮湿环境下操作电动工具和振动棒等，电源线必须采用防水绝缘胶皮线或电缆。

（11）下班时，机械设备必须全部切断电源，电箱加锁，箱内不准存放杂物。

（12）人货梯必须配备安全装置、防冲顶装置及防堕装置。卷扬机必须设保护装置，并每周检查，预防失灵。还必须安设避雷装置。

（13）施工过程中，管理人员、电工、机械工应不断巡查，发现问题及时整改处理，严格做好安全监护工作。

（14）在现场堆放的材料、设备、构件要整齐稳定，保证通道畅通。

（15）严格本工地的消防保卫工作，在工地各门口应坚持 24 小时的值班制度，好意谢绝外来无关人员进场，以确保安全生产。经常教育进场施工人员，团结互助，以礼待人，杜绝打架现象，并与甲方及有关配合单位一起加强产品保护工作。

6.3.2 施工防火保证措施

（1）成立现场防火领导小组，项目经理任组长，成员由质安员、保卫员、材料员、机电班长、甲方代表等有关人员组成。以贯彻预防为主，消防结合的方针，执行消防制度，制定消防措施，组织消防检查，及时整改隐患，对工人进行防火教育，确保安全防火。

（2）严格执行防火制度，指定专人为安全防火责任人，成立现场防火安全小组。由项目经理任组长，成员由质安员、保卫员、材料员、机电班长等人员组成。

（3）做好防火工作，必须根据易燃建筑面积和易燃材料存放情况，配备足够数量的灭火器材，并悬挂防火标志。外墙脚手架必须在每层配备相应数量的灭火筒，并保持完好的备用状态。执行施工动火审批制度，做到专职专责。

（4）临时供水系统考虑消防用水量及消防用水布置。

（5）建筑物内禁止煮食，禁止乱拉乱接电源，烟头火种不得乱丢，临时住宿应指定地点使用电热器具。

（6）执行安全检查制度，要求班组做到班前班后检查施工现场，发现隐患认真对待及时整改。

（7）现场烧焊作业必须由施工人员办理焊接手续，并送现场保卫人员备案、检查，并派人跟班做好焊后工作，施焊前在焊点 5 米半范围内清理杂物（特别是木屑、木柴）在焊点下有竹木，不能移动清理时，应边淋水边作业。

（8）锯木机操作人员（木工）把木糠、木碎和刨花等杂物每天下班前清理一次，并按指定安全地点堆放好，不得乱倒乱放。

（9）各种电器设备或线路，不得超过安全负荷，各施工段设大闸，各楼层设分闸，以便一旦发生火警时及时拉闸。

（10）加强对碘钨灯和大功率的照明灯具的使用管理、要设专线供电，并要每灯有开关。除电工按规定接设电外，其他人员一律严禁乱拉乱接或移动碘钨灯及其他电器设备。

（11）电房及工地电源线路列入重点，设专人值班管理，非电工人员一律不准入内，电房还要制定防爆措施和严禁烟火措施。

（12）任何人不得随意动用一切消防器材，违者坚决按有关规定处罚。

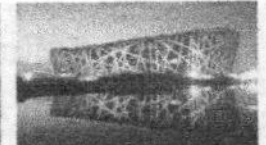

第7章 文明施工及环境保护措施

7.1 加强施工管理、严格环境保护

针对本工程的施工过程特点，在施工过程中应控制好建筑粉尘的污染，降低施工噪声，尽量减少夜间施工。

7.1.1 粉尘控制措施

（1）施工现场场地经常洒水和浇水，减少粉尘污染。

（2）禁止在施工现场焚烧废旧材料，有毒、有害和有恶臭气味的物质。

（3）装卸有粉尘的材料时，应洒水湿润或在仓库内进行。

（4）禁止向建筑物外抛掷垃圾，所有垃圾装袋运走，现场主出入口处设有洗车台位，运输车辆必须洗干净后方能离场上路行驶。在装运建筑物材料、建筑垃圾及工程渣土的时候，派专人负责清扫和冲洗周边道路，保证施工运输途中不污染道路和环境。

（5）在离现场住宅楼较近的侧面采用尼龙彩条布封闭，减少施工粉尘对周围居民的影响。

7.1.2 噪声控制措施

（1）施工中采用低噪声的工艺和施工方法。

（2）建筑施工作业的噪声可能超过建筑施工现场的噪声限值时，在开工前向建设行政主管部门和环保部门申报，核准后方能施工。

（3）合理安排施工工序，严禁在中午（12:00～14:00）和夜间（22:00～次日7:00）进行产生噪声的建筑施工作业。由于施工中不能中断的技术原因和其特殊情况，确需中午或夜间连续施工作业的，在向建设行政主管部门和环保部门申请，取得相应的施工许可证后方可施工，并采用降噪声机具。

（4）所有机具投入使用前必须进行检修，检修合格后方可进场，严禁机械“带病工作”。

（5）教育施工人员不准喧哗吵闹，违者严厉处罚。

7.1.3 夜间施工措施

（1）合理安排施工工序，将施工噪声较大的工序安排在白天工作时间进行。

（2）严格执行前述的“噪声控制措施”。

（3）在施工场地外围进行噪声监测，对于一些产生噪音大的施工机械，应采取有效的措施以减少噪声。

7.2 文明施工目标、文明施工措施

7.2.1 文明施工目标

严格遵照有关建筑工程的文明施工规定组织施工，确保达到文明施工工地的标准。

7.2.2 文明施工措施

（1）进场后，应立即会同建设单位进行现场实地调查，提出相应措施，确保施工安全。

（2）制定工地环境卫生制度和文明施工制度，并由项目经理（负责人）组织实施。主管部门应对制度执行情况实行不定期检查。

（3）严格执行国家有关安全生产和劳动保护的法规，建立安全责任制。加强规范化管理，进行安全交底、安全教育和安全宣传。严格执行技术方案，对施工现场装置的各种安全措施和劳动保护器具，要求定期进行检查和维护，及时消除隐患，保证其安全有效。

（4）施工场地大门侧用砌筑砖墙做为围墙，高度 2.2 m，砖墙用砂浆抹光并粉白表面，

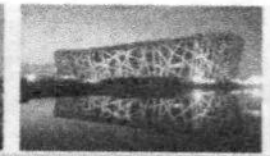

外墙上最醒目处写上建筑物的名称、承建单位的名称及建设单位的名称。

（5）工地大门和门柱应牢固、美观，大门总宽度为 8 m，采用对开封闭式铁板门，采用统一的标准楷体注明：工程名称、建设单位、设计单位、施工单位（同时注明承建单位施工资质等级）；项目经理或施工负责人的姓名；开、竣工日期；施工许可证批准文号和监督电话；安全生产计数牌。

（6）在进入工地后大门口附近醒目处设立正规的宣传栏，专门用于张贴“七牌二图”。其中七牌为：安全生产十大纪律，施工现场十不准，十项安全技术措施，安全生产十大禁令，现场防火须知，安全生产计数牌，工程概况。二图为：施工总平面图和现场卫生分区图。所有牌、图的规格为 600 mm×800 mm，字体采用标准楷体。

（7）施工现场布置中要求：施工区域与非施工区域严格分隔，非施工人员不得擅自进入施工现场；施工区域或危险区域布置醒目的警示标志，并采取安全保护措施；建筑材料在固定场地整齐堆放，未经许可，不在围墙外堆放建材、垃圾等物。

（8）在临时设施的布置方面，要求严格依照施工总平面图布置，临时设施之间要求保持足够的安全、消防和卫生距离。现场办公室要求宽敞、明亮、整洁；墙面、天花板应刷白，在墙面上合理位置悬挂“四牌四表二图一板”。四牌为：技术责任制度牌、安全责任制度牌、消防责任制度牌、文明责任制度牌。四表为：管理人员表、工程概况表、施工进度表、天气晴雨表。二图为：施工平面图、形象进度图。一板为记事板。现场布置一个独立的会议室，开现场会议时使用。

（9）按照卫生、通风和采光照明要求设置临时生活设施。厨房与厕所、垃圾远离，必须卫生、通风、明亮。厕所内要求设置洗手槽，并派专人清扫，不得有异味。

（10）严格按照《中华人民共和国消防条例》的规定，在施工现场建立和执行防火管理制度，设置符合消防要求的消防措施，并保持完好的备用状态，在储存、使用易燃、易爆器材时，必须采取特殊的消防安全措施。

（11）施工现场的用电线路、用电设施的安装和使用必须符合有关规范和操作规程的规定，严禁任意拉线接电，操作人员必须持证上岗。

（12）严格按照施工总平面布置图设置各种设施，对现场进行周密的安排布置，机具、材料分类堆放，做到整齐有序，施工部位做到工完场清；不得随地大小便；做好施工排水，管好施工用水。施工机械进场必须经过安全检查，进场后严格按照施工总平面布置图的位置摆放，施工机械操作人员必须建立机组责任制，并依照规定持证上岗，禁止无证人员操作。

（13）汽车运输砂、渣土等散体物料进出工地时，必须采取遮盖措施，运送途中不得遗撒。在场地出入口处设置洗车槽，开出工地的车辆应清洗后方可上路。

（14）夜间施工要采取有效措施降低施工噪声（如夜间施工尽量少用锯木机、汽车不乱鸣喇叭等），防止打扰附近居民休息。

（15）工地所有管理人员均需佩戴带相片的胸卡，并注明姓名和职务；在所有临时设施门口均设置标志牌，宿舍门外应张贴住宿人员表及宿舍管理规定。

（16）为了更好地完成施工任务，随时掌握施工进度，了解施工管理、安全方面的情况，计划配置电视监控系统一套，对重要场所、施工工作面进行电视监控，做到一有情况，马上知道，马上到现场解决。

总之，在整个施工过程中，努力实现围栏标准化；场地硬底化；厨房、厕所卫生化；宿舍、办公室规范化；外脚手架安全美观化；场容整洁化，力争建立一个良好的施工环境，做好文明施工。

7.3 文明施工考核、管理办法

7.3.1 文明施工管理办法

（1）项目制定配套的文明施工管理制度和文明施工岗位责任制，并制定文明施工奖罚措施，并层层签订施工管理协议书刊号，用经济手段辅助岗位责任制的实施。

（2）各工长必须督促有关作业班组在施工中做到“工完料尽场清”。

（3）做好文明施工，树立企业良好的形象。

① 认真学习《企业形象视觉识别规范手册》的规定，佩戴统一的安全帽，并统一佩戴胸卡或出入证。

② 所有施工人员都必须按《企业形象视觉识别规范手册》的规定设置效能指示牌。

（4）现场要加强管理，使现场做到整齐、干净、节约，施工秩序良好。

（5）施工现场要做到“五有”、“四净三无”、“四清四不见”、“三好”及现场布置做好“四整齐”。

（6）现场施工道路必须保持畅通无阻，保证物资的顺利进场。排水沟必须畅通，无积水。场地整洁，无施工垃圾。

（7）要及时清运施工垃圾。由于该工程量大，周转材料多，施工垃圾多，必须对现场的施工垃圾及时清运。施工垃圾经清运后集中堆放，垃圾严禁向楼下抛扔。集中的垃圾应及时运走，以保持场容的整洁。

（8）项目应当遵守国家有关环境保护的法律，采取有效措施控制现场的各种粉尘、废气、固体废弃物以及噪声振动对环境的污染及危害。

（9）对于施工所用场地及道路应定期洒水，降低灰尘对环境的污染。

（10）除设有符合规定的装置外，不得在施工现场熔化沥青或者焚烧油毡以及其他会产生有毒、有害烟尘和恶臭气体的物质。

（11）对一些产生噪声的施工机械，应采取有效措施，减少噪声。

7.3.2 文明施工考核办法

1．检查时间

项目文明施工管理组每周对现场做一次全面的文明施工检查。公司生产技术部门牵头组织质安部、办公室、材料部、设备科等每月对项目进行一次大检查。要求每次检查评分达到90分以上。

2．检查内容

施工现场的文明施工执行情况。

3．检查依据

按《建筑工地安全文明施工评分标准》及有关部门的规定执行。

4．检查方法

项目文明施工管理组及公司文明施工检查组应定期对项目进行检查。除此之外，还应不定期地进行抽查。每次抽查，应针对上一次检查出的不足之处做重点检查，检查是否认真地做了相应的整改。对于屡次整改不合格的，应当进行相应的惩戒。检查采用评分的方

法，实行百分制记分。每次检查应认真做好记录，指出其不足之处，并限期要求责任人整改合格，项目文明施工管理组及公司文明施工检查组应落实整改的情况。

5．奖惩措施

为了鼓励先进，鞭策后进，应对每次检查中做得好的进行奖励，做得差的应当进行惩罚，并督促其改进。由于项目文明施工管理采用的是分区、分段包干制度，应当将责任落实到每个人身上，明确其责、权、利，实现责、权、利三者挂钩。奖惩措施由项目根据前面所述自行拟定，报公司批准后执行。

第8章　成品保护及工程保修措施

8.1　成品保护措施

成品的保护主要包括已完工的室内装饰、门窗、水电、电梯等。为做好成品的保护，我们采取以下的保护措施：

（1）加强工人的思想教育工作，提高工人的保护成品意识，做到自己自律，并互相监督，爱护自己和别人的劳动成果。

（2）加强保卫力量，建立健全保卫制度，工地实行佩戴出入证上岗，做到出入示证。

（3）成立巡查队，在大楼内不断巡逻检查，杜绝破坏成品的事件发生。

（4）与各施工班组签定施工合约时，双方明确成品保护方面的内容，使班长及班员清楚保护成品的重要性。

8.2　竣工验收后保修的承诺及回访措施

8.2.1　工程保修承诺

我公司承诺本工程竣工验收后一定能按照国家有关规定对工程进行保修。在保修期内，我公司将经常与贵单位保持联系，发现问题及时派出有关人员进场解决。我公司还将实行定期回访制度，做好甲乙双方的沟通工作。

8.2.2　工程回访措施

（1）工程竣工验收、交付使用后，我公司将与单位签订工程保修合同书，并提交《建设工程修理通知书》，在使用过程中若发现工程质量问题时，可通过通知书与我公司联系。

（2）工程交付使用后，我公司至少组织三次回访，第一次在工程经过第一个雨季后，第二次在竣工一年后，第三次在三年后。

（3）当工程发现质量问题后，我公司将在五人内组织有关部门及负责该项目的项目负责人、技术人员、质检员到现场对工程质量进行复查，根据保修合同，对工程质量缺陷进行鉴定，确定工程质量缺陷所产生的原因和责任，并提出修理建议，征得业主同意后即着手进行维修。

（4）工程回访应注意的问题：

① 详细了解建筑物的质量情况，并详细进行记录。

② 业主在使用过程中是否发现问题及问题的处理方法。

③ 对建筑物进行沉降观测，如沉降较大应会同设计单位、使用单位、监理部门一齐查找原因，提出处理办法。

④ 检查建筑物是否有漏水情况，及时组织人员进行修补。

（5）回访由公司质安部组织有关部门及负责项目施工的有关人员，以走访、座谈或电访等方式进行，并将回访记录记入《工程回访记录》中。

（6）回访的结果由回访小组组长写出汇报材料，上报公司总工程师及公司质安部备案记录。

第9章　施工现场组织机构

针对本工程的特点，我公司将配备强有力的管理和技术力量，成立工程项目经理部，加强施工现场管理，调动战斗力强的施工队伍，投入完备的施工机械设备及足够的周转材料，以一流的素质、一流的实力和一流的管理水平，有决心、有信心克服一切困难，保证按期保质将工程交付甲方使用。

项目经理部组织机构及项目经理部组织机构管理职能如下：

9.1　项目经理部组织机构系统

项目经理部组织机构如图C-7所示。

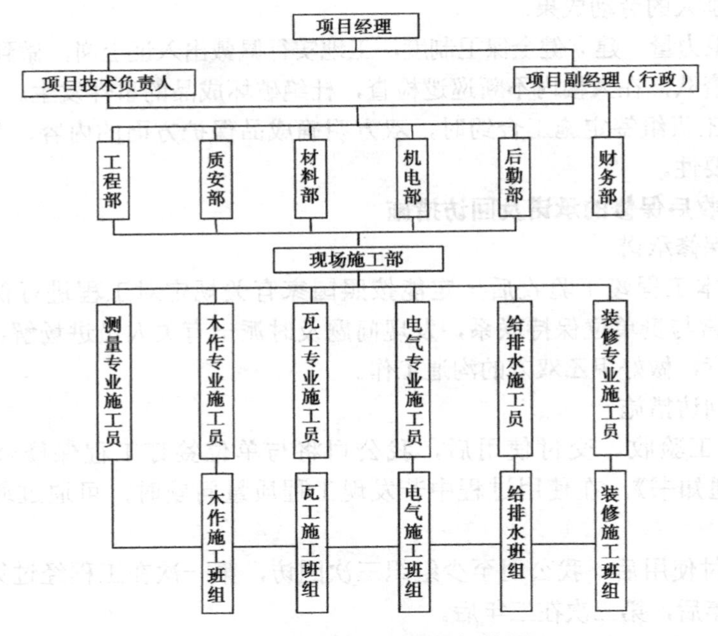

图C-7　项目经理部组织机构图

9.2　项目经理部管理机构职能

项目经理部管理机构职能如图C-8所示。

9.3　工程主要施工管理人员名单（略）

9.4　承担本工程施工的主要工程技术、管理人员业绩及简历表（略）

9.5　工程主要施工管理人员简介（略）

附：1．主要工程技术、管理人员资格证书复印件（略）

2．资格证明文件及近年业绩复印件（略）

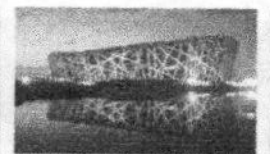

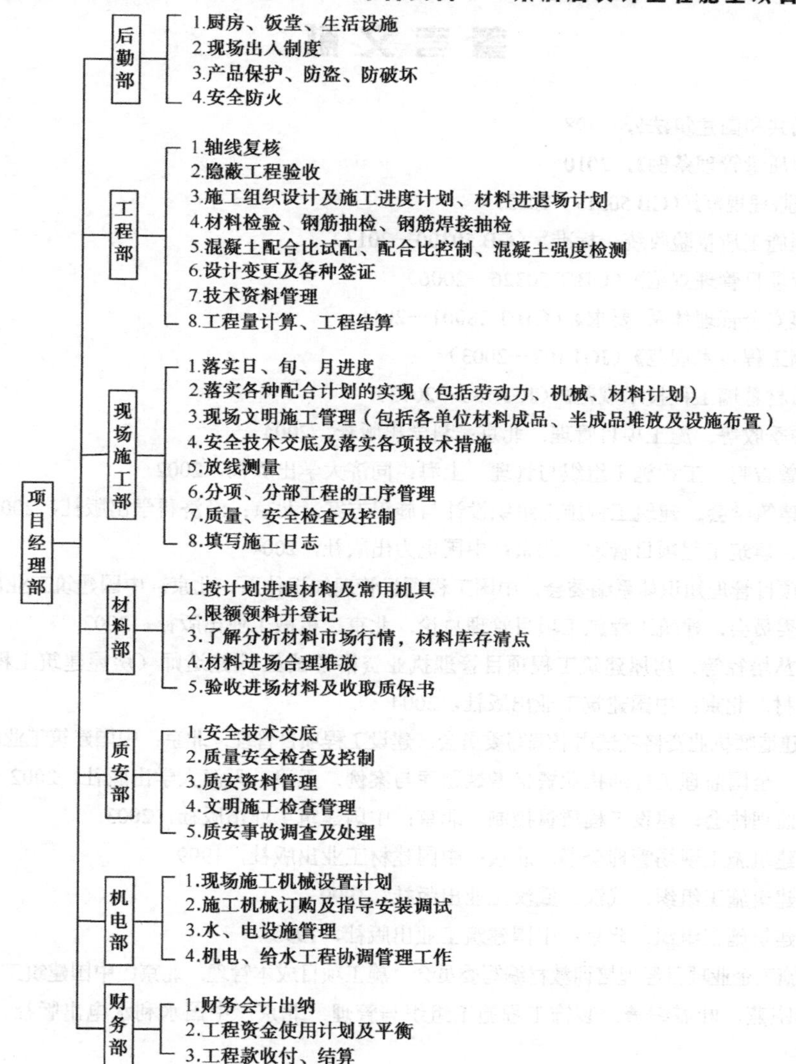

图 C-8 项目经理部管理机构职能

参考文献

[1] 《中华人民共和国建筑法》，1998
[2] 《建设工程质量管理条例》，2010
[3] 《建设工程监理规范》（GB 50319—2013）
[4] 《建筑工程施工质量验收统一标准》（GB 50300—2013）
[5] 《建设工程项目管理规范》（GB/T 50326—2006）
[6] 《职业健康安全管理体系 要求》（GB/T 28001—2011）
[7] 《玻璃幕墙工程技术规范》（JGJ 102—2003）
[8] 《金属与石材幕墙工程技术规范》（JGJ 133—2013）
[9] 乡贵良，中季收等．施工项目管理．北京：科学出版社，2004
[10] 林知炎，曾吉鸣．工程施工组织与管理．上海：同济大学出版社，2002
[11] 北京土木建筑学会．建筑工程施工组织设计与施工方案．北京：经济科学出版社，2003
[12] 桑墙东等．建筑工程项目管理．北京：中国电力出版社，2004
[13] 中国工程项目管理知识体系编委会．中国工程项目管理知识体系．北京：中国建筑工业出版社，2003
[14] 丛书编审委员会．建筑工程施工项目管理总论．北京：机械工业出版社，2002
[15] 江见鲸，丛培径等．房屋建筑工程项目管理执业资格考试丛书/建造师（房屋建筑工程专业）考前培训辅导教材．北京：中国建筑工业出版社，2004
[16] 全国一级建造师执业资格考试用书编写委员会．建设工程项目管理．北京：中国建筑工业出版社，2004
[17] 赵铁生等．全国监理工程师执业资格考试题库与案例．天津：天津大学出版社，2002
[18] 中国建设监理协会．建设工程质量控制．北京：中国建筑工业出版社，2003
[19] 郭邦海．建筑施工现场管理全书．北京：中国建材工业出版社，1999
[20] 蔡雪峰．建筑施工组织．武汉：武汉工业出版社，1999
[21] 吴根宝．建筑施工组织．北京：中国建筑工业出版社，1995
[22] 全国建筑施工企业项目经理培训教材编写委员会．施工项目成本管理．北京：中国建筑工业出版社，1999
[23] 张寅，彭晓燕，叶霏编著．装饰工程施工组织与管理．北京：中国水利水电出版社，知识产权出版社，2005
[24] 彭纪俊．装饰工程施工组织设计实例应用手册．北京：中国建筑工业出版社，2001
[25] 张长友，沈百禄，高志通．建筑装饰施工与管理（第二版）．北京：中国建筑工业出版社，2004
[26] 全国一级建造师执业资格考试用书编写委员会．装饰装修工程管理与实务全国一级建造师执业资格考试用书．北京：中国建筑工业出版社，2004
[27] 吕风举，吴松勤．建筑装饰工程质量管理．北京：中国建材工业出版社，1999
[28] 国家建筑工程质量监督检验中心编．建筑施工安全生产知识题库．北京：中国计划出版社，2004
[29] 中国建设监理协会组织编写．建设工程监理概论．北京：知识产权出版社，2003
[30] 中国建筑业协会编写．建筑工程专业一级注册建造师继续教育培训选修课教材．北京：中国建筑工业出版社， 2011
[31] 吴涛主编．建设工程项目管理案例选编，建筑工程专业一级注册建造师继续教育培训辅导教材．北京：中国建筑工业出版社，2011